Deutscher Verein von Gas- und Wasserfachmännern e. V.

Verhandlungen aus dem Jahre 1919

# BERICHT

über die

# 60. Jahresversammlung

in

## Baden-Baden

am 25. und 26. September 1919

Mit 2 Textfiguren, 2 Tafeln und 1 Ehrentafel.

München 1920

Druck von R. Oldenbourg

# Inhaltsverzeichnis.

# Jahresbericht des Vorstandes

## für 1918/19.

# Jahresbericht des Vorstandes
## für 1918/19.

Weit schwerere Aufgaben noch als aus der Not des Krieges sind uns erwachsen aus dem unglücklichen Ende des Ringens, dem traurigen Zusammenbruch der physisch und seelisch überspannten Kräfte, den Wirren der Revolution und dem Gewalt- und Rachevertrag, den unsere Gegner uns aufzwingen konnten. Wenn es noch einen Gedanken gibt, an dem wir uns aufrichten und unseren Glauben an uns selbst stärken können, so ist es die Erkenntnis, welchen Aufwand von Vernichtungsmitteln die Feinde Deutschlands für nötig und möglich halten gegen ein völlig zusammengebrochenes Wirtschaftsleben Deutschlands. Doch wenigstens eine Anerkennung!

Schwer sind die Aufgaben, die unserer Volkswirtschaft und unserer Technik gestellt sind, vor allem darum, weil alle Voraussetzungen und Rechnungsgrundlagen mit zusammengebrochen sind. Selbst das Schwerste wurde während des Krieges überwunden und geleistet, solange klare Tatsachen, und wären sie die herbsten gewesen, die Grundlage für neue Entschließungen bilden konnten. Nun liegt aber bald ein Jahr hinter uns, währenddessen kaum auf wenige Tage hinaus Entschließungen möglich waren, eine Zeit, in der die Ereignisse sich überstürzten und gleichzeitig die oft unüberwindlichen Hindernisse und Erschwerungen den persönlichen oder auch nur schriftlichen Meinungsaustausch bei den schwer wiegendsten Entscheidungen unmöglich machten.

Um so notwendiger erwies sich eine geschlossene Vertretung der Interessen des Faches durch seine Organisationen und eine enge Fühlung dieser Organisationen untereinander.

1*

Im Mai konnte berichtet werden, daß Herr Direktor Lempelius, Vorstand der Zentrale für Gasverwertung, sich bereit finden ließ, die Geschäftsführung unseres Vereins mit zu übernehmen, und daß damit die enge Fühlung ·mit der Zentrale für Gasverwertung verstärkt worden ist, die durch die Mitgliedschaft der Zentrale als Zweigverein bereits im Jahre 1916 eingeleitet wurde. Vorstand und Ausschuß sind der Zustimmung der Hauptversammlung zu dieser in der Sitzung vom 26. April beschlossenen Wahl des neuen Geschäftsführers sicher. Anlaß zu dieser Änderung war, daß Herr Direktor Heidenreich, der mehr als 30 Jahre in vorbildlicher Weise die Geschäfte des Vereins geführt und sich den unauslöschlichen Dank des Vereins erworben hat, um Entlassung bitten mußte, um sich ganz den neuerdings stark wachsenden Aufgaben der Berufsgenossenschaft der Gas- und Wasserwerke zu widmen. Unter dem 29. I. 19 teilte er seinen Entschluß so frühzeitig mit, daß nicht nur eine ruhige und geordnete Übergabe der Geschäfte erfolgen, sondern auch bei der Wahl der neuen Räume für die Zentrale für Gasverwertung den Bedürfnissen des Vereins Rechnung getragen werden konnte. Die Geschäftsstelle des Deutschen Vereins von Gas- und Wasserfachmännern befindet sich seit dem 1. Juni am Karlsbad 12/13, Berlin W (Fernsprecher Kurfürst 5821), zusammen mit denen der Zentrale für Gasverwertung.

Die einschneidenden Gesetzesmaßnahmen, die sich als Sozialisierungs- und Kommunalisierungsbestrebungen aus unserer neuen Regierungsform ergeben, die zahlreichen Verordnungen und Regelungen für die völlig veränderte wirtschaftliche Lage Deutschlands und eine Fülle von Vereinheitlichungs- und Normalisierungsvorschlägen erforderten dauernd das sofortige und selbständige Eingreifen des Vereinsvorsitzenden, das in allen Fällen in Gemeinschaft mit dem Vorstand der Zentrale für Gasverwertung, unserem ·nunmehrigen Geschäftsführer, erfolgte.

In erster Linie gab die Sicherung der Kohlenversorgung der Gaswerke Anlaß zu tatkräftigem Vorgehen.

Zu Beginn des Waffenstillstandes, am 12. November 1918, wurde eine Eingabe an den Herrn Reichskommissar für die

Kohlenverteilung gerichtet, die in dem Antrage gipfelte: volle Belieferung der Gaswerke, Einschränkung der Kokerei. Schon am 19. gleichen Monats antwortete der Herr Reichskommissar, daß er für »eine ausreichende Belieferung der Gaswerke nicht allein durch ihre bevorzugte Stellung in der Rangordnung der Belieferung, sondern auch durch eine bevorzugte Wagengestellung für den Gaskohlenversand an Gasanstalten und schließlich ihrem Wunsche entsprechend durch eine zehnprozentige Einschränkung des Kokereibetriebes in Westfalen und Oberschlesien hingewirkt habe«. Leider sind diese fürsorglichen Maßnahmen infolge der Entwicklung, welche die Arbeiterverhältnisse im Kohlenbergbau nahmen, ohne die erhoffte Wirkung geblieben.

Das Gesetz über die Regelung der Kohlenwirtschaft vom 23. März 1919 gab Veranlassung dazu, dem in ihm vorgesehenen Sachverständigenrat für die Ausarbeitung der zu dem Gesetze gehörenden näheren Vorschriften die Wünsche des Gasfaches durch eine Eingabe im April d. Js. zu unterbreiten. Wenn der Sachverständigenrat auch grundsätzlich davon absah, den Verbrauchern einen größeren Einfluß auf die Gestaltung der Kohlenwirtschaft einzuräumen, als ihn das Gesetz vorsieht, so wurde doch erreicht, daß die Gaswerke in einer Zusammenfassung für das ganze Reich ein vollberechtigtes Glied des Reichskohlenverbandes wurden. Darüber hinaus gelang es ferner, den Sachverständigenrat, bei dessen Sitzungen unser jetziger Geschäftsführer, Herr Lempelius, ständig am Regierungstische in seiner Eigenschaft als Leiter der Abteilung Gas und Wasser des Reichskommissars für die Kohlenverteilung beigezogen wurde, zu bestimmen zu dem Beschlusse, daß das oberste Organ der Kohlenwirtschaft, der Reichskohlenrat, auch je einen Vertreter der Unternehmer und der Arbeiter der Gasanstalten unter seine 50 Mitglieder aufnimmt, während das Gesetz dies nicht vorgesehen hatte; es sind also in diesem Punkte die ursprünglichen Bestimmungen des Gesetzes wesentlich zugunsten der Gasanstalten verbessert.

Für ein Vorgehen im gleichen Sinne wurde auch der Deutsche Städtetag, dessen Vertreter im Sachverständigenrat,

Oberbürgermeister Sigrist, Karlsruhe, die Interessen der Verbraucher auch in unserem Sinne tatkräftig wahrnahm, gewonnen.

Das Ergebnis war eine neue Vorlage an die Nationalversammlung, durch die das Reichskohlengesetz insofern eine Abänderung erfahren hat, daß die Mitgliederzahl des Reichskohlenrats von 50 auf 60 erhöht und den Verbrauchern stärkere Vertretung eingeräumt wurde.

Im Sinne der Neuorientierung unserer inneren Verhältnisse ist auch das Bestreben zur Sozialisierung und Kommunalisierung der bisher von Privatgesellschaften bewirtschafteten Gas-, Wasser- und Elektrizitätswerke. Am 12. April 1919 fand auf Einladung des Vereinsvorsitzenden eine Besprechung der im Verein vertretenen Gas- und Wasserwerksgesellschaften statt. Die Versammlung wählte einen Ausschuß, der den Auftrag erhielt, sich der Regierung zur Mitarbeit an dem in Vorbereitung befindlichen Sozialisierungsgesetz zur Verfügung zu stellen. Der Grundgedanke dabei war, daß die Leiter der zu sozialisierenden Betriebe besser als irgend jemand anders mit der Materie vertraut und vor allen Dingen geeignet wären, dafür einzutreten, daß auch bei der Neuordnung der Dinge dasjenige erhalten bleibt, was sich in der Praxis gut bewährt hat (Form der Aktiengesellschaft und des gemischtwirtschaftlichen Betriebes). Die beratende Mitarbeit dieses Ausschusses hat sich aufs Beste entrichtet. Vorstand und Ausschuß haben in ihrer Sitzung vom 20. Mai anerkannt, daß auch der Verein als solcher an der richtigen Lösung dieser wichtigen Frage ein lebhaftes Interesse hat, und werden der Jahresversammlung vorschlagen, die am 12. 4. gewählte Kommission als Ausschuß des Vereins zu bestätigen. Kosten werden dem Verein daraus nicht erwachsen, da die vereinigten Privatgesellschaften anteilig zu denselben herangezogen werden.

Arbeiterverhältnisse. Die Arbeiterverhältnisse stehen augenblicklich so sehr im Vordergrunde des allgemeinen Interesses und sind für die Zukunft sämtlicher Gaswerke so bedeutungsvoll, daß auch der Deutsche Verein von Gas- und Wasserfachmännern, obwohl diese Dinge bisher seinem Gesichtskreise fern lagen, daran nicht wohl vorübergehen kann.

Vorstand und Ausschuß haben daher beschlossen, daß die Geschäftsführung des Vereins bis auf weiteres als Sammelstelle für Nachrichten über Arbeiterverhältnisse dienen soll Alle Mitglieder sind im Journale aufgefordert worden, zweckdienliche Mitteilungen an den Geschäftsführer zu richten, und dieser ist ersucht worden, den Mitgliedern auf Anfrage das Nötige aus dem eingegangenen Material zukommen zu lassen.

Stickstoffwirtschaft. Der Vorsitzende hat als Vertreter des Deutschen Vereins von Gas- und Wasserfachmännern an den vertraulichen Besprechungen teilgenommen, die während des ganzen verflossenen Jahres zwischen den Reichsbehörden und den Haupt-Stickstofferzeugern Deutschlands stattfanden, und die schließlich zur Gründung der Gesellschaft »Stickstoff-Syndikat G. m. b. H.« führten. Es ist dabei gelungen, den Kokereien und Gaswerken insofern eine Vorzugsstellung zu sichern, daß ihnen, da sich ihre Stickstofferzeugung nach der Gaserzeugung richten muß und sie sich nicht einschränken können, ihr Absatz an schwefelsaurem Ammoniak garantiert wird. Auch ein Sitz im Aufsichtsrate des Stickstoff-Syndikates ist den Gaswerken trotz ihres geringen Anteils an der zukünftigen Gesamt-Stickstofferzeugung Deutschlands zugestanden worden.

Die Notwendigkeit, Benzol und leichte Teeröle für die Allgemeinheit zu bewirtschaften, besteht auch nach dem Abschluß der kriegerischen Handlungen und dem Ausscheiden der zur Munitionserzeugung nötigen Mengen weiter, da der Mangel an Verkehrsmitteln durch die im Waffenstillstandsvertrag erzwungene Abgabe an Maschinen und rollendem Material eine vermehrte Verwendung von Kraftfahrzeugen zum Gütertransport bedingt und vor Allem die Landwirtschaft auf die inländischen Motorbrennstoffe angewiesen ist. Das Reichswirtschaftsministerium hat daher die Fortführung der Zwangsabgabe der Teerprodukte für nötig gehalten und durch eine Verfügung im Reichsanzeiger vom 17. März 1919 alle diejenigen mit Entziehung der Kohlenzufuhr bedroht, die Teer zur Heizung verwenden. Der Vorstand hat sich mit diesem Rundschreiben eingehend befaßt. Er hat den Standpunkt vertreten, daß man nicht den Teufel mit Beelzebub austreiben kann, sondern daß der einzig sichere Weg, der Vergeudung von Teer zu Heizzwecken vorzubeugen, nur in einer Besserung der Brennstofflage gesehen werden kann, durch die der Zwang zu derartigen überaus unwirtschaftlichen letzten Auskunftsmitteln beseitigt wird.

Alle diese Vertretungen der Fach- und Vereinsinteressen durch Verhandlungen, Eingaben und mündliche und schriftliche Vorstellungen erforderten ebenso wie die Maßnahmen während des Kriegs eine dauernde Aufmerksamkeit und Bereitschaft der Vereinsleitung und sprechen für die Richtigkeit der Überführung der Geschäftsstelle an Herrn Direktor Lempelius und die enge Verbindung des Vereins mit der Zentrale für Gasverwertung, der gerade die dauernde Fühlung mit den Behörden seinerzeit von der Gasindustrie zur Aufgabe gemacht wurde. Unberührt davon bleibt, daß in dem Augenblick, wo die Entwicklung der Dinge das offizielle Eingreifen durch amtliche Vertretung oder Eingaben wünschenswert erscheinen läßt, der Deutsche Verein von Gas- und Wasserfachmännern gewissermaßen als konstitutionelle Vertretung des Faches einzutreten haben wird.

Der Generalsekretär hat nach seiner Entlassung aus dem Heeresdienst im November des Berichtsjahres seine Tätigkeit wieder aufgenommen. Dem stellvertretenden Generalsekretär, Ehrenmitglied unseres Vorstandes, Herrn Geheimen Rat Bunte, ist auch an dieser Stelle der Dank des Vereins auszusprechen dafür, daß er die Bürde dieses Amtes über die Kriegszeit nochmals auf sich genommen und die Geschäfte mit bewährter Umsicht geführt hat. Wir gedenken bei dieser Gelegenheit auch seines 70. Geburtstages zu dem dem Altmeister der deutschen Gasindustrie auch der Deutsche Verein von Gas- und Wasserfachmännern seine Glückwünsche darbrachte.

Zeitweise war in Aussicht genommen, den Sitz des Generalsekretärs Dr. Karl Bunte nach dem Krieg nach Berlin zu verlegen. Eine Anregung der Technischen Hochschule Berlin in Charlottenburg, daß für Maschinenbauer und Chemiker Gelegenheit zur Einführung in die Gastechnik geschaffen werden möchte, schien die Möglichkeit zu bieten, dem Generalsekretär auch den notwendigen wissenschaftlichen Boden zu geben. Abgesehen davon, daß nach dem ungünstigen Ausgang des Kriegs die Beschaffung ausreichender Mittel für die Gründung einer, des Faches würdigen und leistungsfähigen neuen Lehr- und Forschungsstätte auf große Schwierigkeiten stieß, haben sich die Verhältnisse inzwischen auch nach anderer Richtung geändert. Geheimrat B u n t e , der Schöpfer und die Seele der wohl organisierten und erfolgreichen Karlsruher Einrichtungen für Lehre und Forschung auf dem Gebiete des Gasfachs und der Brennstoffverwertung, wird nach kürzlich erreichtem Alter von 70 Jahren sein Lehramt an der Technischen Hochschule Karlsruhe niederlegen. Sein Lehrstuhl wird voraussichtlich durch einen Technologen anderer Richtung besetzt werden. Das badische Ministerium des Kultus und Unterrichts hat aber dem Verein den Wunsch ausgedrückt, die F a c h - r i c h t u n g d e r G a s i n d u s t r i e u n d B r e n n s t o f f t e c h n i k a n d e r T e c h n i s c h e n H o c h s c h u l e i n K a r l s r u h e auch weiterhin zu pflegen und durch Schaffung einer neuen etatsmäßigen Professur sicherzustellen; dem badischen Staat (der bekanntlich drei Hochschulen in seinem kleinen Lande zu erhalten hat) müßte dies durch einmalige Überweisung von Mitteln finanziell ermöglicht werden. Die Sicherstellung und der Ausbau der Karlsruher Einrichtungen für Lehre und Forschung auf dem Gebiete des Gasfaches ist demnach weit dringlicher und mit den verfügbaren Mitteln erreichbarer als die Schaffung neuer Einrichtungen in Berlin auf die große Gefahr hin, in Karlsruhe den sicheren Boden zu verlieren. Vorstand und Ausschuß beschlossen einstimmig, hierfür ein- zutreten, und unter dem 23. Mai wurde vorbehaltlich der Zu- stimmung der Stifter der Betrag von M. 200000 zur Deckung der sachlichen und persönlichen Aufwendungen für eine etatsmäßige außerordentliche Professur für Gastechnik und Brennstoff- verwertung an der Technischen Hochschule Karlsruhe dem badischen Ministerium des Kultus und Unterrichts zur Ver- fügung gestellt.

Die mit der zunehmenden Teuerung stets wachsenden geldlichen Ansprüche an den Verein machen eine völlig neue finanzielle Grundlage für ihn nötig, die nur durch wesentlicheErhöhung der Mitgliederbeiträge und durch Umgestaltung des Systems der Beiträge nach Maßgabe der Leistungsfähigkeit der Werke geschaffen werden kann, wie es bei der Vereinigung der Elektrizitätswerke, der Zentrale für Gasverwertung, den Beiträgen für die Lehr- und Versuchsgasanstalt, bei der Berufsgenossenschaft und in anderen Fachorganisationen bereits besteht und bereits im Jahre 1879 in Erwägung gezogen wurde. Eine besondere Vorlage darüber nebst Antrag auf entsprechende Satzungsänderung ist den Mitgliedern unter Berücksichtigung der Bestimmung im § 24 der Satzung rechtzeitig übersandt worden. Wir nehmen auf diese Vorlage Bezug und stellen auch an dieser Stelle den Antrag auf Bewilligung der Änderungen.

Ebenfalls mit Rücksicht auf die Teuerung haben Vorstand und Ausschuß vorbehaltlich der Zustimmung der Vereinsversammlung eine weitere Erhöhung der Tagegelder für die Mitglieder des Vorstandes, des Hauptausschusses und der Sonderausschüsse auf M. 45 beschlossen. Auch dies ist in dem Entwurf der Satzungsänderung berücksichtigt.

Im Zusammenhang damit stehen einige Änderungen im Wortlaut der Satzungen, die sich als notwendig herausgestellt haben und die ebenfalls in der Vorlage vorgeschlagen sind.

Wir empfehlen auch diese zur Annahme.

In das Berichtsjahr fällt die Gründung des Bundes Technischer Berufsstände, zu dem sich die bedeutendsten technischen Organisationen durch ihre Vertretung in Berlin zusammengeschlossen haben. Der Bund bezweckt, für die technischen Berufe den gebührenden Einfluß auf Regierung, Parlament und Wirtschaftsleben zu erlangen. Zu diesem Zweck erstrebt er die Zusammenfassung aller Angehörigen der technischen Berufe vom Werkmeister bis zum technischen Leiter in einer alle zusammenfassenden Organisation. Unser Verein hatte solchen Bestrebungen immer großes Interesse entgegengebracht. So hatte er gelegentlich der Frage der Neugestaltung des Preußischen Herrenhauses seine Mitwirkung in diesem Sinne nicht versagt (ds. Journ.

Nr. 5 vom 2. Februar 1918, S. 149). Die Wiederaufnahme dieser
Frage unter dem Einfluß der Neugestaltung aller innerpoliti-
schen Verhältnisse mußte daher auch unseren Verein auf das
lebhafteste interessieren, und wir zögerten nicht, diesem Bunde
als Verein beizutreten und unser Interesse äußerlich durch die
Bewilligung eines Jahresbeitrages von M. 200 zu bekunden.
Verhehlen können wir uns allerdings nicht, daß hier weniger
die Vertretung unseres Vereins als solche zur Mitwirkung
berufen ist, als vielmehr jeder einzelne dem Verein angehörende
Techniker. Unsere Aufgabe ist es daher im wesentlichen, das
Bestreben diese Bundes zur Gewinnung neuer Mitglieder auf
das lebhafteste zu unterstützen, was auch hiermit geschehen
soll. Die Hauptgeschäftsstelle des Bundes Technischer Berufsstände ist Berlin W, Potsdamerstr. 118c (Fernsprecher:
Kurfürst 2583), wohin Anfragen und Anträge zum Beitritt in
möglichst großer Zahl gerichtet werden mögen.

Auch an der vom Verein Deutscher Ingenieure aufgeworfenen Frage des Schutzes des Ingenieur-Titels
(zu vergleichen den vorigen Jahresbericht Seite 24) haben
Vorstand und Ausschuß ihr ferneres Interesse bekundet. Der
Deutsche Verband Technisch-Wissenschaftlicher Vereine hat
ein Gutachten über die Angelegenheit erstattet, die indes noch
nicht zum Abschluß gelangt ist. An Stelle des bisherigen Vertreters des Vereins, des am 3. Oktober 1918 verstorbenen
Herrn Direktors Schimming, Berlin, ist Herr Oberbaurat
Hase, Lübeck, zum Vertreter des Vereins in dieser Angelegenheit gewählt worden.

Über den Deutschen Verband Technisch-Wissenschaftlicher Vereine und seine Ziele sowie über die Vertretung unseres Vereins in ihm ist im vorigen Jahresbericht
auf Seite 24 das Nähere mitgeteilt worden. Auf Grund einer
von dem Vorsitzenden unseres Vereins vorgeschlagenen
Satzungsänderung hat jetzt unser Verein einen Sitz im Vorstand
dieses Verbandes und ist durch seinen Vorsitzenden unseres Vereins
in dem Vorstand des Verbandes vertreten. Dadurch war eine
Stelle im Vorstandsrat des Verbandes, die unser Vorsitzender bisher innehatte, erledigt, und es ist diese Stelle

im Vorstandsrat inzwischen durch Wahl des Herrn Lempelius besetzt worden. Unser Verein zahlt als Beitrag zu den erheblichen Mitteln, die dieser Verband zur Verfolgung seiner Ziele braucht, einen Jahresbeitrag von M. 500. Wir wollen hoffen, daß der Verband in dieser Zeit der wirtschaftlichen Nöte dazu beitragen wird, der viel gerühmten, jetzt aber vielfach daniederliegenden Technik und Wissenschaft unseres deutschen Vaterlandes neue erreichbare Ziele zu stecken und damit auch zu seiner wirtschaftlichen Hebung beizutragen.

In dem Normenausschuß der Deutschen Industrie ist unser Verein durch den Vorsitzenden des Sonderausschusses für Röhrenfragen, Herrn Oberbaurat Hase in Lübeck sowie durch Herrn Direktor Kümmel in Charlottenburg vertreten. Die Bestrebungen des Normenausschusses, zur Erleichterung der Fabrikation und um den Fertigfabrikaten größte Verbreitung dadurch zu verschaffen, daß auf möglichst umfangreichem Gebiet der Industrie für die Herstellung der Fabrikate einheitliche Normen gelten sollen, finden bei unserem Verein in der heutigen Zeit, wo es darauf ankommt, unserer Industrie und den wirtschaftlichen Verhältnissen auf vereinfachte Art wieder aufzuhelfen, natürlich volle Würdigung, indes müssen wir unsere besonderen Interessen auf dem für uns in Betracht kommenden Gebiete durchaus wahrnehmen und uns eigene Entschließungen vorbehalten. Solche besonderen Aufgaben der Normalisierung sind u. a. unserem Ausschuß für Röhrenfragen zugewiesen. Auf den Bericht dieses Ausschusses wird hier verwiesen.

Dank der eifrigen Bemühungen des Herrn Baurat Jaeckel in Plauen (Vogtland) ist die Normalisierung der Schlauchtüllen durchgeführt. Aufgabe der herstellenden Firmen ist es, nunmehr sich nach diesen Normen zu richten.

Ferner ist eine Normalisierung der Lampenteile in die Wege geleitet, und es ist auf diesem Gebiet Fühlung mit dem Normenausschuß der Deutschen Industrie hergestellt.

Auch die Normalisierung der Außenabmessungen von Gasmessern ist auf Grund der Vorschläge unserer früheren Gasmesser-Kommission wieder in die Wege geleitet,

und es ist in Aussicht genommen, wenn sich die großen
Fabrikanten diesen Normen anschließen, ihre Einführung da-
durch zu erleichtern, daß die Preise für die normalisierten
Gasmesser billiger festgesetzt werden.

Auch dem vom Verein Deutscher Ingenieure ins Leben
gerufenen Ausschuß für Technisches Schulwesen, über
den wir im vorigen Jahresbericht auf Seite 25 Mitteilung gemacht haben, hat der Verein sein unvermindertes Interesse
zugewendet. Der Ausschuß hat es sich namentlich zum Ziel
gesetzt, für die aus der Lehrtätigkeit und aus dem Studium
herausgerissenen Kriegsteilnehmer Vorschläge zu veränderten,
die Erreichung ihres Zieles erleichternden Lehrplänen zu machen
und auch die Bereitstellung außerordentlicher Geldmittel für
die Wiederaufnahme und Vertiefung aller wissenschaftlichen
und technischen Bestrebungen an den Hochschulen zu erwirken. Zu diesem Zweck hat sich der Ausschuß mit einer
Eingabe an die zuständigen Ministerien gewendet, die nur unseren Beifall finden konnte. Nicht minder war es das Bestreben
des Ausschusses, für die Förderung fruchtbarer Tätigkeit
auf dem Gebiete des Mittelschulwesens und für die Umgestaltung des gewerblichen Schulwesens und der Arbeiterausbildung
zu wirken. Wir haben von dem Bericht dieses Ausschusses
über seine Tätigkeit mit Interesse Kenntnis genommen und
bekunden dieses unser Interesse durch einen Jahresbeitrag
von M. 100.

Der Ausschuß zur Förderung der Herausgabe
der illustrierten technischen Wörterbücher hat seine
während der Kriegszeit ruhende Arbeit wieder aufgenommen
und ist an den Verein zur Weiterzahlung seines früheren Bei-
trages von jährlich M. 500 herangetreten. Vorstand und Ausschuß haben geglaubt, auch diese Bestrebungen fernerhin
wirksam unterstützen zu müssen, und haben die Weiterzahlung
vorbehaltlich der Zustimmung der Vereinsversammlung bewilligt.

Die Bestrebungen der Zentrale für Asphalt-
und Teerforschung sind mit den Interessen unseres Vereins
verbunden. Wir hatten im Jahre 1914 Herrn Direktor Mohr,

Altenburg, mit unserer Vertretung an den Verhandlungen auf diesem Gebiet betraut, und es sind eine Reihe von Untersuchungen an der Charlottenburger Anstalt ausgeführt worden, bei denen wir durch unsere Lehr- und Versuchsgasanstalt mitgewirkt haben. Im Laufe des Krieges war wenig geschehen, bis sich der Wunsch herausgebildet hat, das Charlottenburger Laboratorium zu einer »Zentrale für Asphalt- und Teerforschung«, entsprechend einer Zeitströmung, die überall Forschungsstellen zu schaffen wünscht, zu bilden. Vorstand und Ausschuß haben beschlossen, auch diese Bestrebungen durch einen Jahresbeitrag, und zwar in Höhe von M. 200 regelmäßig zu unterstützen.

Über die Begründung der Siemens-Ring-Stiftung, deren Stiftungsrat unser Verein nach der Stiftungssatzung angehört, ist im vorigen Jahresbericht auf Seite 25 berichtet worden. Ihren Zweck, Personen, welche sich hervorragende und allgemein anerkannte Verdienste um die Technik in Verbindung mit der Wissenschaft erworben haben, auszuzeichnen, hat der Stiftungsrat im letzten Jahre durch Herausgabe einer volkstümlich gehaltenen, zu weitester Verbreitung bestimmten Lebensbeschreibung von Abbe, des wissenschaftlichen Begründers der Zeiß-Werke in Jena, und zweitens durch Anbringung einer Gedenktafel zu Ehren des Chemikers August Wilhelm v. Hofmann an seinem Elternhause in Gießen und drittens durch den Beschluß, zu Ehren des Ingenieurs Gerber dessen Relief an den bedeutungsvollsten, von ihm konstruierten deutschen Brücken anzubringen, betätigt. Unser Verein hat durch seinen Vertreter im Stiftungsausschuß, Herrn Direktor Heidenreich, bei diesen Beschlüssen und Maßnahmen mitgewirkt und sein Interesse an dem heutzutage ganz besonders dankenswerten Bestreben, die Namen deutscher Wissenschaftler und Techniker hochzuhalten, lebhaft bekundet.

Im vorigen Jahresbericht ist mitgeteilt worden, daß der Verein gegen das Bestechungsunwesen, dem unser Verein als Mitglied beigetreten und in ihm durch Herrn Direktor Heidenreich vertreten ist, eine Reihe von Verfehlungen aufgedeckt hat, deren sich nach den Ermittlungen jenes Vereins eine zu unseren Mitgliedern zählende Firma durch Bestechung von Gaswerksangestellten in einer Anzahl von Städten schuldig gemacht hat, und daß der genannte Verein auf Grund dieser Ermittlungen das Strafverfahren gegen die betreffende Firma anhängig gemacht hat. Unser Verein hatte natürlich das größte Interesse an dem Ausgang dieses Strafverfahrens, zumal, wie auch im vorigen Bericht erwähnt worden ist, von ihm in Aussicht genommen wurde, Firmen, bei denen durch gerichtliche Entscheidung aktive Bestechung festgestellt ist, aus dem Verein auszuschließen. Auf Grund des Amnestieerlasses des Rats der Volksbeauftragten — Verordnung über die Gewährung von Straffreiheit und Strafmilderung vom 3. Dezember 1918, R. G. Bl. Nr. 171, Seite 1393 — waren nun alle zur Zuständigkeit der bürgerlichen Behörden gehörenden Untersuchungen wegen solcher vor dem Revolutionstage, dem 9. November 1918, begangenen Straftaten, die mit Freiheitsstrafe bis zu einem Jahre oder mit Geldstrafe allein oder in Verbindung miteinander oder mit Nebenstrafen bedroht sind, niederzuschlagen. Zwar war nach weiterer Bestimmung dieser Verordnung, wenn der Täter durch die Straftat einen Gewinn erstrebte, das Verfahren nur niederzuschlagen, wenn die Verfehlung geringfügig war und nach Lage des Falles keine höhere Strafe zu erwarten war als ein Monat Gefängnis oder M. 500 Geldstrafe. Immerhin ist anzunehmen, daß die meisten der von dem genannten Verein gegen die betreffende Firma zur strafrechtlichen Verfolgung angezeigten Fälle damit straflos geworden und ihre Untersuchung niedergeschlagen ist; wenigstens haben wir über einen Erfolg des anhängig gemachten Verfahrens bisher nichts weiter gehört. In dem Heft Nr. 33 seiner Mitteilungen vom 30. April 1919 bemerkt der Verein gegen das Bestechungsunwesen auch, daß seine Tätigkeit infolge der Niederschlagungen der Hauptzahl der von ihm ermittelten Verfahren schwer beeinträchtigt ist und knüpft daran die um so dringendere Mahnung an seine Mitglieder, ihm neues Material über beobachtete Bestechungen zuzuweisen bzw. die Übersendung solchen Materials zu veranlassen.

An der 39. Gasstatistik für das Betriebsjahr 1917 bzw. 1917/18 haben sich 370 Betriebsverwaltungen beteiligt, gegen

374 im Vorjahr. Von den im Vorjahr beteiligt gewesenen sind
30 ausgefallen, während 26 neu hinzugekommen sind. Bei
vielen Betrieben mögen die Kriegsverhältnisse die Schuld
tragen, daß sie sich diesmal an der Statistik nicht beteiligt haben.
Anderseits ist es erfreulich, daß durch den Hinzutritt von 26
Betriebsverwaltungen der Ausfall fast ausgeglichen ist. Während die Fragehefte im allgemeinen pünktlich eingingen und
ihre Bearbeitung ohne wesentlichen Aufenthalt gut vonstatten
ging, haben die politischen Wirren und besonders die schweren
Unruhen in München, welche die geschäftliche Tätigkeit der
Firma Oldenbourg zeitweise lahmlegten, zuletzt noch eine
erhebliche Verzögerung in der Herausgabe der Statistik verursacht. Auch diesmal haben wir die Auflage gegen frühere
Jahre mit Rücksicht auf die hohen Herstellungskosten eingeschränkt und jedem Vereinsmitglied nur ein Stück der Statistik
übersandt. Eine weitere Einschränkung ist in Aussicht genommen, indem künftig durch Rundfrage festgestellt werden soll,
wer von den Mitgliedern auf den Bezug der Statistik überhaupt
Anspruch macht; denn wir haben viele Mitglieder, für welche
die Statistik wenig Interesse hat. Dagegen ist eine Erweiterung
der Statistik beabsichtigt mit dem Endziel, eine Übersicht
über die Produktion aller vorhandenen Gaswerke zu geben,
um dadurch ein fortlaufendes Bild über die Gesamtproduktion
in Deutschland zu erhalten. Freilich sind wir hierbei auf die
Bereitwilligkeit aller Betriebsverwaltungen zur Beteiligung
angewiesen. Diese Bereitwilligkeit ließ bisher trotz vielfacher
Bemühungen noch zu wünschen übrig.

Die Verhandlungen der Jahresversammlung 1918 wurden
in verminderter Auflage gegen früher gedruckt. Die Papier-
knappheit und die außerordentlich gesteigerten Druckkosten
ließen es geboten erscheinen, durch Umfrage bei den Mitgliedern festzustellen, wie weit sie auf die Übersendung des
Sonderbandes der Verhandlungen Wert legen. Von 905 Mitgliedern, an die wir die Anfrage gelangen lassen konnten (der
Rest wohnt im Ausland oder im besetzten Gebiet) haben nur 240
die Übersendung erbeten, viele ausdrücklich verzichtet. Für
die nicht befragten Mitglieder wurde eine reichliche Vermehrung der Auflage vorgenommen und diese zu 600 statt 1200

bemessen. Dabei ergab sich eine Ersparnis für den Verein von rund M. 1000. Die Umfrage hat also nur ein verhältnismäßig geringes Interesse an der Zustellung der teuren Verhandlungsberichte ergeben. Die Kosten stellten sich vor dem Kriege auf M. 2200 im Durchschnitt aus fünf Jahren und sind bei den für Druck- und Papierpreise zurzeit gültigen Zuschlägen zum Friedenspreis von 350% auf wenigstens M. 9900—10000 für die Zukunft zu veranschlagen. Sie stehen also in keinem Verhältnis dazu, daß nur ein geringer Teil der Mitglieder die Berichte hoch bewertet, vielleicht auch nur der Vollständigkeit wegen zu erhalten wünscht. Es ist daher der Jahresversammlung der Vorschlag zu unterbreiten, von dem Sonderdruck der Verhandlungsberichte Abstand zu nehmen und es bei der Veröffentlichung im Vereinsorgan bewenden zu lassen. Die dem Verlag durch den kostenlosen Abdruck erwachsenden Kosten, zu denen er vertraglich verpflichtet ist, würden dann neben der Ersparnis des Vereins noch als Vergütung erscheinen. Wir werden daher im Interesse unserer Vereinsmittel die Ermächtigung erbitten, künftig den Druck der Verhandlungen fortfallen zu lassen.

———

Unter unseren Vereinsmitgliedern hat der Tod wieder eine Reihe von Opfern gefordert. Es starben

am 12. Juni 1918: J. van Rossum du Chattel, Directeur der Gemeente Gasfabriken, Amsterdam, Mitglied seit 1907;

am 16. Juli 1917: von Friedländer-Fuld, Geheimrat, Berlin, Mitglied seit 1890;

am 13. Januar 1918: G. Fähndrich, Oberingenieur der Deutschen Continental-Gasgesellschaft, Dessau, Mitglied seit 1898;

am 6. Juni 1918: Karl Eyles, Direktor der städtischen Gas-, Elektrizitäts- und Wasserwerke Andernach, Mitglied seit 1911;

am 15. September 1918: Karl Tasch, Direktor der Gas-, Wasser- und Elektrizitätswerke Berlin-Lichtenberg, Mitglied seit 1905;

am 30. September 1918: Karl Honnête, Direktor der Generator-Aktiengesellschaft, Berlin-Wilmersdorf, Mitglied seit 1913;

am 30. November 1918: Karl Friederich, Baurat, Karlsruhe (Baden), Mitglied seit 1883;

am 5. Dezember 1918: August Hegener, Generaldirektor a. D., Köln, Mitglied seit 1870.

Einiger der Hingeschiedenen haben wir in besonderen Nachrufen in unserer Vereinszeitschrift bereits gedacht. Soweit es noch nicht geschehen konnte, werden wir es nachholen.

Es ist im vorigen Bericht die Absicht ausgesprochen, nach dem Kriege eine möglichst umfassende Ehrentafel nicht nur der fürs Vaterland gefallenen Vereinsmitglieder sondern auch aller in leitender oder ähnlich gehobener Stellung befindlich gewesenen Fachgenossen herauszugeben, die in diesem uns aufgezwungenen Kampf gegen eine Welt von Feinden opferfreudig ihr Leben gelassen haben.[1]) Wir haben in unserer Vereinszeitschrift (»Journal für Gasbeleuchtung und Wasserversorgung«, Heft 17 vom 27. April 1918) bereits darauf hingewiesen und bitten hier nochmals, Angaben für diesen Zweck an unsere Geschäftsstelle, Berlin W. 35, Am Karlsbad 12/13, gelangen zu lassen.

Der Bestand der Vereinsteilnehmer hat sich gegen das Vorjahr um 92 vermehrt. Nach dem Jahresbericht für 1917/18 gehörten am Schluß desselben dem Verein an 1075 Mitglieder, nämlich 4 Ehrenmitglieder, 896 ordentliche Mitglieder und 175 außerordentliche Mitglieder.

Neu aufgenommen wurden im Berichtsjahr 96 ordentliche und 10 außerordentliche Mitglieder, zusammen 106 Mitglieder. Ausgeschieden sind 11 ordentliche und 3 außerordentliche Mitglieder, zusammen 14 Teilnehmer.

Der Teilnehmerbestand am Schlusse des Berichtsjahres beträgt daher 4 Ehrenmitglieder, 981 ordentliche Mitglieder — davon 486 ordentliche persönliche und 495 ordentliche nicht persönliche Mitglieder — und 182 außerordentliche Mitglieder, zusammen 1167 Mitglieder. Weitere Anmeldungen liegen vor.

---

[1]) Siehe am Schluß des Bandes.

Nachstehend das Verzeichnis der Neuaufnahmen in.der
Reihenfolge der Anmeldungen (die mit einem * bezeichneten
sind außerordentliche Mitglieder):

Karl Herzog, Ingenieur, Direktor der städtischen Gas-,
Wasser- und Kanalisationswerke Langensalza i. Thür.,
Vor dem Klagethor 3.

Stadtgemeinde Langensalza i. Thür. (Gas- und Wasserwerk).

Stadtrat Pirna.

Gasbetriebsgesellschaft Aktiengesellschaft (früher Imperial Continental Gas-Association), Berlin S. 42,
Gitschinerstr. 19.

Deutsche Gasgesellschaft Aktiengesellschaft, Berlin W 10,
Viktoriastr. 17.

Georg Landsberg, Regierungsbaumeister, Vorstand der
Deutschen Gasgesellschaft A. G., Berlin W 10, Viktoriastr. 17.

Johannes Friedrich Karl Schultz, Direktor des städtischen Gas- und Wasserwerks Pirna, Waisenhausstr. 6.

*Benno Weinberg, Direktor der Deutschen Kohlen-
handels-Gesellschaft m. b. H., Dresden, Nürnberger-
straße 9.

Städtische Gas- und Wasserwerke Altena in Westfalen.

Franz Rosellen, Direktor der städtischen Gas-, Wasser-
und Elektrizitätswerke Neuß a. Rh., Königstr. 74.

Städtisches Gas- und Wasserwerk Moers.

Dr. Robert Funk, Direktor der städtischen Gaswerke
Charlottenburg, Keplerstr. 43.

Emil Jacobs, Bergrat, Leiter des Handelsbureaus der
Bergwerksdirektion Saarbrücken.

Wilhelm Grenzendörfer, Direktor des Gas- und Wasserwerks Schmalkalden, Auerweg 16.

Otto Hannemann, Regierungsbaumeister, Betriebsleiter
der Württemb. Staatlichen Landeswasserversorgung,
Stuttgart, Reinsburgstr. 53a.

2*

Städtische Werke Rüdesheim a. Rh.

Bernhard Loh, Gaswerksdirektor, Köln-Deutz, Deutz-Mülheimerstr. 9.

*Mannesmann-Röhrenlager G. m. b. H., Berlin NW. 40, Heidestr. 37.

*Wayß & Freytag A.-G., Berlin SW 11, Bernburger-straße 14.

Walter Voß, Ingenieur und stellvertr. Direktor der städtischen Gas- und Wasserwerke Witten a. d. Ruhr, Parkweg 25.

*J. Hirschhorn, Lampenfabrik, Berlin SO 33, Köpe-nickerstr. 148/149.

Dr. Friedrich Schirmrigk, Beratender Ingenieur, In-haber des wasserbautechnischen Bureaus Ludwig und Hermann Mannes, Hamburg 21, Richterstr. 17.

Theodor Berg, Direktor der städtischen Gas-, Wasser- und Elektrizitätswerke Nienburg a. d. W., Auewall 5.

Karl Heinrich Raupp, Diplomingenieur, Berlin-Wilmers-dorf, Kaiser-Allee 27.

Emil Bergfried, Oberingenieur und Geschäftsführer der Allgemeinen Technischen Gesellschaft m. b. H., Ber-lin W. 50, Augsburgerstr. 22.

*Willy Meiß, Ingenieur der Jul. Pintsch A.-G., Neukölln, Fuldastr. 9.

Dr. Ing. Ludwig Sautter, Oberingenieur der Gas- und Wasserwerke Duisburg, Schweizerstr. 7.

Gasgesellschaft Niederbarnim m. b. H., Berlin NW. 40, Alexander-Ufer 1.

Paul Jelinski, Ingenieur, Charlottenburg, Niebuhrstr. 64.

Niederlausitzer Wasserwerksgesellschaft m. b. H., Senften-berg, N.-L., Dresdenerstr. 8a.

Karl Wagenführer, Direktor der Niederlausitzer Wasser-werks-G. m. b. H., Senftenberg, N.-L., Wiesenstr. 6.

Paul Klee, beratender Ingenieur, Eisenach, Langensalza-straße 41.

Verbandsgaswerk Siegmar und Umgegend, Siegmar i. Sa., Körnerstr. 15.

Edmund Steinhauf, Regierungsbaumeister a. D., Oberingenieur der Gas- und Wasserwerke Stettin, Fried-
rich-Karlstr. 8.

Keller & Knappich, G. m. b. H., Maschinenfabrik
Augsburg, Ulmerstr. 56/74.

Fritz Hoffmann, Ingenieur des städtischen Gaswerks
Bromberg, Berlinerstr. 10.

*Paul Riecke, Oberingenieur und Prokurist der Berlin-
Anhaltischen Maschinenbau-A. G., Dessau, Askanische
Straße 49.

Städtische Gas- und Wasserwerke Landeshut i. Schles.

Kurt Speer, Ingenieur und Betriebsleiter des städtischen
Gaswerks Kottbus.

Willy Brandt, Betriebsleiter des Gas- und Elektrizitätswerks Wittenburg (Mecklbg.), Aktiengesellschaft,
Wittenburg.

Aug. T. Meyer, Wasserwerksdirektor, Chemnitz, Heinrich
Beckstr. 23.

Karl Florin, Vorstand der Allgemeinen Gas-Aktiengesellschaft, Magdeburg, Königstr. 53.

Städtisches Gaswerk Sangerhausen.

Gaswerk Emmendingen.

Städtische Technische Werke Erlangen.

Karl Schmidt, Regierungsbaumeister a. D., Direktor der
städt. Gas- und Wasserwerke Halle a. S., Unterplan 12.

Gustav Aicher, Direktor des städtischen Gaswerks Pasing,
Planeggerstr. 91.

Theodor Diessel, kaufmännischer und technischer Leiter
des Gas- und Wasserwerks Nordenham a. d. Weser.

Dr. jur. Eugen Hegeler, Generaldirektor des Wasserwerks für das nördliche westfälische Kohlenrevier,
Gelsenkirchen, Bochumerstr. 207.

Wilhelm Giese, Dipl.-Ing., stellvertr. Direktor der Charlottenburger Wasserwerke A.-G., Berlin-Schöneberg,
Bayrischer Platz 9.

Leonhard Schlegelmilch, Gas- und Wasserwerksleiter,
Prokurist der Rhein.-Westfäl. Elektrizitätswerks-
Akt.-Ges., Essen-Borbeck, Borbeckerstr. 202.

Karl Graf, städtischer Oberingenieur, verantwortlicher
Betriebsleiter der städtischen Gas- und Wasserwerke
Fürth i. B., Nürnbergerstr. 59.

Karl Westphal, Vorstand der Thüringer Gasgesellschaft,
Leipzig, Kaiser-Wilhelmstr. 16.

Karl Frömling, Direktor der Wasser- und Kanalisationswerke Kottbus, Klosterstr. 38.

Max Krause, Direktor der Licht- und Wasserwerke
Lissa i. P., Buchwälderstr. 14.

Joseph Lauenstein, Direktor der städt. Gas-, Wasser-
und Elektrizitätswerke Kempen a. Rh., Burgstraße 1.

Ludwig Wißmann, Oberingenieur der Gasanstalts-
betriebsgesellschaft und Werkleiter des Gaswerks
Bous a. Saar, Kaiserstr. 55a.

Friedrich Praedel, Leiter des Gas-, Wasser- und Elektrizitätswerks Moers a. Rh., Gartenstr. 28.

Theodor Micksch, Direktor der städtischen Kanali-
sations- und Wasserwerke Spandau, Neuendorferstr. 85.

Caesar Reinhard, Direktor der städtischen Betriebe
Hildesheim, Hannoverschestr. 6.

Paul Miething, Ingenieur, Leiter der Gas-, Wasser- und
Kanalwerke der Stadt Deutsch-Eylau (Westpr.).

Werner Schneider, Ingenieur, Gasinspektor des städtischen Gaswerks Vlotho a. d. Weser, Postfach Nr. 6.

Adalbert Höffmann, Gasingenieur und Besitzer des
Gaswerks Salmünster-SodenWächtersbach, Salmünster, Hessen-Nassau.

Theodor Tuckfeld, Betriebsinspektor der städtischen
Gas-, Wasser- und Kanalisationswerke Lübben.

Heinrich Huckschlag, Gasinspektor und Betriebsleiter
des Verbandsgaswerks Schliersee-Hausham-Miesbach.
Hausham in Oberbayern, Gaswerk.

Karl Borchardt, Syndikus wirtschaftlicher Verbände, Geschäftsführer des Arbeitsausschusses »Freier Kohlenhandel«, Berlin W. 30, Barbarossastr. 35.

Franz Hencke, Dipl.-Ing., technischer Beigeordneter der Stadt Remscheid, Weststr. 42.

Städtische Licht- und Wasserwerke Braunschweig.

Städtisches Gaswerk Limbach i. Sa.

Joseph Walter, Betriebsführer der Kokerei mit Überproduktengewinnung auf der Henrichshütte in Hattingen-Ruhr, Betriebsingenieur der Gasanstalt auf der Henrichshütte, Hattingen-Ruhr, Bismarckstr. 9.

Dr. Ing. Franz Richardt, Direktor des städtischen Gaswerks Kassel, Leipzigerstr. 76.

Otto Thaler, Direktor des Gas- und Wasserwerks Sommerfeld, Bez. Frankfurt a. O., Gaswerk.

Franz Müller, Direktor der Vereinigten städtischen Betriebswerke Gumbinnen, Königstr. 51.

Städtische Betriebswerke Gumbinnen.

Edwin Othmer, Direktor des Überlandgaswerks Wahren bei Leipzig, Mühlenstr. 32.

Ludwig Fieser, Betriebsingenieur des Gaswerks Trier, Fabrikstr. 1.

Städtisches Wasserwerk Nordhausen.

Städtische Gas-, Wasser und Elektrizitätswerke Emmerich.

Magistrat Schwerin i. Mecklbg. als Unternehmer des Gas- und Wasserwerks.

Heinrich Kleest, Betriebsleiter der Gas- und Elektrizitätswerke Uetersen i. Holstein, Parkstr. 1.

Städtisches Gaswerk Zoppot i. Westpr.

Ludwig Offergeld, Regierungsbaumeister a. D., Geschäftsführer des Wasserwerks des Landkreises Aachen, Brand b. Aachen, Triererstr. 19.

Friedrich Kießling, Betriebsinspektor des städtischen Gaswerks Löbau i. Sa., Mühlenstr. 19.

Niederrheinische »Gas- und Wasserwerke, G. m. b. H., Hamborn a. Rh., Duisburgerstr. 159a.

Städtische Gasanstalt Rees.

Hessen-Nassauische Gas-Aktiengesellschaft, Höchst a. M.,
Homburgerstr. 22.

Richard Spethmann, Direktor des Gas- und Wasserwerks Einbeck.

August Lübke, Direktor des städtischen Gas- und Wasserwerks Neustadt, S.-Koburg.

Christian Burkard, Diplomingenieur, technischer Hilfs-
arbeiter beim Betriebsamt des Rates zu Dresden,
Dresden-N., Königsbrückerstr. 47.

Ewald Storck, Betriebsingenieur auf Gaswerk II Berlin-
Lichtenberg, Berlin-Karlshorst, Stühlingenstr. 20.

Albert Zinck, Direktor der städtischen Gas- und Wasserwerke Halberstadt.

Magistrat Oels als Unternehmer des städtischen Gaswerks.

Magistrat Geestemünde.

Städtische Gas-, Wasser- und Kanalisationswerke Fürstenwalde, Spree.

Paul Lütcke, Ingenieur der H. Meinecke A.-G., Breslau,
Monhauptstr. 27.

Paul Merkens, Betriebsleiter des städtischen Gas-
Wasser- und Kanalwerks Lyck i. Ostpr.

Städtische Wasserwerke Berlin C. 2, Klosterstr. 68.

Joseph Gülich, Direktor des Gas- und Wasserwerks Jena,
Knebelstr. 11.

Emil Ott, Inspektor des Gaswerks Bramsche, Maschstr. 9.

---

Unserem Verein gehören wie im Vorjahre neun Zweigvereine an. Nach der Reihenfolge ihres Eintritts sind dies:

1. Märkischer Verein von Gas-, Elektrizitäts- und Wasserfachmännern, vertreten durch den Vorsitzenden Direktor
   Tremus, Berlin-Lichtenberg.
2. Mittelrheinischer Gas- und Wasserfachmänner-Verein,
   vertreten durch den Vorsitzenden Stadtbaurat Frahm,
   Baden-Baden.

3. Verein von Gas- und Wasserfachmännern Schlesiens und der Lausitz, vertreten durch den Vorsitzenden Direktor Hofmann, Oppeln.

4. Verein der Gas-, Elektrizitäts- und Wasserfachmänner Rheinlands und Westfalens, mit zwei Mitgliedschaften, vertreten durch den Vorsitzenden Stadtbaurat Brüggemann, Bielefeld.

5. Bayerischer Verein von Gas- und Wasserfachmännern, vertreten durch den Vorsitzenden Direktor Zimpell, Augsburg.

6. Baltischer Verein von Gas- und Wasserfachmännern, vertreten durch den Vorsitzenden Direktor Stawitz, Insterburg,

7. Verein Sächsisch-Thüringischer Gas- und Wasserfachmänner, vertreten durch den Vorsitzenden Stadtbaurat Voß, Quedlinburg.

8. Niedersächsischer Verein von Gas- und Wasserfachmännern, vertreten durch den Vorsitzenden Direktor Schwers, Osnabrück.

9. Zentrale für Gasverwertung, e. V., vertreten durch den städt. Baurat Ries, München.

Über die Tätigkeit der Zweigvereine sind uns von den Herren Vorsitzenden derselben die nachstehenden Mitteilungen zugegangen, für welche wir den besten Dank aussprechen. Wir verbinden damit die besten Wünsche für das weitere Gedeihen der Zweigvereine, welche die Bestrebungen des Hauptvereins in erfolgreicher Weise unterstützen.

Der Märkische Verein von Gas-, Elektrizitäts- und Wasserfachmännern hielt am 26., 27. und 28. April ds. Js. seine Jahresversammlung, die 40., in Berlin ab. Am Sonnabend, den 26. April, versammelten sich die Mitglieder und Gäste im Restaurant »zum Heidelberger« zu einem Begrüßungsabend. Trotz der schwierigen Verkehrsverhältnisse hatte sich eine sehr große Anzahl von Besuchern eingefunden. Am Sonntag, den 27. vormittags, fanden in der »Urania« die

Verhandlungen statt. Auch hier war der Besuch sehr zahlreich. Es wurden folgende Vorträge gehalten:

a) »Die Verwendung von Kammeröfen für Gasanstalten«
(Herr Koppers, Essen).

b) »Die Kosten der Wassergaserzeugung« (Herr Dr.
Geipert, Mariendorf).

c) »Wirtschaftsfragen« (Herr Direktor Ohly, Köln).

d) »Der Gasmesser im Kriege« (Herr Bessin, Berlin).

e) »Aussprache über Pumpen für Wasserwerke« (Herr
Reg.-Rat Kühne, Berlin).

Die Vorträge gaben zu lebhaften Aussprachen Veranlassung.

An Stelle des ausscheidenden Vorsitzenden, Herrn Direktor
Pohmer, Mariendorf, wurde Herr Direktor Tremus, Berlin-
Lichtenberg, zum Vorsitzenden gewählt. Aus dem Vorstand
scheidet aus Herr Direktor·Kümmel, Charlottenburg. Als
neues Vorstandsmitglied und gleichzeitig als Kassenwart
wurde gewählt Herr Direktor Finkler, Neukölln.

Nach den Verhandlungen versammelte sich ein großer
Teil der Besucher zum Mittagessen im »Rheingold«. Ein Besuch
des neuen Wasserwerkes der Stadt Berlin in der Wulheide
und des kontinuierlich arbeitenden Vertikalofens im Gaswerk
Schmargendorf am Montag beschloß die Jahresversammlung.

Aus dem Geschäftsbericht für das abgelaufene Vereinsjahr ist folgendes zu bemerken:

Zu Beginn des Jahres zählte der Verein 3 Ehrenmitglieder
und 187 Mitglieder. Durch Tod hat der Verein 5 Mitglieder
verloren, durch freiwilligen Austritt 3, aufgenommen wurden
dagegen 8 Mitglieder, so daß der Mitgliederbestand derselbe
geblieben ist wie im vorigen Jahre.

Nach dem Kassenbericht betrugen

die Einnahmen . . . . . . . . M. 2977,12
die Ausgaben . . . . . . . . . » 1990,51

Bestand M. 986,61

Unter den Ausgaben befindet sich ein Posten von M. 1200.
welcher an die Unterstützungskasse des Hauptvereins ab-

geführt wurden, ferner wurde dem Museumsverein und der Zentrale für Gasverwertung ein Beitrag von M. 200 gewährt

Der Vorstand besteht zurzeit aus den Herren Tremus. Berlin-Lichtenberg, als Vorsitzenden; Finkler, Neukölln, Kassenwart; ferner Dr. Funk, Charlottenburg; Gehrcke. Perleberg; Kühne, Berlin; Schöneberg, Berlin, und Pohmer, Mariendorf.

Der Mittelrheinische Gas- und Wasserfachmännerverein tagte am 30. und 31. August 1919 in Göppingen. Der Hauptversammlung ging am 30. August eine vertrauliche Besprechung der ordentlichen Mitglieder voraus, in welcher u. a. die Gaseinschränkung und die Kohlenversorgung, die Verwendung von Lastautomobilen für die Koksabfuhr und verschiedene Betriebsfragen behandelt wurden. Am Abend des 30. August vereinigten sich alle Versammlungsteilnehmer mit ihren Damen zu einer zwanglosen Begrüßungszusammenkunft im Apostelhotel. Die Hauptversammlung am 31. August leitete der Vorsitzende, Stadtbaurat Frahm, Baden-Baden. Schriftführer war Direktor Mühlberger, Heilbronn. Nach Erledigung der Vereinsgeschäfte hielt Chemiker Münder Betriebsleiter der Firma Zeller & Gmelin in Eislingen, einen Vortrag über die Gewinnung von Mineralöl aus bituminösem Schiefer unter Verwendung dieses Schiefers als Heizstoff. Regierungsbaumeister Wenger sprach über die Abhitzegewinnung und -verwertung im städtischen Gaswerk Schwäb. Gmünd, Betriebsleiter Henig, Tübingen, über die Warmwasserbereitungsanlage im Gaswerk Tübingen zur Versorgung des dortigen Uhlandbades und Oberingenieur Schad, Leipzig. über die Anwendbarkeit von Großraumöfen für kleinere Gaswerke. An sämtliche Vorträge schlossen sich längere Aussprachen an.

Der Verein zählte am Schlusse des Vereinsjahres 6 (3) Ehrenmitglieder, 121 (113) ordentliche Mitglieder und 118 (118) außerordentliche Mitglieder, zusammen 245 (234) Vereinsmitglieder. Die Zahlen innerhalb der Klammern gelten für den Beginn des Vereinsjahres. Nach dem vom Rechner Hinden, Neustadt a. H., erstatteten Kassenbericht betrug bei M. 5687,07

Gesamteinnahmen und -Ausgaben einschließlich des Vereins-
vermögens der Vermögensbestand bei Beginn des Vereinsjahres
M. 4415,50, am Schluß desselben M. 4903,43.

An Stelle des nach den Satzungen ausscheidenden stellvertretenden Vorsitzenden, Direktor Schäfer, Speier, wurde
Direktor Jokisch, Göppingen, für die nächsten drei Jahre
gewählt, so daß sich der Vorstand für das Vereinsjahr 1918/19
zusammensetzt aus:

Stadtbaurat Frahm, Baden-Baden, Vorsitzender,
Direktor Jokisch, Göppingen, stellvertr. Vorsitzender,
Direktor Hinden, Neustadt, Rechner.

Die Jahresversammlung wählte einstimmig die drei verdienten Mitglieder Direktor Wilhelm Eisele, Freiburg i. Br.,
Stadtbaurat E. R. Kuckuk, Heidelberg, und Friedrich Lux,
Ludwigshafen a. Rh., zu Ehrenmitgliedern. Beschlossen wurden für das Jahr 1918/19 an Beiträgen M. 100 für die Gas-
zentrale, M. 250 für den Unterstützungsschatz des Hauptvereins. Die Festsetzung des Ortes für die nächste Hauptversammlung wurde in Hinblick auf die Unsicherheit der Verhältnisse dem Vorstand überlassen.

Verein von Gas- und Wasserfachmännern Schlesiens und der Lausitz. Zur Begehung der 50. Wiederkehr
der Gründung des Vereines, welche am 22. Juli 1868 in Görlitz
erfolgte, versammelten sich am gleichen Tage des Jahres 1918
zu Görlitz 135 Teilnehmer, worunter sich auch 17 Damen
befanden, um dem Ernst der Zeit entsprechend, in einfachster
Art das Jubiläum zu feiern. Sonntag, den 21. August, nachmittag von 4½ Uhr bis 7 Uhr hielt die engere Oberschlesische
Fachmännervereinigung ihre Sitzung ab und abends gab die
Stadt Görlitz dem Verein ein Abendbrot mit Bier, zudem sich
Herr Oberbürgermeister Snay mit einer größeren Anzahl
Herren der beiden städtischen Kollegien mit ihren Damen
eingefunden hatten, und das einen recht gemütlichen Verlauf
nahm. Der Vorsitzende, Herr Direktor Hofmann, hielt die
Begrüßungsrede und Herr Direktor Schultz toastete auf die
städtischen Körperschaften und auf die Geburtsstadt des
Vereins.

Am Montag wurden von 9 bis 11 Uhr vormittags die Vereinsangelegenheiten erledigt, von 11 bis 12 Uhr eine Frühstückspause in den unteren Räumen abgehalten und von 12 bis 2 Uhr die Vorträge abgewickelt. Es sprach Herr Stadtrat Dr. Velde über die Entwicklung der städt. Werke: Gas-, Wasser-, Elektrizitäts- und Braunkohlenwerke in den letzten 20 Jahren; Herr Stadtrat Welzel über die Kohlenversorgung der Stadt Görlitz und der Schriftführer des Vereins, Herr Schulz, Hindenburg, über die Entwicklung des Vereins in den abgelaufenen 50 Jahren, wozu unser Ehrenmitglied, Herr Direktor a. D. Bergner, Lauban, als ältestes Mitglied seit 1869, sehr ausführliche Angaben über die Gründungszeit des Vereins machte. Der Vortrag des Herrn Welzel löste eine sehr ausgiebige Besprechung der Kohlenversorgungsfrage unter den Leitern der Ortskohlenstellen der Städte aus, wozu Herr Direktor Lempelius zum Schlusse als Vertreter des Herrn Reichskommissars für die Kohlenverteilung eine eingehende Belehrung für alle Teilnehmer auf den Weg gab. Zu den Vereinsangelegenheiten ist zu bemerken, daß der Vorsitzende, Herr Direktor Hofmann, Oppeln, und der stellvertretende Vorsitzende, Herr Direktor Vaupel, Reichenbach i. Schl., auf drei Jahre, von 1918 bis 1921, in den Vorstand gewählt wurden und Herr Hofmann für 1918/19 den Vorsitz führen soll. Als Kassenprüfer für das neue Jahr 1918/19 wird Herr Direktor Günther, Neustadt (O.-S.), und Herr Direktor Kirchhoff, Ohlau, wiedergewählt. Die Amtsdauer des Schriftführers Schulz, Hindenburg (O.-S.), und des Kassierers Wilhelm, Zittau i. Sa., läuft erst 1921 ab, während die beiden Beisitzer Goerisch, Schweidnitz, und Rother, Glogau, im kommenden Jahre ausscheiden. Für den Ort der 51. Jahresversammlung wird Schreiberhau einstimmig gewählt.

Um 2 Uhr versammelten sich die Teilnehmer in den unteren Räumen der Stadthalle, die prächtig mit Blumen geschmückt waren, zum gemeinschaftlichen Mittagessen, wobei Herr Oberbürgermeister Snay mit mehreren Herren der Stadtverwaltung den Verein mit ihrer Anwesenheit beehrten. Herr Direktor Vaupel hielt in zündenden Worten die Kaiserrede und bei heiterster Stimmung war gegen 6 Uhr abends die Jubiläumsfeier beendigt, und man trennte sich auf ein fröhliches gesundes Wiedersehen im nächsten Jahre. Der Verein hatte am Jahresabschlusse 1 Ehrenmitglied, 112 ordentliche Mitglieder und 69 außerordentliche Mitglieder. Er besitzt beim Hauptverein eine Mitgliedschaft. Auf der Jahresversammlung selbst wurden drei neue Mitglieder aufgenommen. Die Einnahmen betrugen M. 3211,12, die Ausgaben M. 2662,74, so daß ein Überschuß von M. 548,38 verbleibt.

Das Vereinsvermögen besteht aus M. 4000 5proz. Wertpapiere der 3. deutschen Kriegsanleihe und einem Barbestande von M. 548,38, deren Verwaltung Herr Direktor Wilhelm, Zittau i. Sa., übernommen hat.

Der neue Haushaltplan für 1918/19 sieht M. 2322,50 in Einnahme und M. 2172,50 in Ausgabe vor, so daß ein Überschuß von M. 150 verbleiben dürfte.

Im Laufe des Jahres wurde von einem Mitglied M. 100 für einen Unterstützungsfond gestiftet, weshalb der Vorstand beschlossen hat, eine Unterstützungskasse zu gründen, dem die Versammlung zustimmte und dem aus dem laufenden Haushalt weitere M. 50 zugewiesen werden sollen. Der Verein hat beschlossen, folgende Beiträge für das Jahr 1918/19 zu zahlen:

1. Für die Zentrale für Gasverwertung Berlin M. 200.
2. Für die Lehr- u. Versuchsgasanstalt Karlsruhe, Bad., M. 50.
3. Für das Museum in Charlottenburg M. 50.

Verein der Gas-, Elektrizitäts- und Wasserfachmänner Rheinlands und Westfalens. Der Verein hielt im abgelaufenen Berichtsjahre satzungsgemäß eine Herbst- und eine Frühjahrsversammlung ab; beide erfreuten sich eines regen Besuches. Die Herbstversammlung fand am 7. September 1918 zu Königswinter statt. Herr Direktor Reich, Godesberg, hielt einen eingehenden Vortrag über die Aufgaben und Einrichtungen der Ortskohlenstellen, deren Leitung fast durchweg den Leitern der Gaswerke übertragen worden ist. Ferner wurde durch einen einleitenden Bericht des Herrn

Stadtrats Brüggemann, Bielefeld, eine ausgiebige Aussprache über die bei der Rationierung von Gas und elektrischer Energie gemachten Erfahrungen ausgelöst.

Die Frühjahrsversammlung fand am 28. Mai 1919 im städt. Saalbau zu Essen statt. Herr Direktor Pohlitz, Sterkrade, hielt einen ausführlichen Vortrag über die Bedeutung der Abschreibungen in wirtschaftlicher und steuerlicher Beziehung; an den Vortrag schloß sich eine interessante Aussprache an.

Im Berichtsjahre schieden aus dem Vereine durch Tod aus: 1 Ehrenmitglied, 7 ordentliche und 4 außerordentliche Mitglieder. Neu aufgenommen wurden 7 ordentliche und 7 außerordentliche Mitglieder. Herr Direktor a. D. Borchardt, früher Remscheid, jetzt Wiesbaden, wurde in Anerkennung seiner Verdienste um den Verein zum Ehrenmitgliede ernannt. Am Jahresschluß (1. April 1919) hatte der Verein 5 Ehrenmitglieder, 249 wirkliche und 118 außerordentliche Mitglieder, demnach insgesamt 372 Mitglieder.

Der Voranschlag für das Jahr 1919/20 wurde in Einnahme und Ausgabe auf M. 10 200 festgesetzt.

Zum Vorsitzenden für das neue Geschäftsjahr wurde Herr Stadtrat Brüggemann, Bielefeld, gewählt. Neu in den Vorstand wurden gewählt die Herren Direktor Krüsmann, Bochum, Reich, Godesberg, und Hencken, Ürdingen, für die satzungsgemäß ausscheidenden Herren Direktor Froitzheim, Köln-Deutz, Kaasch, Koblenz, Rosellen, Neuß.

Bayerischer Verein von Gas- und Wasserfachmännern. Der Verein hat bis jetzt eine Mitgliederversammlung in diesem Jahre nicht abgehalten und wird dazu voraussichtlich auch später kaum in der Lage sein. Aus diesem Grunde kann der übliche Bericht des Vorstandes nicht erstattet werden. Der Vorstand wird bis zur nächsten Sitzung sein Ehrenamt beibehalten und hofft im Frühjahr eine Hauptversammlung einberufen zu können.

Über die Mitgliederbewegung ist zu berichten: Zahl am Ende des Vereinsjahres 1918/19: 4 (4) Ehrenmitglieder, 90 (88) ordentliche Mitglieder, 91 (90) außerordentliche Mitglieder, zusammen 185 (182) Mitglieder.

**Baltischer Verein von Gas- und Wasserfachmännern.** Die 46. Jahresversammlung des Baltischen Vereins von Gas- und Wasserfachmännern fand am 24. August 1918 in Bromberg statt. Die Versammlung, die von 68 Mitgliedern und Gästen besucht war, wurde durch den Vorsitzenden, Direktor Stawitz, Insterburg, eröffnet.

Die schwierigen Verhältnisse während des Krieges hatten den Verein gezwungen, die letzten drei Tagungen außerhalb des Vereinsgebietes, im Anschluß an die Hauptversammlung in Berlin abzuhalten und sich auf die Erledigung der geschäftlichen Vereinsangelegenheiten zu beschränken. Da hierunter die fachlichen Arbeiten des Vereins leiden mußten, hat der Vorstand beschlossen, im Jahre 1918 die Jahresversammlung wiederum im Vereinsgebiet abzuhalten, um den Mitgliedern Gelegenheit zu der dringend notwendigen Aussprache zu geben. Dagegen mußten Bedenken wirtschaftlicher Art, wie hohe Reisekosten, schwere Abkömmlichkeit von den Dienstgeschäften zurücktreten.

In der Eröffnungsansprache hob der Vorsitzende hervor, mit welchen Schwierigkeiten das Gasfach zu kämpfen hat und anerkannte, daß von den maßgeblichen Stellen des Hauptvereins im Laufe des Jahres alles geschehen sei, was zur Besserung der Verhältnisse beitragen konnte. Er forderte die Mitglieder auf, den Hauptverein in dieser Tätigkeit zu unterstützen, indem sie selbst die Mitgliedschaft des Hauptvereins erwerben und bei den vorgesetzten Behörden dahin wirken, daß sie dem Hauptverein beitreten. Nach dem alten Sprichwort: »Einigkeit macht stark« werde die Stoßkraft des Hauptvereins, ihr Einfluß bei den Behörden und anderen maßgeblichen Stellen um so größer, je größer die Zahl der Mitglieder sei. Auch die Beteiligung an der Statistik dürfte noch umfangreicher werden.

Die Mitgliederzahl des Zweigvereins hat sich im letzten Jahre etwas verringert. Herr Direktor Baumert, Pasewalk, ist im Juli ds. Js. gestorben. Einen weiteren Verlust hat der Verein durch den Tod des außerordentlichen Mitgliedes, des

Herrn Oberingenieur Heinrich Dust von der Firma Julius
Pintsch erlitten. Drei außerordentliche Mitglieder sind aus-
getreten, so daß der Verein z. Z. aus 86 ordentlichen Mitgliedern und 83 außerordentlichen Mitgliedern, also zusammen
169 Mitgliedern besteht. Die Mitgliederbeiträge einiger Mitglieder, die im Felde stehen, wurden gestundet.

Die Gesamteinnahmen betrugen im letzten Vereinsjahr . . . . . . . . . . . . . . . . . . . M. 2000,71
Die Gesamtausgaben betrugen im letzten Vereinsjahr . . . . . . . . . . . . . . . . . . » 1953,38
so daß am Jahresschluß ein Bestand war von M. 47,33

»Mitteilungen über die Verordnung betr. Gaseinschränkung« wurden von Herrn Direktor Lempelius, dem Vertreter der Reichskommissars für die Kohlenverteilung, gemacht. In der im Anschluß an den Vortrag stattgehabten
Besprechung gab Herr Direktor Lempelius noch auf verschiedene Anfragen, z. B. über die Gasaufpreise Auskunft.
Sodann hielt Herr Direktor Kobbert, Königsberg, einen
Vortrag über »Leistung und Ausbau der Kondensation«.
Ein »Austausch von Erfahrungen mit neuen Ofensystemen in kleineren und mittleren Gaswerken«
wurde vom Vorsitzenden eingeleitet; und als Hauptpunkte für
die Besprechungen die Klärung darüber in die Wege geleitet,
ob es für kleinere und mittlere Gaswerke empfehlenswert ist,
sich ebenfalls wie die größeren Werke neuer Ofensysteme zu
bedienen. Dabei waren folgende Grundfragen zu beantworten:
1. Wie verhalten sich die Kosten der neuen Ofensysteme zu
den bisher benutzten Horizontalretortenöfen? 2. Sind
maschinelle Einrichtungen bei den neueren Ofensystemen auch
bei kleinen Anlagen unbedingt notwendig, oder können sie
zum Teil oder ganz durch Handbetrieb ersetzt werden. 3. Erfordert die Überwachung des Betriebes und die Unterhaltung
neuerer Ofensysteme besonders ausgebildetes Personal, oder
ist auch der Betriebsleiter eines kleineren Gaswerks selbst
dazu imstande? 4. Wie groß sind die Unterhaltungskosten
bei neueren Ofensystemen gegenüber Horizontalöfen? 5. Welche

Betriebsresultate sind mit neueren Ofensystemen zu erzielen?
6. Wie groß ist die Ersparnis an Arbeitskräften bei neueren Ofensystemen? An der Besprechung beteiligten sich die Herren:
Direktor Maibaum, Tilsit; Direktor Merkens, Lyck (Ostpr.);
Direktor Stawitz, Insterburg; Direktor Müller, Gumbinnen;
Direktor Menzel, Berlin, und Direktor Falk, Graudenz. Der
nächste Punkt der Tagesordnung betraf Anfragen und Mitteilungen aus der Praxis. Es wurden besprochen: Herstellung von Koksbriketts durch Stadtbaurat Metzger, Bromberg; Erfahrungen mit Druckwasserspülung durch
Direktor Handtke, Stolp, und Baurat Metzger.

Der Bericht der Rechnungsprüfer Herrn Direktor Menzel
und Herrn Kommerzienrat Elster ergab, daß die Kasse in
Ordnung gefunden war und es wurde Entlastung erteilt.

Der Antrag des Vorstandes auf Änderung des § 9 Abs. 2
der Satzungen dahingehend, daß der Vorstand aus 5 ordentlichen Mitgliedern bestehen soll, wird angenommen. Es soll
möglichst jede Provinz ein Vorstandsmitglied stellen.

Desgleichen wird dem weiteren Antrage des Vorstandes,
auf die Jahresbeiträge der ordentlichen und außerordentlichen
Mitglieder einen Teuerungsaufschlag von 25% für das Jahr
1918/19 und 1919/20 zu erheben, zugestimmt.

Der Haushaltsplan, für das Jahr 1918/19, der in Einnahme und Ausgabe mit 2123 M. abschließt, wurde von der
Versammlung genehmigt.

Die anschließenden Wahlen ergaben folgende Zusammen-
setzung des Vorstandes: Vorsitzender: Direktor Stawitz,
Insterburg; Stellvertreter: Direktor Harder, Hohensalza;
Vorstandsmitglied: Direktor Behr, Kolberg, Direktor Falk,
Graudenz, Direktor Kobbert, Königsberg; Rechnungsprüfer:
Direktor Menzel, Berlin, Kommerzienrat Elster, Berlin;
Schriftführer: Direktor Behr, Kolberg.

Die Wahl des Ortes für die nächste Jahresversammlung
wurde dem Vorstande überlassen.

Nach Schluß der Tagung fand noch eine Besprechung der
Betriebsleiter über Zusammenkünfte der Betriebsleiter statt,

an die sich nachmittags der Vortrag des Herrn Stadtbaurat
Metzger und des Herrn Zivilingenieur Rosenboom über die
geplante Erweiterung des Gaswerks Bromberg anschloß.
Ein gemütliches, zwangloses Beisammensein am Abend be-
endete die Tagung.

Verein Sächsisch-Thüringischer Gas- und Wasserfachmänner. Die sonst im Mai eines jeden Jahres abgehaltene Hauptversammlung des Vereins Sächsich-Thüringischer
Gas- und Wasserfachmänner fand in diesem Jahre nicht statt,
da wegen der herrschenden Verkehrs- und Ernährungsschwierig-
keiten auf eine zahlreiche Beteiligung nicht gerechnet werden
konnte. Es wurde daher beschlossen, die Hauptversammlung
erst im Spätherbst 1919 abzuhalten.

In der Zusammensetzung des Vorstandes hat sich gegen
das Vorjahr nichts geändert. Vorsitzender ist Herr Baurat
Voß, Quedlinburg, stellvertretender Vorsitzender Herr Direktor
Lange, Erfurt, und Schriftführer Herr Direktor Mohr,
Gotha. Die Archivverwaltung ist Herrn Direktor Döhnert,
Crimmitschau, übertragen.

In dem Mitgliederbestande ist infolge neu aufgenommener
Mitglieder eine erhebliche Erhöhung eingetreten. Unter Berücksichtigung der Zu- und Abgänge gehörten am 1. Mai d. Js.
dem Verein an: 2 Ehrenmitglieder, 113 ordentliche Mitgl eder,
von denen 12 im Ruhestande leben und keinen Vereinsbei-
trag zahlen, und 74 außerordentliche Mitglieder, insgesamt
also 189 Mitglieder gegen 162 im Vorjahre.

In den Ruhestand sind getreten: Herr Direktor Franke,
Gera, Herr Direktor Friedrich Voigt, Torgau, und Herr
Direktor A. Behn, Bautzen. Der Vorstand hat diesen Kollegen
die herzlichsten Wünsche für ihren Ruhestand ausgesprochen.

Der Vorstand hielt im Laufe des Jahres zwei Vorstands-
sitzungen ab, in denen Vereinsfragen und sonstige wichtige.
das Gas- und Wasserfach betreffende Tagesfragen besprochen
wurden.

Der Kassenabschluß stellt sich wie folgt: Die Einnahmen
betragen M. 4067,39, die Ausgaben betragen M. 2811,31, so

3*

daß ein Bestand von M. 1256,08 bleibt. Das Vermögen des Vereins beläuft sich auf M. 3456,08, das in mündelsicheren Papieren angelegt ist, gegen M. 2569,74½ im Vorjahre, das Vermögen ist also um M. 886,33½ gewachsen.

**Niedersächsischer Verein von Gas- und Wasserfachmännern.** Eine Jahresversammlung des Niedersächsischen Vereins von Gas- und Wasserfachmännern fand im Vereinsjahre 1917/18 nicht statt. Am 6. Aug. 1917 hatte in Altona eine Versammlung der Werksleiter stattgefunden zu einer Besprechung über die Auslegung der Vorschrift über die Einschränkung. Die Versammlung wurde geleitet vom Vorsitzenden des Hauptvereins, Herrn Oberbaurat Hase, welcher infolge seiner Mitarbeit am Ausbau dieser Vorschriften am besten in der Lage war, Auskunft erteilen zu können. Mit Rücksicht auf diese Werksversammlung glaubte der Vorstand, von einer Einberufung der Jahresversammlung Abstand nehmen zu sollen. Die Geschäfte blieben unter den alten Vorstandsmitgliedern in gleicher Weise verteilt. Der Mitgliederbestand betrug 161 Mitglieder.

**Zentrale für Gasverwertung e. V.** Die 9. ordentliche Mitgliederversammlung fand am 4. August 1919 in Berlin im Haus des Vereins deutscher Ingenieure statt.

Die insbesondere von Gaswerksleitern aus fast allen deutschen Gegenden stark besuchte Versammlung wurde von dem Mitgliede des Geschäftsführenden Ausschusses, Herrn Ernst Körting, Vorsitzenden des Deutschen Vereins von Gas- und Wasserfachmännern e. V., mit Worten der Trauer über die Ursache seines Erscheinens an dem Platze des Vorsitzenden eröffnet: der zweite Stellvertreter des Vereinsvorsitzenden, Herr Direktor Ruhland, Straßburg, hat, weil Straßburg aus Deutschland geschieden ist, seinen Rücktritt erklärt, während der Vereinsvorsitzende, Herr Geheimer Baurat Max Krause sowie sein erster Stellvertreter, Herr Betriebsdirektor Schimming, verstorben sind. Ihnen wird ein warm empfundener Nachruf gewidmet.

Der Geschäftsbericht wurde ohne Erörterung genehmigt. Der Vorsitzende weist darauf hin, daß der Inhalt nicht viel von Propaganda für das Gas, aber von nachdrücklichem, erfolgreichem Eintreten für die Interessen des Gases in den vielen wirtschaftlichen

Fragen berichte, die jetzt die Reichsregierung und die Öffentlichkeit beschäftigen und das Gas weitgehend berühren.

Auf Grund des Antrages der Rechnungsprüfer werden
die beiden letzten Jahresrechnungen (im vorigen Vereinsjahre
konnte keine Mitgliederversammlung abgehalten werden) genehmigt, in den letzten Abschluß aber noch ein Posten für von
früher her bestehende der Zentrale für Gasverwertung obliegende
vertragliche Verpflichtungen eingesetzt.

Der Vorsitzende berichtet, daß neben dem der Verwirklichung
sich nähernden Plane, an der Technischen Hochschule zu Karlsruhe einen Lehrstuhl für Gastechnik und Brennstoffverwertung
neu zu errichten, die Absicht einhergehe, an der Technischen Hochschule zu Berlin in Charlottenburg den Studierenden durch eine
Vorlesung Gelegenheit zu geben, sich über das Gasfach zu unter-
richten. Die Versammlung spricht mit Bezug auf den von der Ausstellung »Die Frau in Haus und Beruf, Berlin 1912« zur Verfügung
der Garantiefondszeichner — zu denen die Zentrale für Gasverwertung gehört — verbliebenen Überschuß ihre Zustimmung
dahin aus, daß M. 50 000 ihm hierfür entnommen werden.

Außer den drei Vorsitzenden sind aus dem Geschäftsführenden
Ausschuß noch ausgeschieden: Herr Direktor Heidenreich,
weil er, ebenso wie er als Geschäftsführer des Deutschen Vereins
von Gas- und Wasserfachmännern zurücktrat, auch den gleichen
Wunsch mit Bezug auf seine Zugehörigkeit zum Geschäftsführenden
Ausschuß der Zentrale für Gasverwertung ausdrückte, und Herr
Direktor Stein von der Gasmotorenfabrik Deutz, weil er in den
Ruhestand trat. Es werden neu gewählt: zum ersten Stellvertretenden Vorsitzenden Herr Direktor Lenze, Städtische Gaswerke
Berlin, zum zweiten Stellvertretenden Vorsitzenden Herr Direktor Heinrich, Städtisches Gaswerk Pforzheim, ferner als Mitglieder des Geschäftsführenden Ausschusses die Herren Ober-
baurat Hase, Lübeck (als früherer Vorsitzender des Deutschen
Vereins von Gas- und Wasserfachmännern), Beigeordneter Bolstorff, Essen (als Vertreter von Kokereigasbeziehern), Direktor
Pott von der Stinnesschen Zechenverwaltung, Essen (als Vertreter von Kokereigaslieferern). Der Geschäftsführende Ausschuß
wird ferner ermächtigt, noch Zuwahlen vorzunehmen, um insbesondere die durch das Ausscheiden des Herrn Geheimer Baurat
Krause mit seinen umfassenden Erfahrungen und vielseitigsten
Beziehungen und des Herrn Direktor Stein entstandenen Lücken
auszufüllen. Dabei wird in Aussicht genommen, in der nächsten
Mitgliederversammlung, die an Stelle von Herrn Geheimrat Krause

aufzunehmende Persönlichkeit gegebenenfalls in das Amt des Vorsitzenden zu berufen; für die Zeit bis dahin wird festgesetzt, daß Herr Körting die Geschäfte des Vorsitzenden in gleicher Weise wie bisher, mit besonderer Unterstützung durch den ersten Stellvertreter des Vorsitzenden, Herrn Direktor Lenze, weiterführt. Die ausscheidenden Verwaltungsratsmitglieder werden wieder gewählt. Auf Vorschlag aus der Mitte der Versammlung werden noch hinzugewählt die Herren: Direktor Baumann — Städtisches Gaswerk Breslau, Direktor Göhrum — Städtisches Gaswerk Stuttgart, Direktor Lichtheim — Städtische Gaswerke Altona, Stadtbaurat Savelsberg — Städtisches Gaswerk Aachen, Direktor Spohn — Städtische Gaswerke Stettin, Direktor Tillmetz — Frankfurter Gasgesellschaft — Frankfurt a. M., Direktor Wahl — Städtisches Gaswerk Trier. Die Rechnungsprüfer Herren Kommerzienrat Elster, Generaldirektor Meyer und Regierungsbaumeister Weigel, werden wieder gewählt.

Die Besprechung über die Lage des Gasfaches infolge des unbefriedigenden Standes der Kohlenbelieferung und anderer nachteilig wirkender Verhältnisse sowie über die infolgedessen weiterhin zu befolgenden Richtlinien wurde eingeleitet durch einen Vortrag des vom Reichskommissar für die Kohlenverteilung entsandten Vertreters Herrn Oberregierungsrat Martius. In mehrstündiger Aussprache werden alle Einflüsse auf die Verschlechterung der Kohlenversorgung, die Folgen für die Gaswerke und die zu ergreifenden Maßnahmen eingehend erwogen. Trotz der großen Bedenken, die gegen eine wesentliche Herabsetzung des Gasheizwertes, aus der Mitte der Versammlung geltend gemacht wurden, muß nach dem Gange der Erörterungen es als unbedingt notwendig bezeichnet werden, alle für die Streckung des Steinkohlengases zur Verfügung stehenden Mittel, als da sind insbesondere die Wassergaserzeugung und die Vergasung von Braunkohle und Holz, in ausgiebigster Weise zu verwenden, wenn überhaupt die Gasversorgung einigermaßen durch den Winter hindurchgeführt werden soll.

Zur Förderung der wissenschaftlichen Zwecke des Vereins sind auch im verflossenen Jahre von größeren Werken und Firmen namhaftere Beiträge bewilligt. Wir führen die Beitraggeber in alphabetischer Ordnung nach dem Sitz der Verwaltungen hier auf und sprechen allen Beitraggebern unseren besten Dank aus.

Gasbetriebsgesellschaft in Berlin.
Julius Pintsch, Akt.-Ges. in Berlin.
Städtische Gaswerke in Berlin.
Städtische Wasserwerke in Berlin.
Städtische Gas-, Elektrizitäts- u. Wasserwerke in Bonn.
Städtische Gas- und Wasserwerke in Braunschweig.
Städtische Betriebswerke in Breslau.
Städtische Gaswerke in Budapest.
Städtisches Gaswerk in Charlottenburg.
Städtische Gasanstalt in Chemnitz.
Städtische Gas-, Elektrizitäts- und Wasserwerke in Cöln
    a. Rhein.
Deutsche Continental-Gasgesellschaft in Dessau.
Städtische Gaswerke in Dresden.
Städtische Wasserwerke in Dresden.
Frankfurter Gasgesellschaft in Frankfurt a. M.
Städtisches Gaswerk in Freiburg i. Br.
Städtisches Wasserwerk in Freiburg i. Br.
Städtische Gasanstalt in Görlitz.
Städtische Gas- und Wasserwerke in Hagen i. W.
Städtische Gas- und Wasserwerke in Halle a. S.
Direktion der Gaswerke Hamburg.
Stadtwasserkunst in Hamburg.
Städtisches Gaswerk in Hannover.
Städtische Gas- und Wasserwerke in Heidelberg.
Städtisches Gas- und Wasserwerk in Hildesheim.
Städtische Gas- und Wasserwerke in Karlsruhe.
Städtische Gas-, Elektrizitäts- und Wasserwerke in
    Kiel.
Städtisches Gaswerk in Königsberg, Pr.
Städtisches Wasserwerk in Königsberg, Pr.
Städtische Gasanstalten in Leipzig.
Städtisches Gaswerk in Liegnitz.
Städtisches Kanalisationswerk in Liegnitz.
Städtisches Wasserwerk in Liegnitz.
Städtische Gas-, Elektrizitäts- und Wasserwerke in
    Lübeck.
Allgemeine Gas-Aktiengesellschaft in Magdeburg.

Städtische Gas- und Wasserwerke in Magdeburg.

Städtisches Gaswerk in Mainz.

Gasgesellschaft in Mülhausen i. Els.

Städtische Gas- und Elektrizitätswerke in Mülheim a. Ruhr.

Städtische Gasanstalt in München.

Städtisches Gaswerk in Nürnberg.

Städtisches Wasserwerk in Nürnberg.

Städtisches Gas- und Wasserwerk in Offenbach a. M.

Städtische Gas- und Wasserwerke in Osnabrück.

Städtisches Gaswerk in Pforzheim.

Gasanstalt in Plauen i. V.

Städtische Licht- und Wasserwerke in Posen.

Städtische Gas- und Wasserwerke in Stettin.

Gaswerk, Aktiengesellschaft, Straßburg i. Els.

Städtisches Gaswerk in Stuttgart.

Städtisches Gaswerk in Wiesbaden.

Städtische Gas-, Wasser- und Elektrizitätswerke, Worms.

---

Der Ausschuß für die Schiele-Stiftung besteht zurzeit aus den Herren E. Körting, Berlin, als dem Vereinsvorsitzenden, Hofmann, Oppeln, als dem vom Ausschuß gewählten Mitglied und den Vertretern dreier Zweigvereine: Kümmel, Charlottenburg (Märkischer Verein), Frahm, Baden-Baden (Mittelrheinischer Verein), und Rosellen, Neuß (Verein Rheinlands und Westfalens). Herr Hofmann scheidet als Mitglied des Hauptausschusses und damit auch als Mitglied des Schiele-Ausschusses in diesem Jahre aus. An seiner Stelle ist von der Vereinsversammlung Neuwahl vorzunehmen, und zwar aus den Mitgliedern des Hauptausschusses (§ 4 Absatz 1, Ziffer 2 der Stiftungssatzung). Nach Absatz 2 derselben scheidet der Vertreter des Märkischen Vereins, aus und es tritt der Vertreter des Bayerischen Vereins, Herr Zimpell, Augsburg, in den Stiftungsausschuß ein. An Stelle des Herrn Rosellen im Verein für Rheinland und Westfalen ist Herr Brüggemann, Bielefeld, als Vertreter getreten. Herr Frahm bleibt als Vertreter des Mittelrheinischen Vereins noch bis 1920 Mitglied.

Der Stiftungsausschuß hatte während des letzten Jahres wie in den vorhergehenden Kriegsjahren keine Gelegenheit zur Betätigung. Das Kapital der Schiele-Stiftung besteht wie im vorhergehenden Jahre in Wertpapieren im Nennwert von M. 36800. Nach der Abrechnung des Vorjahres war ein Barbestand verblieben von M. 4770,27. Hierzu sind im abgelaufenen Jahre an Zinsen hinzugetreten M. 1438. Von einem Bewerbungsausschreiben wurde auch im letzten Jahre mit Rücksicht auf den Krieg abgesehen, so daß Beihilfen für Studienreisen nicht gezahlt wurden. Da auch sonstige Ausgaben nicht entstanden sind, so stellt sich der Barbestand am Schlusse des Rechnungsjahres auf M. 6208,27.

Hoffen wir, daß das kommende Vereinsjahr Gelegenheit zur Verwendung dieser Mittel gibt.

Der Unterstützungsausschuß besteht aus den Herren E. Körting, Berlin, als Vereinsvorsitzenden, Kümmel, Charlottenburg, als Mitglied des Hauptausschusses, Dr. Ing. h. c. R. Pintsch, Berlin, Müller, Charlottenburg, Dr. Lang, Potsdam, und Elster, Berlin, als von der Vereinsversammlung gewählte Mitglieder. Herr Kümmel, der dem Unterstützungsausschuß als Mitglied des Hauptausschusses angehört, scheidet mit Schluß der Jahresversammlung 1919 aus, da seine Wahlzeit im Hauptausschuß dann abläuft. An seiner Stelle ist von der Vereinsversammlung ein anderes Mitglied des Hauptausschusses zu wählen. Von den vier von der Vereinsversammlung gewählten Mitgliedern scheiden in diesem Jahre aus die Herren Müller und Pintsch. Ihre Wiederwahl ist zulässig.

Besondere Schenkungen sind dem Unterstützungsfonds zugegangen vom Apparat- und Gußwerk in Mainz M. 2000, vom Märkischen Verein von Gas-, Elektrizitäts- und Wasserfachmännern M. 1400. Wir sprechen für diese hochherzigen Gaben auch an dieser Stelle unseren herzlichsten Dank aus.

Im übrigen sind bei der Zahlung der Mitgliederbeiträge auch diesmal wiederum zahlreiche dankenswerte Beiträge zum

Unterstützungsfonds eingegangen. Wir geben im folgenden die Anzahl und Höhe dieser Beiträge im einzelnen an. Es gingen ein Beiträge:

| | | | | |
|---|---|---|---|---|
| 3 zu M. | 500,— | . . . . M. | 1500,— |
| 1 zu » | 350,— | . . . . » | 350,— |
| 1 zu » | 300,— | . . . . » | 300,— |
| 1 zu » | 260,— | . . . . » | 260,— |
| 1 zu » | 250,— | . . . . » | 250,— |
| 4 zu » | 200,— | . . . . » | 800,— |
| 2 zu » | 150,— | . . . . » | 300,— |
| 1 zu » | 110,— | . . . . » | 110,— |
| 15 zu » | 100,— | . . . . » | 1500,— |
| 1 zu » | 85,— | . . . . » | 85,— |
| 1 zu » | 82,06 | . . . . » | 82,06 |
| 1 zu » | 70,— | . . . . » | 70,— |
| 9 zu » | 60,— | . . . . » | 540,— |
| 8 zu » | 50,— | . . • . » | 400,— |
| 3 zu » | 40,— | . . . . » | 120,— |
| 4 zu » | 35,— | . . . . » | 140,— |
| 5 zu » | 30,— | . . . . » | 150,— |
| 8 zu » | 25,— | . . . . » | 200,— |
| 11 zu » | 20,— | . . . . » | 220,— |
| 16 zu » | 15,— | . . . . » | 240,— |
| 1 zu » | 10,15 | . . . . » | 10,15 |
| 34 zu » | 10,— | . . . . » | 340,— |
| 42 zu » | 5,— | . . . . » | 210,— |
| 7 zu » | 3,— | . . . . » | 21,— |
| 1 zu » | 2,— | . . . . » | 2,— |

zusammen M. 8200,21

Der Rechnungsabschluß des Vorjahres ergab
ein Kapital an Wertpapieren von M. 137500
im Nennwert und einen Barbestand von    M. 4823,43

Hierzu treten:

Die besonderen Schenkungen . . . . . . » 3400,—
Die gelegentlich der Zahlung der Mitglieder-
     beiträge eingegangenen Zuwendungen . » 8200,21
Zinsen   . . . . . . . . . . . . . . » 5290,—

Zusammen   M. 21713,64

Aus dem verfügbaren Bestande sind erworben
M. 5000 5 proz. Deutsche Reichsanleihe
(6. Kriegsanleihe) zum Kurse von 83½%,
mithin verausgabt . . . . . . . . . . . » 4175,—
Unterstützungen an 30 Familien usw. im Gesamtbetrage von . . . . . . . . . . . » 10262,50

Zusammen   M. 14437,50

Von obigen Einnahmen abgerechnet ergibt sich hiernach
ein Barbestand des Unterstützungsfonds von M. 7276,14,
während der Kapitalbestand sich im Nennwert auf M. 142500
erhöht hat.

Nach Abschluß der Kasse hat Herr Dr. Bueb, Dessau,
aus Anlaß der ihm vor zwei Jahren zuteil gewordenen Ver-
leihung der Bunsen-Pettenkofer-Ehrentafel dem Unterstützungsfonds den Betrag von M. 5000 zugehen lassen. Wir sprechen
dem hochherzigen Geber für diese reiche Spende auch im Namen
der zu Unterstützenden den herzlichsten Dank aus. Der rech-
nungsmäßige Nachweis der Schenkung wird im nächstjährigen
Bericht erfolgen.

Auf Grund des § 11 der Vereinssatzung und nach Maßgabe der auf den letzten Vereinsversammlungen stattgehabten
Wahlen scheiden in diesem Jahre aus und sind in gleicher
Eigenschaft nicht wieder wählbar: aus dem Vereinsausschuß
die Herren Lempelius, Hofmann und Kümmel.

Es sind hiernach für die Zeit bis 1922 drei Ausschußmitglieder neu zu wählen.

Der Vorsitzende, Herr E. Körting, ist zwar zuletzt drei Jahre im Vorstand gewesen, würde daher aus diesem Grunde ausscheiden müssen, da er aber erst im letzten Jahre den Vorsitz geführt hat, so kann er nach § 11, Abs. 6, letzter Satz, auf ein weiteres Jahr wiedergewählt werden.

Berlin, 30. August 1919.

### Der Vorstand
### des Deutschen Vereins von Gas- und Wasserfachmännern

**E. Körting,**
Leiter der Gasbetriebsgesellschaft, Aktiengesellschaft, Berlin,
Vorsitzender.

**J. Geyer,**        **E. Götze,**
Generaldirektor der Gesellschaft für    Direktor des Wasserwerkes,
Gasindustrie, Augsburg,       Bremen,
stellvertretende Vorsitzende.

**Dr. K. Bunte,**
Privatdozent an der Technischen Hochschule in Karlsruhe,
Generalsekretär.

# Rechnungs-Abschluß für das Jahr 1918/19.

———

**Abrechnung vom 31. März 1919.**

| | | M. | Pf. | | | M. | Pf. |
|---|---|---:|---:|---|---|---:|---:|
| 1. | Vorstand und Ausschuß | 2 653 | 95 | | Saldo aus 1917/1918 | 141 099 | 26 |
| 2. | Generalsekretär und Geschäftsführer | 7 875 | — | 1. | Zinsen | 5 121 | 90 |
| 3. | Allgemeine Unkosten | 11 318 | 17 | 2. | Vereinsbeiträge und Aufnahmegebühren | 31 064 | 75 |
| 4. | Jahresversammlung | 778 | 14 | 3. | Außerordentliche Beiträge für wissenschaftliche Zwecke | 9 585 | — |
| 5. | Verhandlungsberichte | 912 | 40 | 4. | Beitrag des Verlags der Vereinszeitschrift | 10 000 | — |
| 6. | Wissenschaftliche Arbeiten | 76 | — | 5. | Verkauf von Drucksachen | 897 | 59 |
| 7. | Beitrag zur Lehr- u. Versuchsgasanstalt | 5 000 | — | 6. | Mehrbuchwert der Lehr- und Versuchsgasanstalt | 30 942 | 39 |
| 8. | Beitrag an die Zentrale für Gasverwertung | 5 000 | — | | | | |
| 9. | Beitrag zur Herausgabe eines technischen Wörterbuches | 1 500 | — | | | | |
| 10. | Beitrag an den Verein für Wasserversorgung und Abwässerbeseitigung | 400 | — | | | | |
| 11. | Beitrag für Museumszwecke | 600 | — | | | | |
| 12. | Gasstatistik | 4 720 | 87 | | | | |
| 13. | Wasserstatistik | 1 338 | 83 | | | | |
| 14. | Ausschuß für die Lehr- und Versuchsgasanstalt | 52 | 55 | | | | |
| 15. | Ausschuß für die Wasserstatistik und den Betrieb von Wasserwerken | 818 | 28 | | | | |
| 16. | Ausschuß für den Betrieb von Gaswerken | 314 | 90 | | | | |
| 17. | Ausschuß für Röhrenfragen | 634 | 55 | | | | |
| 18. | Sonstiges | 3 049 | 04 | | | | |
| 19. | Abschreibung (Kursdifferenz) auf Wertpapiere | 26 239 | 60 | | | | |
| | Kapital-Konto | 155 428 | 61 | | | | |
| | | 228 710 | 89 | | | 228 710 | 89 |

Geprüft und richtig befunden.

Berlin, den 25. Juni 1919.

E. Ohme, Beeidigter Bücherrevisor.

## Kapital-Konto nach dem Stande vom 31. März 1919.

| | M. | Pf. | | M. | Pf. |
|---|---:|---:|---|---:|---:|
| Kassenbestand | 1 727 | 08 | Guthaben der Preußischen Staatsbank | 985 | 87 |
| Guthaben auf Postscheckkonto | 5 323 | 33 | Guthaben des Unterstützungs-Fonds | 7 276 | 14 |
| Guthaben bei der Sparkasse der Stadt Berlin | 480 | — | Guthaben des Simon Schiele-Fonds | 6 208 | 27 |
| Wertpapiere: | | | Abrechnung per 31. März 1919 | 155 428 | 61 |
| Anschaffungswert . . . . . M. 116 858,10 | | | | | |
| ab Kursdifferenz . . . . . » 26 239,60 | | | | | |
| | 90 618 | 50 | | | |
| Wert der Lehr- und Versuchsgasanstalt Karlsruhe | 71 580 | 57 | | | |
| Vorschüsse | 169 | 41 | | | |
| | 169 898 | 89 | | 169 898 | 89 |

## Verzeichnis der Wertpapiere.

| Nennwert M. | | Kurs M. | M. | Pf. |
|---:|---|---:|---:|---:|
| 10 000 | 4 % Deutsche Reichsanleihe | 72,75 | 7 275 | — |
| 48 700 | 3½% Preußische Konsols | 66,50 | 32 385 | 50 |
| 1 300 | 3½% Berliner Stadtanleihe | 86,— | 1 118 | — |
| 56 000 | 5 % Deutsche Reichsanleihe | 88,— | 49 840 | — |
| 116 000 | | | 90 618 | 50 |

Geprüft und richtig befunden.

Berlin, den 25. Juni 1919.

E. Ohme,

Beeidigter Bücherrevisor.

## Simon Schiele-Fonds.
### Kapital-Konto vom 31. März 1919.

| Debet. | | M. | Pf. | | Kredit. | M. | Pf. |
|---|---|---|---|---|---|---|---|
| Guthaben beim Verein . . . . . | | 6 208 | 27 | Abrechnung . . . . | | 32 430 | 27 |
| Wertpapiere: | | | | | | | |
| Anschaffungswert . . . . | M. 37 081,45 | | | | | | |
| ab Kursdifferenz . . . . | » 10 859,45 | 26 222 | — | | | | |
| | | 32 430 | 27 | | | 32 430 | 27 |

## Verzeichnis der Wertpapiere.

| | Nennwert M. | Kurs M. | Kurswert M. |
|---|---|---|---|
| 3½% Preußische Konsols . . . . . . . . . . | 26 800 | 66,50 | 17 822 |
| 5% Deutsche Reichsanleihe . . . . . . . . . | 10 000 | 84,— | 8 400 |
| | 36 800 | | 26 222 |

## Abrechnung vom 31. März 1919.

| Debet. | M. | Pf. | | Kredit. | M. | Pf. |
|---|---|---|---|---|---|---|
| Abschreibung (Kur differenz) auf Wertpapiere | 10 859 | 45 | Saldo aus 1917/1918 . . . . | | 41 851 | 72 |
| Kapital-Konto . . . . . . . . . . . . | 32 430 | 27 | Zinsen . . . . . . . . . | | 1 438 | — |
| | 43 289 | 72 | | | 43 289 | 72 |

Berlin, den 25. Juni 1919.    Geprüft und richtig befunden.

**E. Ohme**, Beeidigter Bücherrevisor.

# Unterstützungs-Fonds.

## Kapital-Konto vom 31. März 1919.

| Debet | M. | Pf. | Kredit | M. | Pf. |
|---|---|---|---|---|---|
| Guthaben beim Verein | 7 276 | 14 | Abrechnung per 31. März 1919 | 111 925 | 64 |
| Wertpapiere: | | | | | |
| Anschaffungswert . . . M. 142 363,95 | | | | | |
| ab Kursdifferenz . . . » 37 704,45 | 104 649 | 50 | | | |
| | 111 925 | 64 | | 111 925 | 64 |

## Verzeichnis der Wertpapiere.

| Nennwert M. | | Kurs M. | Kurswert M. | P., |
|---|---|---|---|---|
| 20 600 | 3½% Deutsche Reichsanleihe | 64,50 | 13 287 | — |
| 2 000 | 3½% Bayrische Vereinsbank Pfandbriefe | 91,— | 1 820 | — |
| 83 200 | 3½% Preußische Konsols | 66,50 | 55 328 | 50 |
| 5 000 | 4% Neue Berliner Pfandbriefe | 99,25 | 4 962 | 50 |
| 20 500 | 5% Deutsche Reichsanleihe | 84,— | 17 220 | — |
| 4 000 | „ Julius Pintsch Aktien | 146,— | 5 840 | — |
| 7 200 | 3½% Berliner Stadtanleihe | 86,— | 6 192 | — |
| 142 500 | | | 104 649 | 50 |

## Abrechnung vom 31. März 1919.

| Debet | M. | Pf. | Kredit | M. | Pf. |
|---|---|---|---|---|---|
| Laufende Unterstützungen | 9 962 | 50 | Saldo aus 1917/1918 | 143 002 | 38 |
| Einmalige Unterstützungen | 300 | — | Schenkungen | 3 400 | — |
| Abschreibung (Kursdifferenz) auf Wertpapiere | 37 704 | 45 | Beiträge | 8 200 | 21 |
| Kapital-Konto | 111 925 | 64 | Zinsen | 3 290 | — |
| | 159 892 | 59 | | 159 892 | 59 |

E. Ohme, Beeidigter Bücherrevisor.

# Bericht der Lehr- und Versuchsgasanstalt.

Die Lehr- und Versuchsgasanstalt hat in dem durch Anbau im Jahre 1914/15 erweiterten und nun sehr stattlichen Institut Ende Dezember 1918 ihre Tätigkeit wieder aufgenommen. Während des Krieges hatte, da alle Mitglieder der Anstalt, Leiter, Assistenten und Laboranten im Felde standen, das Chemisch-Technische Institut der Technischen Hochschule (Prof. Dr. E. Terres) und die Chemisch-Technische Prüfungs- und Versuchsanstalt (Prof. Dr. P. Eitner und Prof. Dr. E. Müller) die Fortführung der laufenden Arbeiten übernommen. Hierfür ist den Beteiligten nochmals besonderer Dank auszusprechen.

Die Wiederaufnahme der Tätigkeit war mit beträchtlichen Schwierigkeiten verbunden, die erheblichen Aufwand an Arbeit, Zeit und Geldmitteln erforderten. Zunächst war der neuerbaute Flügel nur im rein baulichen Teil fertiggestellt, es fehlten noch sämtliche Installationen und Einrichtungen. Diese konnten trotz der ungünstigen Verhältnisse nach manchen Mühen zu sehr angemessenen Preisen hergestellt und beschafft werden. Mehreren Firmen der Gasindustrie sind wir für Preisnachlasse zu Dank verpflichtet (Auergesellschaft, Ehrich & Graetz, Junker & Ruh, Max Bessin, S. Elster, Friedrich Lux, Rotawerke u. a.). Der Umbau hatte aber auch beträchtliche Teile des alten Baues mit einbezogen, die jetzt ebenfalls in ihren Einrichtungen wieder hergestellt und der neuen Raumverteilung angepaßt sind. Weiter ist während des Krieges der Umbau des Gaswerks Karlsruhe erfolgt und hatte die Anstalt in ihrer Entgasungsanlage fürs erste lahmgelegt, da das im alten abgebrochenen Ofenhaus einmündende Gasabgaberohr erst kürzlich wieder an die Gassammelleitung des Gaswerks angeschlossen werden konnte; die Dampfzuführung, die ebenfalls von dort aus erfolgte, ist zur Zeit noch nicht möglich, und auch der Kohlenschuppen unserer Anstalt mußte einer Gleisverlegung weichen. Endlich war die Wiederaufnahme der Arbeiten sehr erschwert durch die Zerstörungen, die bei einem Einbruch angerichtet waren, dem alle Sparmetalle an Installation und zahlreichen Instrumenten, Akkumulatoren und vieles andere zum Opfer fielen. Diese Schwierigkeiten sind nunmehr mit wenigen Ausnahmen überwunden, die normale Tätigkeit ist aufgenommen und wir hoffen, zahlreichen Besuchern gelegentlich der Versammlung in Baden-Baden ein vollauf befriedigendes Bild geben zu können.

Die wichtigsten Arbeitsgebiete sind für die nähere Zukunft durch die Anpassung unserer Gasindustrie an die gegebenen Verhältnisse vorgezeichnet.

Über das Verhalten der Braunkohlen bei der Entgasung konnte bereits auf Grund früherer Untersuchungen, die damals kein allgemeineres Interesse hatten, mehrfach berichtet und Auskunft erteilt werden. Systematische Untersuchungen über Braunkohle als Zusatz zu Gaskohle sind vorbereitet, von 5 Braunkohlengruben ist auch bereits Material angesagt; die Versuche erlitten jedoch eine Verzögerung durch den Brennstoffmangel, durch den uns nicht einmal zum Anheizen des Versuchsofens die nötige verhältnismäßig geringe Koksmenge zur Verfügung gestellt werden konnte. Das Augenmerk bei den Versuchen mit Braunkohle wird vor allem der Erzeugung eines wenigstens für den Generatorbetrieb und die Wassergaserzeugung brauchbaren Mischkoks zuzuwenden sein und daneben den Methoden zur rationellen Entfernung der Kohlensäure.

Weitere Aufklärung ist ferner zu schaffen über die Verwendbarkeit von Gasen geringeren Heizwertes in Leuchtbrennern und Koch- und Heizapparaten und die nötigen behelfsmäßigen und konstruktiven Änderungen. Begonnene Versuche in dieser Richtung werden fortgeführt und die Ergebnisse so bald als möglich der Allgemeinheit zur Kenntnis gebracht werden. Auch bei diesen Arbeiten sind wir durch die

4*

Zeitumstände stark behindert, da schon das als Ausgangsmaterial zu verwendende reine Steinkohlengas nicht mehr dem
Betrieb des Gaswerks oder eigener Erzeugung entnommen
werden kann, sondern synthetisch hergestellt werden muß.

Mit diesen großen Aufgaben kann erst jetzt wieder, anschließend an die Arbeiten vor dem Kriege, begonnen werden.
Um so eifriger waren wir bemüht, neben den Einrichtungs-
und Instandsetzungsarbeiten — vielfach unter tätiger Mit-
hilfe des Chemisch-Technischen Instituts und der Prüfungs-
und Versuchsanstalt — die zahlreichen Anfragen aus der Praxis
der Gaswerke zu beantworten und wenigstens unsere Aufgabe
als wissenschaftliche Beratungsstelle voll zu erfüllen, solange das Forschungsinstitut noch nicht auf volle Leistung
zu bringen war. Die Nachfrage nach Berichten über Entgasungsergebnisse mit Kohlen war sehr lebhaft. 150 Einzel-
aufträge wurden durch Untersuchungen erledigt (darunter
65 Untersuchungen von Kohlenproben, 17 von Gaswasser
und Konzentrat, 18 von Benzol und Vorprodukte, 16 Reini-
gungsmassen, ferner mehrfach Waschöle, Herdrückstände,
Ablagerungen aus Rohrleitungen u. a.). Die Besonderheiten
der derzeitigen Gasversorgung ließen recht viele Erfindungen
an Gassparern, Spardüsen und Kochern auf dem Markt erscheinen, die leider die hochgespannten aber meist gutgläu-
bigen Zusicherungen der Erfinder nicht oder mit bedenklichen
Mitteln erfüllten. Die gewissenhafte Prüfung von Erfindungen
ist wohl die undankbarste Aufgabe der Anstalt. Zu unserem
eigenen Bedauern müssen wir dabei manche Illusion zer-
stören, und die Anstalt bedarf der vollen Unterstützung der
Gaswerke und des vollen Vertrauens der guten Firmen, damit
ihr neue Erscheinungen zugeführt werden; wir halten es dem
Fach gegenüber für unsere Pflicht, nicht nur die Ergebnisse
vorgeschlagener Versuche zu bestätigen und zu beglaubigen,
sondern Anordnung und Umfang des Versuchs nach eigenem
Ermessen so zu treffen, daß die Ergebnisse allgemeine Gültigkeit erhalten. Bei günstigem Ausfall pflegen wir darüber weiteren Kreisen zu berichten, bei ungünstigem Ausfall nur in
dringenden Fällen, wo eine weitgehende Schädigung allgemeiner Interessen zu befürchten ist. Auf dem Gebiete der Gasver-

brauchsapparate gingen uns 12 derartige Untersuchungsobjekte
zu. Neben umfangreicher Einzelkorrespondenz konnten in
60 Fällen ausführlichere gutachtliche Auskünfte auf Grund
früherer Versuche und nach vorhandenen Angaben der Literatur über alle Gebiete der Gaserzeugung, Verwendung von Ersatzstoffen, Gasreinigung, Verteilung, Messung und Verbrauch
gegeben werden. Anfragen liefen in neuester Zeit auch wieder
aus dem neutralen Auslande ein (Niederlande, Spanien, Norwegen und auch Italien).

An Betriebsanlagen wurden auswärts trotz der Ungunst
der Zeiten auch in diesem Jahre einige größere Versuche ausgeführt, unter denen die Untersuchungen an der auf dem Gas-
werk-West in Frankfurt a. M. erstellten Trigasanlage im
Vordergrund des Interesses stehen. Wir dürfen hoffen, daß
uns in nächster Zeit Gelegenheit gegeben wird, eine Trigasanlage zu untersuchen, die von dem in Frankfurt a. M. bestehenden Mangeln frei ist und der Lösung der dringlichen
Aufgabe der restlosen Vergasung geringwertiger Brennstoffe
besser genügt. Von weiterem Interesse wird das Ergebnis einer
in Kürze durchzuführenden Untersuchung einer Wassergasanlage für kleine Werke nach System Friedrich sein, zu
der wir Übungen auf der Anstalt in den Methoden der Gaswerks von der Magdeburger Koksgasgesellschaft aufgefordert
sind. Andere feuerungstechnische Untersuchungen hatten
mehr lokales Interesse, gaben aber der Anstalt Gelegenheit,
die Industrie nutzbringend zu unterstützen.

Ein engerer Anschluß der Lehr- und Versuchsgasanstalt
an die Technische Hochschule Karlsruhe wird durch die bereits im Jahresbericht des Vorstandes gekennzeichneten Bestrebungen zur Schaffung eines etatsmäßigen Extraordinariats
für Gasindustrie und Brennstofftechnik an der Technischen
Hochschule Karlsruhe erfolgen. Im Frühjahr 1919 wurde erstmals wieder seit 1914 ein 14tägiger Gaskursus abgehalten,
und eine größere Anzahl von Studierenden wurde bei regelmäßigen Betriebskontrollen ausgebildet. Anfragen nach durch-
gebildeten jungen Ingenieuren liefen in so großer Zahl ein, daß
sie leider nur zum kleinen Teil befriedigt werden konnten.

Veröffentlichungen der Anstalt im Jahre 1919 bis August:

»Leistungs- und Abnahmeversuche an Entgasungsöfen.« Journ. f. Gasbel. 1919, Nr. 18 und 19.

»Vergleichende Leistungsversuche mit einem Glover-West-Ofen und einem 18er Dessauer Vertikalofen, System 1912.« Journ. f. Gasbel. 1919, Nr. 26 u. 27.

»Versuche an Münchener Kammeröfen Bauart Ries.« Journ. f. Gasbel. 1919, Nr. 32 u. 33.

»Leistungs- und Abnahmeversuche an Dessauer Vertikalöfen.« Journ. f. Gasbel. 1919, Nr. 36 ff.

In Vorbereitung:

»Leistungs- und Abnahmeversuche an Pintsch-Bolzöfen.«

Ferner sind die Ergebnisse von Versuchen über »Wassergaserzeugung in Horizontalretorten in Frankfurt a. M.-Heddernheim« nach Goffin mitgeteilt im Journ. f. Gasbel. 1919, Nr. 20.

»Die registrierende Gaswage nach Simmance und Abady von Friedrich Lux.« Journ. f. Gasbel. 1919, Nr. 14.

»Zur Frage der Kohlenlieferung nach Wert.« Journ. f. Gasbel. 1919, Nr. 13.

»Entgasungsversuche mit der Braunkohle Totis.« Journ. f. Gasbel. 1919, Nr. 3.

»Destillationsergebnisse mit oberbayerischer Molassekohle Penzberg.« Journ. f. Gasbel. 1919, Nr. 32.

»Destillationsergebnisse mit Braunkohle Haidhof«, Journ. f. Gasbel. Nr. 35.

»Nutzwirkung von Gaskochern beim Verbrauch minderwertigen Gases.« Journ. f. Gasbel. 1919, Nr. 4.

»Bedenkliche Nebenwirkung der Gassparer.« Journ. f. Gasbel. 1919, Nr. 18.

»Titrimetrische Bestimmung des Schwefelwasserstoffs.« Dr. E. Czakó: Journ. f. Gasbel. Nr. 34.

»Wärmeleitfähigkeit und spezifische Wärme feuerfester Ofenbaumaterialien als Unterlagen wärmetechnischer Berechnungen.« Dr. E. Czakó: Journ. f. Gasbel. 1919, Nr. 21.

Dem vorliegenden Bericht ist eine kurze Zusammenfassung der Normen für Leistungs- und Abnahmeversuche beigefügt, die gemäß den Beschlüssen der Versammlung der Gaswerkschemiker, München 1914, nach den
früheren ausführlicher gegebenen Erfahrungen[1]) zusammen-
gestellt sind, und, entsprechend dem Beschluß der gleichen
Versammlung, eine ausführliche Anleitung zur Heizwertbestimmung mit dem Junkers-Kalorimeter. Beide
sollen dem Verein zur Beschlußfassung vorgelegt werden.

Die Kommission für die Lehr- und Versuchsgasanstalt
setzt sich zur Zeit zusammen aus den Herren E. Körting,
Berlin, als Vorsitzender, Geheimer Rat Bunte, Karlsruhe,
Direktor Göhrum, Stuttgart, Direktor Lempelius, Berlin,
Dr. Leybold, Hamburg, Dr.-Ing., Dr. phil. h. c. von Oechelhaeuser, Dessau, Schäfer, Dessau. Es wird die Zuwahl
von Herrn Stadtbaurat Eglinger, Karlsruhe beantragt,
an Stelle des 1914 verstorbenen Herrn Stadtbaurats Helck,
Karlsruhe.

Eine Sitzung der Kommission kann erst im Anschluß an
die Versammlung in Baden-Baden stattfinden und soll auf der
Anstalt selbst abgehalten werden. Sie wird sich neben technischen Anregungen auch mit der finanziellen Lage der Anstalt eingehender zu befassen haben. Hierüber ist zu berichten,
daß der Um- und Neubau im ganzen M. 31 138,39 gekostet hat.
Davon sind M. 23 000 im Jahre 1913 aus Vereinsmitteln bewilligt worden als Rest der im Jahre 1914 bereitgestellten
M. 70 000; M. 8 138,39 wurden durch freiwillige Beiträge
gedeckt, die im Jahre 1914 aufgebracht wurden. Das
Vermögen der Anstalt betrug bei Abschluß des Rechnungsjahres M. 87 063,10, die zum erheblichen Teil in Kriegsanleihe angelegt sind und größtenteils die Ersparnisse der
Anstalt in den Kriegsjahren darstellen, und die nun zur
Einrichtung der Anstalt und zu Versuchszwecken zur Verfügung stehen. Aus diesem Betriebsmittelfonds wird im nunmehr laufenden Geschäftsjahr bereits ein beträchtlicher Teil
der Instandsetzungen und Neueinrichtungen zu bestreiten sein.

---

[1]) Journ. f. Gasbel. 1912, S. 678.

Das Baukonto wird abgeschlossen, sobald aus der Vereinskasse die auf Baukonto bereits bewilligten, jedoch von dem Betriebskonto vorgeschossenen M. 11000 zurückerstattet sein werden.

Im ganzen berechneten wir die Kosten für die Wiederherstellung der Schäden und die endgültige Einrichtung, die im Rechnungsjahr 1919/20 noch auszugeben und aus dem aufgesammelten Betriebsfonds zu bestreiten sind, nach eingeholten Kostenanschlägen auf:

| | |
|---|---:|
| Instandsetzung der Entgasungsanlage . . . | M. 8000 |
| Instandsetzung und Vervollständigung der Laboratoriumseinrichtungen . . . . . . . | » 7000 |
| Schreiner-, Tapezierarbeiten und ähnliches . | » 3000 |
| Verschiedenes: (Elektr. Installation, Öfen, Registratur und Bibliothek) . . . . . . . . | » 3800 |
| | M. 21800. |

Hohe Kosten verursacht die Komplettierung des Quecksilber- und Platinbestandes, aus dem im Kriege anordnungsgemäß erhebliche Abgaben an das Reich zu dem festgesetzten niederen Preis gemacht werden mußten, wofür wir nun mit großen Schwierigkeiten und Kosten Ersatz schaffen müssen. Als weiteren Kriegsverlust haben wir zahlreiche gasanalytische Apparate zu buchen, die bei der raschen Auflösung der Ausstellung »Das Gas München 1914« in Verlust geraten sind. Ein beträchtlicher Teil dieser Beschaffungen hat sich bereits mit geringeren Mitteln, als veranschlagt, ausführen lassen.

Das Institut umfaßt jetzt neben der fabrikartigen Entgasungsanlage 2 große Laboratoriumsräume, großen gasanalytischen Raum, Kalorimeterraum, Verbrennungsraum, sehr geräumigen Photometerraum (zweiteilig), 2 Bureaus, einen großen Kellerraum für Arbeiten mit umfangreicheren Apparaturen, ein kleineres Laboratorium für Sonderarbeiten, Werkstatt und mehrere Nebenräume im Dachstock. Es ist in allen Teilen mit Gas- und Wasserleitung und einem Netz von mehreren beliebig schaltbaren Leitungen versehen, die

**Rechnungsabschluß** der Lehr- und Versuchsgasanstalt Karlsruhe für das Vereinsjahr 1918/19.

| | Abrechnung 1918/19 M. | Voranschlag 1919/20 M. |
|---|---|---|
| **I. Einnahmen:** | | |
| 1. Beiträge von Mitgliedern . . . | 20 600,00 | 26 000,00 |
| 2. Beitrag vom Verein . . . . . | 5 000,00 | 10 000,00 |
| 3. Aus Erzeugnissen . . . . . . | — | 500,00 |
| 4. » Untersuchungen . . . . . | 2 421,65 | 20 000,00 |
| 5. Drucksachen-Verkauf . . . . | 25,00 | 200,00 |
| 6. Zinsen und Verschiedenes . . . | 3 700,41 | 3000,00 |
| | 31 747,06 | 59 700,00 |
| **II. Ausgaben:** | | |
| 1. Gehalte und Löhne. | M. | M. |
|   a) Gehalte . . . . . . . . | 4 500,00 | 15 500,00 |
|   b) Löhne und Laborant. . . . | 2 369,00 | 13 500,00 |
| 2. Unterhaltung der Anstalt. | | |
|   a) Gebäude . . . . . . . . | 915,28 | 2 000,00 |
|   b) Retortenofen . . . . . . . | — | 1 000,00 |
|   c) Apparate, Maschinen und Geräte . . . . . . . . . | 3274,68 | 1 000,00 |
|   d) Laboratorium und Bibliothek | 942,63 | 3 000,00 |
| 3. Neuanschaffungen. | | |
|   a) Apparate, Maschinen und Geräte . . . . . . . . . | 103,70 | 800,00 |
|   b) Bureau und Laboratorium . | 74,75 | 3 000,00 |
| 4. Untersuchungsaufwand. | | |
|   a) Ankauf von Material und Kohlen . . . . . . . . . | 1267,77 | 4 000,00 |
|   b) Aufwand bei auswärtigen Untersuchungen . . . . | 248,20 | 500,00 |
|   c) An Techn. Hochschule für Untersuchungen . . . . . . | 58,00 | 10 000,00 |
| 5. Betriebsmittel . . . . . . | 388,16 | |
| 6. Ankauf von Drucksachen | — | |
| 7. Allgemeine Unkosten. | | |
|   a) Steuer und Versicherungen | 252,61 | 500,00 |
|   b) Bureau und Kanzleierfordernisse . . . . . . . . . | 2 178,98 | 4 000,00 |
|   c) Verschiedenes . . . . . . | 1 344,90 | 900,00 |
| 8. Abgang und Verlust . . . . . | 121,80 | |
| | 18 040,46 | 59 700,00 |

**Bilanz auf 31. März 1919.**

| | | M. | Pf. |
|---|---|---:|---:|
| Immobilienkonto | | 34 442 | 18 |
| Utensilienkonto . . . . M. 6 196,— | | | |
| Zugang 1918/19 . . . . » 179,— | | | |
|  M. 6 375,— | | | |
| Abschreibung 1918/19 . . . » 375,— | | 6 000 | — |
| Kassenkonto | | 288 | 10 |
| Bankkonto | | 86 775 | — |
| Debitorenkonto (Ausstände) | | — | — |
| Vorschuß-Debitorenkonto . M. 3 066,93 | | | |
| » für Bau » 11 000.— | | 14 066 | 93 |
| | | 141 572 | 21 |

| | M. | Pf. |
|---|---:|---:|
| Deutscher Verein von Gas- und Wasserfachmännern, Berlin . . . . | 50 386 | 90 |
| Kapitalkonto: | | |
| Vortrag 1917/18 . . . . M. 77 724,71 | | |
| Gewinn . . . . » 13 510,60 | 91 235 | 31 |
| | 141 572 | 21 |

**Gewinn und Verlust auf 31. März 1919.**

| | M. | Pf. |
|---|---:|---:|
| Gehalte und Löhne | 6 869 | — |
| Unterhaltung und Erneuerung | 5 311 | 04 |
| Untersuchungsaufwand | 1 573 | 97 |
| Betriebsmittel | 388 | 16 |
| Allgemeine Unkosten | 3 776 | 49 |
| Drucksachen-Ankauf | — | — |
| Abgang und Verlust | 121 | 80 |
| Abschreibung an Utensilien | 196 | — |
| Gewinn | 13 510 | 60 |
| | 31 747 | 06 |

| | M. | Pf. |
|---|---:|---:|
| Erlös aus Erzeugnissen | — | — |
| » » Untersuchungen | 2 421 | 65 |
| Zinsen und Verschiedenes | 3 700 | 41 |
| Drucksachenverkauf | 25 | — |
| Eingegangene Beiträge | 25 600 | — |
| | 31 747 | 06 |

mit den 3 verfügbaren Gasbehältern von 1,5 bis 2 cbm wechsel-
weise und auch mit der Stadtgasleitung oder der Preßgas-
anlage verbunden werden können. Für Kraftzwecke steht
Wechselstrom von 550 V zur Verfügung, für beschränkte
Stromstärke Wechselstrom von 220 V und mittels Quecksilber-
gleichrichters auch Gleichstrom bis zu 30 Amp., der zum
Laden der Akkumulatorenbatterien dient und auch in alle
Haupträume geführt ist.

Die Bibliothek und Registratur erfährt zur Zeit eine
wesentliche Ausgestaltung, deren Notwendigkeit sich aus den
Bedürfnissen und dem Umfang der Arbeiten ergeben hat.

Als Assistenten sind zur Zeit auf der Anstalt tätig die
Herren Dipl.-Ing. Viehoff, als Betriebsleiter, Dr. Plenz,
Dr. Czakó.

**Dr. Karl Bunte.**

## Normen für Abnahme- und Leistungsversuche an Gaserzeugungsöfen.

### Grundsatz.

1. Der Abnahmeversuch soll die wirtschaftlich ausschlaggebenden Leistungen feststellen.

2. Versuchsdauer mindestens $3 \times 24$ Stunden in ununterbrochener Folge. Jeder 24 stündige Versuch muß für sich abgeschlossen werden.

### I. Kohlen.

1. Einheitliche Kohle ist zu dem Versuch zu verwenden; tunlichst die im laufenden Betrieb vorwiegend verarbeitete Kohle. Bei Kohlenmischungen ist das Mischungsverhältnis festzustellen. Leistungsversuche mit Qualitätskohlen, die für den laufenden Betrieb nicht zur Verfügung stehen, sind nicht von gleichem Wert.

2. Die Kohlengewichte, auch die Reste, sind durchweg durch Wägung festzustellen. Schätzung nach Volumen ist nur für Anteile unter $1\,^0/_0$ zulässig.

3. Die Wagen sind amtlich zu prüfen auf richtige Anzeige und Ausschlag auf $^2/_{1000}$ des Bruttogewichts. Gleisunterbrechungswagen und automatische Wagen sind nicht mittels der Sprungzählwerke, sondern zur direkten Wägung mit Laufgewicht zu benutzen. Conveyorwagen sind für Versuchszwecke unbrauchbar.

4. Kohlenförderanlage, Brecher, Transportbänder usw. sind bei jedem Tagesabschluß zu reinigen.

5. Probenahme an geeigneter Stelle laufend aus der gebrochenen Kohle. Probenahme ist so anzuordnen, daß Stück- und Feingehalt genau dem Durchschnitt entsprechen. Je ungleicher die Kohle, desto größer muß die Probe sein, keinesfalls unter 400 kg pro Tag.

6. Feuchtigkeitsbestimmung. Die Versuchsergebnisse sind auf lufttrockene Kohle zu beziehen. Die grobe

Feuchtigkeit wird durch Lagerung der 400-kg-Probe bis zur annähernden Gewichtskonstanz bestimmt. Die Proben sind auf sauber abgekehrtem trockenem Zementflur an staubfreiem Ort zu trocknen (Rohrkeller, Lagerraum, Regenerierraum). Die Probe wird nach einigen Tagen nach bekannter Vorschrift eingeengt und die eingeengte Probe im Laboratorium endgültig zur Gewichtskonstanz an der Luft getrocknet. Beide Gewichtsverluste kommen als Feuchtigkeit in Anrechnung.

7. Die Kohlenanalyse hat anzugeben:

Grobe Feuchtigkeit insgesamt: ....%.

In der lufttrockenen Kohle:

| | | |
|---|---|---|
| Flüchtige Bestandteile: ....% | | Brennbares ....% |
| Fixer Kohlenstoff: ......% | | |
| Asche: ...........% | | Koks .........% |
| Wasser: .........% | | |
| | | auf Reinkohle |
| Kohlenstoff: ........% | 100% | ....% |
| Wasserstoff: .........% | | ....% |
| Sauerstoff: ..........% | | ....% |
| Stickstoff: ..........% | | ....% |
| Schwefel: ...........% | | ....% |

Heizwert bei Verbr. zu $CO_2$ und Wasserdampf ...WE

## II. Gasmenge.

Messung tunlichst mit einem Stationsgasmesser. Nachprüfung nach Vorschrift Gasjournal 1912, S. 682, unerläßlich. Notierung der Gasmenge stündlich unter Berücksichtigung von Temperatur, Barometerstand, Druck in der Uhr. Reduktion der Gasmenge auf $0^0$ 760 mm trocken und $15^0$ 760 mm feucht.

Luftzusatz ist während der Versuche abzustellen.

## III. Gasbeschaffenheit.

Festzustellen ist:

o. Heizwert $0^0$ 760 mm,

u. Heizwert $0^0$ 760 mm,

spez. Gewicht,

Stickstoffgehalt nach Jäger,

Kohlensäuregehalt,

ev. Leuchtkraft im Schnitt- oder Carpenterbrenner,

ev. Schwefel im Reingas.

Heizwert und spez. Gewicht stündlich im erzeugten Gas zur proportionalen Mittelwertbildung, die übrigen Eigenschaften viermal täglich im Mischgas.

Behälter, in denen Probegas aufgespeichert wird, sind vorher mehrere Tage mit gleichem Gas zu füllen, um das Sperrwasser zu sättigen.

## IV. Unterfeuerung.

1. Unterfeuerungskoks ist direkt zu wägen. Auch bei Verwendung von glühendem Koks tunlichst mittels Kranwage. Zulässig ist Koksausbeutebestimmung an täglich mindestens vier Retorten und besondere Wägung der Ladungen der für die Unterfeuerung verwendeten Retorten.

2. Unterfeuerung wird als absolut trockener Koks angegeben und mit der lufttrockenen Kohle und der auf $15^0$ 760 mm, feucht berechneten Gasausbeute ins Verhältnis gesetzt. Alle anderen Bezüge sind wirtschaftlich wertlos.

Grobkoks und Feinkoks sind bei der Wägung und Probenahme getrennt zu behandeln, da aus Mischkoks keine genügend zuverlässige Feuchtigkeitsbestimmung erhalten wird.

3. Generatoren sind bei Versuchsbeginn vollzufüllen unter Nachstochern, ebenso täglich bei Versuchsabschluß.

4. Schlacken muß in betriebsnormaler Weise täglich gleichmäßig erfolgen.

5. Auslesekoks über 40 mm Größe wird vom angewandten Koks abgezogen oder beim Auffüllen dem Generator wieder zugeführt.

6. Brennbares in der Schlacke wird bestimmt, aber von der Unterfeuerung nicht abgezogen, da es wirtschaftlich verloren ist.

7. Ofentemperatur und Temperaturverteilung muß bei Versuchsbeginn und Versuchsschluß gleich sein.

## V. Koksausbeute.

Die Bestimmung der Koksausbeute ist meist so schwierig, daß sie nur durchgeführt werden soll, wo eine Separation mit dem Ofensystem verbunden und mitzuprüfen ist.

Koksausbeutebestimmung ist nur nach Trennung der verschiedenen Sortierungen mit verschiedenem Wassergehalt zuverlässig.

Die Koksausbeute hängt weit weniger vom Ofensystem als von der Kohle ab, ist also für die Leistung des Systems nicht charakteristisch.

## VI. Teer- und Ammoniakbestimmung.

Die Versuche der Teer- und Ammoniakbestimmung bei Versuchen von wenigen Tagen scheitern erfahrungsgemäß fast immer an den im Verhältnis zur Erzeugung zu großen Räumen, in denen zu messen ist. Die Feststellung im laufenden Betrieb ist zuverlässiger als der Sonderversuch.

## VII. Sicherung der Versuche.

1. Gegen bewußte oder unbewußte Täuschungen der Versuchsergebnisse ist strenge Vorkehr zu treffen.

2. Sämtliche Wägungen und Messungen sind durch zuverlässige, am Ergebnis nicht interessierte Leute auszuführen, die die Tragweite der Fehlerquellen überblicken können.

3. Sämtliche Messungen und Wägungen sind sofort zu notieren und die Originalnotizen zu den Akten zu geben. Überdies sind alle gefundenen Werte systematisch in ein Protokollheft einzutragen.

Dr. K. Bunte und Dipl.-Ing. A. Viehoff.

## Vorschrift zur Bestimmung des Heizwertes
## von Steinkohlengas mit dem Gaskalorimeter von Junkers.

(Mit Tafel I.)

### Vorbemerkungen.

In den seit Einführung des Junkers-Kalorimeters verflossenen 25 Jahren haben in- und ausländische Einzelforscher
und wissenschaftliche Anstalten übereinstimmend festgestellt,
daß das Junkerssche Kalorimeter unser genauestes, verläß-
lichstes Meßinstrument zur Bestimmung des Heizwertes
von Gasen ist. Der untere Heizwert wird bei sinngemäßer
Arbeitsweise und Vermeidung grober Fehlerquellen infolge
der konstruktiven Ausbildung und des angewendeten Meß-
prinzips auch in der technischen Handhabung mit ausreichender Genauigkeit erhalten. Die Bestimmung des oberen Heizwertes ist je nach den Versuchsumständen mit gewissen
Fehlern behaftet. Die Ursache derselben liegt vor allem in
dem Umstand, daß das dem Brenner des Kalorimeters zugeführte Gas und die Verbrennungsluft einerseits, die abziehen-
den Verbrennungsprodukte anderseits, je nach ihrer Temperatur und dem davon abhängigen Feuchtigkeitsgehalt dem
Kalorimeter wechselnde Mengen an Wasserdampf zu- bzw.
abführen. Der wechselnde Betrag der latenten Verdampfungswärme des letzteren beeinflußt den gefundenen oberen Heizwert zumeist in der Richtung, daß derselbe etwas zu niedrig
angezeigt wird. Die Größenordnung dieser Fehler verlangt
in Fällen, in denen es auf eine genaue Bestimmung des oberen
Heizwertes ankommt, trotz der damit verbundenen Umständ-
lichkeiten in der Versuchsaufführung und Berechnung unbedingt Berücksichtigung. Für die Gaswerkspraxis jedoch
muß man sich damit abfinden, daß eine derartige Berichtigung des oberen Heizwertes unterlassen wird. Es muß aber
die Ausnutzung der vollen Leistungsfähigkeit des Junkers-

## Vorschrift zur Bestimmung des Heizwertes von Steinkohlengas mit dem Gaskalorimeter von Junkers.

**Vordruck für die Heizwertbestimmung mit dem Gaskalorimeter von Junkers.[1]**

| Gas: *Karlsruher Stadtgas.* | Datum: *8. Okt. 1913; 3* Uhr . . Min. nachm. |
|---|---|

Temperatur im Gasmesser $t_g = 17,2°$ C; hierbei Spannung des Wasserdampfes $S = 14,6$ mm QS.

Druck im Gasmesser $p = 42$ mm WS; entsprechend $s = 3,10$ mm QS.

| Barometerstand (reduziert auf 0° C) $B_0 = 747,3$ mm QS. | Eichfaktor des Gasmessers $f = 1,012$. |
|---|---|

Reduktionsfaktor $F = \dfrac{273}{760} \times \dfrac{B_0 + s - S}{273 + t_g} \times f = 0,3592 \times \dfrac{735,80}{290,2} \times 1,012 = 0,922 = F$.

Bei Verbrennung von $g = 60$ l Gas aufgefangenes Kondenswasser $k = 55,6$ g (ccm).

Verdampfungswärme $c = \dfrac{0,6 \times k \times 1000}{g} = 10 \times k = 556$ WE/cbm.

Bei Verbrennung von $G = 10$ l Gas     1) Temperaturablesungen:

| I | II | III |
|---|---|---|

$$t_g = 17,2$$
$$+\ 273,0$$
$$T = 290,2$$

| 1) Temperatur | Eintr. | Austr. | Eintr. | Austr. | Eintr. | Austr. |
|---|---|---|---|---|---|---|
| 6 | 94 | 81 | 91 | | 90 | 70 |
| 7 | 94 | 73 | 91 | 62 | 90 | 64 |
| 8 | 93 | 78 | 90 | 70 | 90 | 69 |
| 9 | 93 | 80 | 91 | 72 | 90 | 63 |
| 10 | 93 | 74 | 92 | 66 | 90 | 64 |
| im Mittel = | 16,943 | 28,775 | 16,915 | 28,698 | 16,90 | 28,683 |
| korrig. = | 16,94 | − 0,05 / 28,72 | 16,91 | − 0,05 / 28,65 | 16,90 | − 0,05 / 28,63 |
| $t_a = t_A - t_E$ = | | 11,78 °C | | 11,74 °C | | 11,73 °C |

2) Kühlwassermenge $K$ in g =

| | 4186 g | 4199 g | 4210 g |
|---|---|---|---|

$$\left.\begin{array}{l}\text{gefundener}\\[2pt]\textbf{oberer}\\[2pt]\textbf{Heizwert}\end{array}\right\} = \frac{K \times t_a}{10} =$$

| | 4931 | 4930 | 4938 |
|---|---|---|---|

im Mittel 4933 WE/cbm = o. H

gefundener **unterer Heizwert** u. H = o. H − c = 4933−556 = *4377* WE/cbm = u. H

auf Normalumstände (0 °C, 760 mm, trocken) reduzierter **oberer Heizwert** = $\dfrac{H_o}{F}$ = *5352* (rd. 5350) WE/cbm

" " " " reduzierter **unterer Heizwert** = $\dfrac{H_u}{F}$ = *4749* (rd. 4750) WE/cbm

---

1) Die liegend gedruckten Worte und Zahlen sind bei der Bestimmung und Berechnung auszufüllen!

Kalorimeters durch richtige Arbeitsweise und zulängliche rechnerische Auswertung der Beobachtungen verlangt werden. Die verschiedentlich gegebenen Vorschriften führen in mancher Hinsicht zu unzureichender und unrichtiger Handhabung, ohne daß eine Zeitersparnis erreicht wird. Aus dieser Erkenntnis heraus hat die im Jahre 1914 in München abgehaltene Versammlung von Gasanstaltschemikern die Lehr- und Versuchsgasanstalt beauftragt, auf Grund der dortigen Besprechungen sowie unter Berücksichtigung der veröffentlichten Untersuchungen und ihrer eigenen ausgedehnten Erfahrungen und besonderer Versuche eine bis ins einzelne gehende Anweisung zur einwandfreien Vornahme von Heizwertbestimmungen auszuarbeiten und den Einfluß der Fehlerquellen der Größenordnung nach festzustellen.

Die nachfolgenden Vorschriften sind unter dem Gesichtspunkt aufgestellt, die möglichst einfache und zugleich einwandfreie Bestimmung des Heizwertes unter Vermeidung vielfach verbreiteter Fehlerquellen zu erreichen. Die wichtigsten Fehlerquellen und ihr Einfluß auf die Genauigkeit sind jeweils anschließend besprochen.

Eine ausführlichere Zusammenstellung der methodischen und apparativen Fehlerquellen nach den verschiedenen kritischen Experimentaluntersuchungen über das Junkers-Kalorimeter ist in Vorbereitung und soll in Kürze veröffentlicht werden.

## I. Vorprüfungen.

Der Gasmesser ist an der Stelle des Gebrauchs mit temperiertem Wasser aufzufüllen, der Überlauf muß ganz abtropfen, ehe er geschlossen wird. Eichung der Gasmesser: Bei Verwendung des beigegebenen Kubizierkolbens ist zu beachten, daß das Wasser genau Raumtemperatur haben muß, gleichmäßige Raumtemperatur, Schatten. Mindestens 3 Trommelumdrehungen sind zu beobachten und der genaue Stand nach Durchgang jeden Liters zu notieren. Die Notierung beginnt erst beim 2. durchgeleiteten Liter. Da die Trommelumdrehung bei dem Junkersgasmesser 3 l beträgt, die Bestimmung aber mit $3 \times 3 + 1 = 10\,l$ ausgeführt werden soll, ist ein Fehler des Liters 0 — 1 besonders zu beachten, da er durch entsprechende Mehr- oder Minderanzeigen in den anderen 2 Litern also beim vollen Trommelumlauf nicht ausgeglichen wird. Die Eichung von Gasmessern kann mit einer Genauigkeit von etwa $\frac{1}{4}\%$ ausgeführt werden. Falls die Abweichung mehr als $\pm\,0{,}25\%$ beträgt, ist die Vernachlässigung des Eichfaktors des Gasmessers unzulässig. Der Heizwertfehler ist proportional zum Gasmesserfehler und würde bei $+\,0{,}25\%$ für 5000 WE $+\,12{,}5$ WE betragen.

Die Thermometer des Kalorimeters sind vor dem Einsetzen in einem geräumigen Wassergefäß (ca. 2 l, etwa Außengefäß des Bunsen-Schilling-Apparates) unter Umrühren und Klopfen zunächst miteinander und, falls die Abweichungen unter Berücksichtigung des Beglaubigungsscheins mehr als $^2/_{100}{}^0$ C betragen, mit einem geeichten Normalthermometer zu vergleichen. Ein Thermometerfehler von $+\,0{,}05^0$ C in einem Thermometer ergibt einen Fehler von $+\,0{,}4\%$ des Heizwerts, d. h. bei 5000 WE 22 WE. Fehler in beiden Thermometern können sich addieren oder aufheben. Vergleich der eingesetzten Thermometer bei durchströmendem Wasser und Berücksichtigung der angezeigten Differenz ist im Prinzip unrichtig.

Ein Fehler des Thermometers im Gasmesser um $1^0$ bedeutet einen Fehler von $0{,}5\%$, d. h. bei 5000 WE $+\,25$ WE. Das Thermometer des Gasmessers ist also ebenfalls zu prüfen.

Der Kalorimeterkörper wird auf Dichtigkeit geprüft, bevor der Brenner eingesetzt wird. Wasser darf weder äußerlich noch aus dem Kondenswasserröhrchen austreten.

Die Schlauchverbindungen sind auf Dichtheit zu prüfen; bei geschlossenem Hahn des Kalorimeterbrenners muß der Gasmesser stehen bleiben.

Das Kühlwasser muß durch Wägung, nicht durch Messung mit dem beigegebenen Meßzylinder festgestellt werden (Kalibrierungsfehler bis 1%, Wärmeausdehnung des Wassers bis 0,3%, Ablesefehler bis 0,3%). Die Wage ist zu prüfen und muß auf 1 g genau anzeigen. Das Kühlwassergefäß (5 bis 10 l Inhalt) ist bei jeder Bestimmung neu zu

tarieren nicht nur auszuleeren. Die genaue Tarierung erfolgt von Anfang an zweckmäßig mit einigen ccm Wasser im
benetzten Gefäß. (Emailtopf oder breithalsige Glasfläche.)

## II. Inbetriebsetzung des Kalorimeters.

Bezüglich der Aufstellung und Inbetriebsetzung des Kalorimeters und seiner Nebenapparate ist die von der Firma Junkers,
Dessau, jedem Apparat beigegebene Gebrauchsanweisung
genauestens zu befolgen. Wasserdurchfluß anlassen (Brenner
aus dem Kalorimeter herausgenommen). Wasserüberlauf
muß stets in Tätigkeit sein; in die Schlauchleitung des
Wasserüberlaufs ist zweckmäßig bei älteren Ausführungen
ein kurzes Glasrohr zur Beobachtung des Wasserüberflusses
einzuschalten.

Die mit dem Kalorimeterbrenner verbundene Gasleitung
ist inzwischen durch Brennenlassen einer in der Nähe befindlichen Flamme mit dem Versuchsgas auszuspülen. Die
Flamme des Brenners ist durch Bedienung der Luftregulier-
hülse so einzustellen, daß sie vollkommen entleuchtet ist,
ohne zu rauschen oder einen scharfen und unruhigen Innen-
kegel zu besitzen. Bezüglich der Größe der Flamme ist wegen
der Genauigkeit der zu erhaltenden Resultate darauf zu
achten, daß dem Kalorimeter stündlich nicht mehr wie etwa
900 bis 1100 WE zugeführt werden.

Der Stundenkonsum des Brenners ist mit Rücksicht
hierauf so zu wählen, daß derselbe beträgt z. B.:

bei Gasen von etwa 5000 WE/cbm red. ob. Heizwert: rund
200 l/Std.;

bei Gasen von etwa 4000 WE/cbm red. ob. Heizwert: rund
250 l/Std.;

bei Gasen von etwa 3000 WE/cbm red. ob. Heizwert: rund
340 l/Std.

Beim Einsetzen des Brenners in den Kalorimeterkörper
ist zu beachten, daß die Flamme die Wandungen nicht direkt
berühren darf (unvollkommene Verbrennung und schlechte
Mischung des Kühlwassers).

Der Unterschied der Wassertemperaturen am Kalorimetereingang und -ausgang soll zweckmäßig 10 bis 12° C betragen. Einstellung dieser Temperaturdifferenz erfolgt durch den Regulierhahn des Wasserzuflusses.

Zur Erreichung der möglichsten Richtigkeit des festzustellenden oberen Heizwertes sollen die Temperaturen des zur Verbrennung gelangenden Gases, der Verbrennungsluft und der Abgase möglichst oder nahezu dieselben sein, wie die Temperatur der Luft des Versuchsraumes. Die in dem Gasmesser angezeigte Gastemperatur muß ohne weiteres der Temperatur der Luft des Versuchsraumes gleich sein. Die Temperatur der Abgase stellt sich im Kalorimeter bekanntlich nahezu genau auf die Temperatur des eintretenden Kühlwassers ein. Obige Bedingung wird also erfüllt, falls die Temperatur des eintretenden Kühlwassers der Raumtemperatur gleich ist. Zweckmäßigerweise entnimmt man demnach das dem Kalorimeter zugeführte Wasser nicht der Wasserleitung, deren Temperatur fast immer niedriger als die übliche Raumtemperatur ist, sondern einem Wasserbehälter von z. B. 120 l Fassungsraum, dessen Inhalt die Temperatur des Versuchsraumes annimmt, oder mit einfachen Mitteln auf die gewünschte Temperatur gebracht werden kann.

### III. Ausführung der Heizwertbestimmung.

Mit der Versuchsausführung darf erst begonnen werden, wenn das Thermometer am Wasserausgang seinen Höchststand erreicht hat, ihn gleichmäßig beibehält, und das Kondenswasser am Abflußröhrchen regelmäßig abtropft. Zur Erreichung dieses Beharrungszustandes im Kalorimeter sind, vom Einsetzen des Brenners gerechnet, mindestens 8 bis 10 Min. erforderlich.

1. Zur Bestimmung des Kondenswassers werden 60 l Gas verwendet. Diese Bestimmung ist also zuerst anzusetzen. Beim Durchgang des Zeigers des Gasmessers durch eine volle Literzahl wird ein enger Meßzylinder von 100 ccm Inhalt unter das Abflußröhrchen mit dem regelmäßig tropfenden Kondenswasser gestellt. Stand des Gasmessers wird in

das Protokoll eingetragen und durch Addition von 60 l der Stand desselben vorausbestimmt, bei welchem der Meßzylinder mit dem Kondenswasser entfernt werden muß. Die Menge des Kondenswassers von 60 l Gas wird in das Versuchsprotokoll eingetragen. Erfolgt die Bestimmung des Verbrennungswassers durch Auffangen in einem engen 100 ccm Meßzylinder, so kann sie auf höchstens 0,5 ccm = 0,5 g genau erfolgen; 0,5 g entsprechen 5 WE beim unteren Heizwert. Die Bestimmung des Verbrennungswassers durch Wägung ist daher vorzuziehen, da gerade der untere Heizwert an sich genauer ist.

2. Die Beobachtung der Temperaturen des zufließenden und austretenden Kühlwassers zur Feststellung der Temperaturzunahme und die Bestimmung der Menge des Kühlwassers wird zur Vereinfachung der Rechnung und Erhöhung der Genauigkeit während der Verbrennung von 10 l Gas vorgenommen. Beim Durchgang des Gasmesserzeigers durch eine volle Literzahl wird der Schwenkarm des Kühlwasserabflusses rasch über den dicht neben den Kalorimeter gestellten Emailletopf geschwenkt. Genau beim Durchgang des Gasmesserzeigers am 10. (ganzen) l-Strich wird der Schwenkarm des Kühlwassers rasch wieder in den Wasserabfluß geschwenkt. Bei älteren Kalorimetern ohne Schwenkarm ist Aufstauen des Wassers im Schlauch vor dem Überschwenken peinlich zu vermeiden. (Einer der häufigsten und gröbsten Fehler!)

Sofort nach dem Überschwenken des Kühlwassers in das Gefäß wird die Temperatur am Wassereingang abgelesen. Die erste Temperaturablesung des ausfließenden Wassers erfolgt beim Durchgang des Zeigers beim nächsten ½ l-Strich des Gasmessers. Es empfiehlt sich die Temperaturen vor Versuchsbeginn bereits auf ½° genau abzulesen. Bei Durchgang des Gasmessers durch jeden ganzen bzw. halben Liter-Strich wird die Temperatur am Wassereingang bzw. Wasserausgang abgelesen, so daß während des Durchganges von 10 l Gas für beide Thermometer je 10 Ablesungen gemacht werden. Vor jeder Ablesung wird an den Thermometern mit einem Holzstab (Bleistift) leicht ge-

klopft, um das Hängenbleiben des Quecksilberfadens zu vermeiden. Jede Ablesung muß eine Augenblicksablesung sein,
Bewegungen des Quecksilberfadens sind nicht abzuwarten.

Die Bestimmung der Kühlwassermenge muß durch
Wägung (nicht durch Messung in einem graduierten Glas-
zylinder) mit einer Genauigkeit von 1 g erfolgen. Wägung
des Wassers auf 1 g gibt eine Genauigkeit dieser Bestimmung
auf rd. 1 WE.

Die Temperaturablesungen und Bestimmung der Kühlwassermenge werden sogleich anschließend ein zweites, wenn
nötig ein drittes Mal vorgenommen, wozu bei einiger Übung
und ruhiger Arbeitsweise während des gleichzeitigen Durchganges von 60 l Gas zur Bestimmung des Kondenswassers
ausreichend Zeit vorhanden ist. Die Feststellung der sonstigen Versuchsbedingungen (Temperatur und Druck im
Gasmesser, Barometerstand) werden zu Beginn der Bestimmungen vorgenommen und nach Beendigung derselben
wiederholt. Sämtliche Ablesungen werden in die Rubriken
des vorbereiteten Berechnungsvordruckes eingetragen
(vgl. Tafel I).

### IV. Berechnung des Heizwertes.

Als Ergebnis der Heizwertbestimmung ist der
auf Normalumstände (0° C, 760 mm Druck, trocken)
reduzierte obere bzw. untere Heizwert des Gases
in WE/cbm anzugeben (auf- bzw. abgerundet auf
10 WE).

Die Berechnung der Versuchsergebnisse gestaltet sich
bei Einhaltung dieser langjährig erprobten Arbeitsweise
sehr einfach und gibt zu Rechenfehlern kaum Gelegenheit.
Die Verwendung von 60 l Gas bei der Bestimmung des Kondenswassers, und von jeweils 10 l Gas bei der Bestimmung der
Temperatur und der Menge des durchgeflossenen Kühlwassers
schränken die Zwischenrechnungen (Mittelbildung aus den
Temperaturablesungen, Berechnung des unreduzierten oberen
Heizwertes und der Verdampfungswärme des Kondenswassers)
auf einfache Verschiebung der Dezimalstelle ein.

Unreduzierter oberer Heizwert. Die Berechnung erfolgt nach

$$o.\ H = \frac{K \times t_d}{G}\ \text{WE/cbm}\ \text{oder}$$

$$\text{oberer Heizwert} = \frac{\text{Kühlwasser} \times \text{Temperaturdifferenz}}{\text{Gasmenge}} \text{WE/cbm}$$

$K =$ Menge des aufgefangenen Kühlwassers in Gramm.

$t_d = t_A - t_E$, Unterschied in den Thermometerangaben am Ausgang und Eingang des Kalorimeters. Zur Bildung der Mittelwerte sind nur die Einzelablesungen $t_A$ bzw. $t_E$ zu summieren und der Dezimalpunkt mit einer Stelle nach links zu versetzen. Die Mittelwerte von $t_A$ und $t_E$ sind gegebenenfalls nach dem Ergebnis der Thermometerprüfung oder den Prüfscheinen der betreffenden Thermometer noch zu korrigieren.

$G =$ die verbrannte Gasmenge ist jeweils 10 l. Die Ablesung des Gasmesserstandes zu Beginn und Ende des Durchleitens dieser Gasmenge wird dabei gänzlich unterlassen. Ein Irrtum ist dadurch ausgeschlossen, daß für jeden Liter eine Temperaturablesung an vorgesehene Stellen des Berechnungsvordruckes geschrieben wird und die Eintragung der letzten Temperaturablesung von selbst das erfolgte Durchleiten von 10 l Gas anzeigt.

$o.\ H$ ist somit $\frac{K \times t_d}{10}$, d. h. der unreduzierte obere Heizwert wird erhalten durch Multiplikation von Kühlwassermenge mit Temperaturdifferenz und Verschieben des Dezimalpunktes um eine Stelle nach links.

Die Verdampfungswärme des Kondenswassers wird erhalten aus:

$$c = \frac{0,6 \times k \times 1000}{g}\ \text{WE/cbm}\ \text{oder}$$

$$\text{Verdampfungswärme} = \frac{0,6 \times \text{Kondenswasser} \times 1000}{\text{Gasmenge}}\ \text{WE/cbm}.$$

Hierbei bedeuten:

$c =$ die Verdampfungswärme des bei Verbrennung von 1 cbm Gas erhaltenen Kondenswassers in WE,

$0,6 =$ die Verdampfungswärme von 1 g des Kondenswassers in WE,

$k =$ die Menge des aufgefangenen Kondenswassers in Gramm,

bei Verbrennung von

$g = 60\,$l Gas.

Demnach $c = \dfrac{0,6 \times 1000 \times k}{60} = 10 \times k$, d. h. die Verdampfungswärme wird erhalten durch Multiplikation der festgestellten Kondenswassermenge in Gramm mit 10.

**Unreduzierter unterer Heizwert.** Die Ermittelung erfolgt nach u. H $=$ o. H $- c$.

Als o. H wird hierbei der Mittelwert der Einzelbestimmungen eingesetzt.

**Reduktion des Heizwertes auf Normalumstände.** Hierzu werden abgelesen bzw. ermittelt:

$t_g =$ Temperatur des Gases im Gasmesser in $^0$ C;

$S \phantom{_g}=$ Spannung des Wasserdampfes in mm Quecksilbersäule bei der Temperatur des Gasmessers;

$p \phantom{_g}=$ Gasdruck am Gasmesser (bzw. am Druckregler) in mm Wassersäule;

$s \phantom{_g}=$ die auf mm Quecksilbersäule umgerechneten $p$ mm

Wassersäule $= \dfrac{p}{13,596}$;

$B_0 =$ Barometerstand in mm Quecksilbersäule reduziert auf $0^0$ C;

$f \phantom{_g}=$ Eichfaktor des Gasmessers.

Der Reduktionsfaktor berechnet sich hieraus nach

$$F = \frac{273}{760} \times \frac{B_0 + s - S}{273 + t_g} \times f.$$

Der auf Normalumstände ($0^0$, 760 mm, trocken) reduzierte
$\dfrac{\text{obere}}{\text{untere}}$ Heizwert ergibt sich demnach als

$$\text{o. H}_{0^\circ\,760} = \frac{W \times t_d}{G \times F} = \frac{\text{o. H}}{F}$$

und entsprechend

$$\text{u. H}_{0^\circ\,760} = \frac{\text{u. H}}{F}.$$

Der verwendete Reduktionsfaktor $F$ womit die unreduzierten Heizwerte dividiert werden, ist ein Volumreduktions-
faktor. Die vielfach verwendeten Tabellen zur Reduktion
von Heizwerten auf Normalumstände enthalten für die verschiedenen Werte von $B_0$ und $t_g$ die fertig berechneten Heiz-
wertreduktionsfaktoren. Sie berücksichtigen den Druck in
der Uhr nicht und nicht den Faktor des Gasmessers, erfordern also noch eine Berichtigung.

## V. Berechnungsvordruck und Kritik der Berech-
## nungsfehler.

Für die übersichtliche Aufzeichnung der während der
Heizwertbestimmung erfolgten Beobachtungen und zur Berechnung des Ergebnisses (unter Vermeidung überflüssiger
Aufschreibungen) ist es unerläßlich, die Vormerkungen in
einen Vordruck einzutragen. Das oben gegebene Beispiel eines hierzu geeigneten Vordruckes enthält die Versuchs-
daten und Berechnung einer Heizwertbestimmung.

Wie aus dem, den laufenden Betriebsuntersuchungen
der Lehr- und Versuchsgasanstalt entnommenen Beispiel
ersichtlich ist, weisen die Einzelbestimmungen des unreduzierten (gefundenen) oberen Heizwertes nur Abweichungen
von 8 WE auf. Die Bestimmungen wurden von einem in
gaskalorimetrischen Arbeiten geübten Beobachter ausgeführt.
Für die gastechnische Praxis kann die Genauigkeit der
Einzelbestimmungen mit $\pm$ 15 WE (Gesamtabwei-
chung des gefundenen höchsten und niedrigsten
Heizwertes 30 WE) angegeben werden. Eine dritte Heiz-

wertbestimmung ist unerläßlich, wenn die beiden ersten um mehr als 30 WE voneinander abweichen.

An dem auf Tafel I gegebenen Beispiel einer Heizwertbestimmung soll gezeigt werden, welchen Einfluß die bei der Berechnung vielfach begangenen bzw. unbeachteten Fehler auf die Richtigkeit der Heizwertangaben haben. Die Abweichungen werden in Prozenten des richtig berechneten oberen reduzierten Heizwertes von 5350 WE ausgedrückt.

a) Vernachlässigung der Reduktion des Barometerstandes auf 0°C. Vielfach wird der abgelesene Barometerstand in die Reduktionsformel unmittelbar eingesetzt, ohne denselben — wie es dem Sinne einer auf Normalumstände bezogenen Reduktion entspricht — auf 0°C zu reduzieren. Die entsprechende Korrektur eines an einer Messingskala abgelesenenen Barometerstandes von der mittleren Höhe von 750 mm beträgt bei der Temperatur von rd. 20°C bereits über 2 mm[1]). Die Vernachlässigung dieser Korrektur beeinflußt den Heizwert mit — 15 WE = — 0,3%.

b) Vernachlässigung des Gasdruckes. Das in der Gasuhr gemessene Gas steht nicht nur unter dem herrschenden Barometerdruck, sondern gleichzeitig unter dem Eigendruck des Gases, welcher am Manometer des Gasmessers (bzw. Druckreglers) in mm WS abgelesen wird. Der auf mm Quecksilbersäule umgerechnete Betrag dieses Überdruckes muß daher dem Barometerdruck hinzugezählt werden. Unterläßt man diese ebenfalls selbstverständliche Korrektur, welche in dem als Beispiel dienenden Falle + 3,1 mm beträgt, so wird dadurch der Heizwert mit + 23 WE = 0,45% falsch ermittelt.

c) Vernachlässigung des Gasmesserfaktors. Würde man im gewählten Berechnungsbeispiel den Umstand einer unrichtigen Gasmesseranzeige unberücksichtigt lassen, d. h. den Eichfaktor des Gasmessers ($f = 1,012$) vernachlässigen, so wird der Heizwert mit 64 WE zu hoch (+ 1,2%) ermittelt.

---

[1]) Genaue Werte sind aus fertigen Tabellen für verschiedene Barometerstände und verschiedene Temperaturen zu entnehmen.

Bezüglich der Berechtigung, das Gas als wasserdampf-
gesättigt anzusehen, s. Gasj. 1914, S. 215.

Als durchaus unzulässig muß die vielfach verbreitete Be-
rechnungsart bezeichnet werden, wobei der untere Heizwert
des Leuchtgases aus dem oberen Heizwert durch Abzug von
rd. 10% des letzteren ermittelt wird. Da experimentell der
untere Heizwert, wie früher dargelegt, genauer bestimmt
werden kann als der obere, begeht man dabei den methodischen Fehler, indem man aus einem weniger genau festgestellten Wert durch »Vereinfachung« der Rechnung einen Wert
um z. B. 1,4% = 68 WE falsch ermittelt, welcher, ohne besonderen Aufwand von Zeit experimentell genau erhalten
wird.

Dr. Karl Bunte und Dr. E. Czakó.

### Bericht des Sonderausschusses für Röhrenfragen.

Die Tätigkeit des Sonderausschusses für Röhrenfragen hat im abgelaufenen Vereinsjahr nicht geruht; leider konnte sie angesichts des Umstandes, daß die durch den Krieg veranlaßten Hemmungen und Schwierigkeiten, gerade nach Eintritt der Waffenruhe, in verstärktem Maße angehalten haben, nicht in dem allseitig erwünschten Maße gefördert werden.

Der Ausschuß hat bis zur Zeit der Berichterstattung eine Vollsitzung abgehalten, und zwar am 27. September 1918 in Würzburg. Eine weitere Sitzung ist kurz vor der Jahresversammlung 1919 in Aussicht genommen. Daneben wurde im Interesse des Fortschreitens der Arbeiten der Weg des schriftlichen Gedankenaustausches beschritten und eifrig betrieben. Es handelte sich dabei zwar nur um einen Notbehelf; immerhin zeitigte er befriedigende Erfolge.

Hauptsächlich und außerhalb seiner eigentlichen Aufgaben wurde die Tätigkeit des Ausschusses durch Verhandlungen über das »Essener Gerichtsurteil«, d. h. die Entscheidungsgründe des Reichsgerichts in einer Schadenersatzklage gegen die Stadtgemeinde Essen infolge einer durch einen Rohrbruch entstandenen Gasexplosion in Anspruch genommen. Der Verlauf dieser Angelegenheit und die weitgehende Bedeutung des ergangenen Urteils machen eine Stellungnahme des Deutschen Vereins von Gas- und Wasserfachmännern notwendig. Wenn auch ein Zweifel darüber nicht bestehen kann, daß im Falle Essen besondere örtliche Verhältnisse die Entscheidung beeinflußt haben und schließlich auch den bergbaulichen Interessen eine angemessene Berücksichtigung zukommt, wird doch dem Urteil eine große allgemeine Bedeutung beigemessen werden müssen. Auch die inzwischen erschienenen Rechtsgutachten (eingeholt von der Stadt Essen und von der Thüringer Gasgesellschaft) können diese Ansicht nicht entkräften. Sie deuten wohl an, daß das Urteil keine allgemeine, für jeden Fall gültige

Bedeutung habe, und daß nicht anzunehmen sei, das Reichsgericht habe über die besonderen tatsächlichen Feststellungen
im Falle Essen hinaus allgemeine Grundsätze über die Vorzüge
der Stahlrohre gegenüber den Gußrohren aufstellen und zur
Vorbeugung von Rohrbrüchen den Gas- und Wasserwerken
die Auswechslung von Gußröhren durch Stahlröhren zur
Pflicht machen wollen; aber es wird trotz allem eine solche
Verpflichtung bei erkennbarer Gefährdung von Rohrleitungen
anerkannt oder wenigstens nicht in Abrede gestellt. Die große
Beunruhigung, die weite Fachkreise ergriffen hat, ist daher
wohl zu verstehen. Mit Recht wird auf die bedenklichen Folgerungen zivilrechtlicher und strafrechtlicher Art aufmerksam
gemacht, die die Begründung des Urteils nach sich ziehen muß.
Die allgemeine Begründung in der Entscheidung, »es sei erwiesen, daß in Gegenden, in denen bergbauliche Einwirkungen
eintreten können, schmiedeeiserne Rohre weit zuverlässiger
seien als gußeiserne«, muß bei der großen Ausdehnung der gußeisernen Rohre in diesen Gegenden eine weittragende nachteilige Unsicherheit auslösen. Auf der Würzburger Versammlung, zu der auch Vertreter des Rheinisch-Westfälischen Vereins
geladen waren, wurde beschlossen, beim Vorstand des Deutschen Vereins von Gas- und Wasserfachmännern die Einholung
eines Gutachtens eines hervorragenden, von einem Gasfachmann noch besonders zu beratenden Juristen über die Tragweite der Reichsgerichtsentscheidung sowie über die Schritte
zu beantragen, die geeignet sind, eine anderweite Entscheidung
des Reichsgerichts herbeizuführen. Um das zu erreichen,
schien es ratsam, einen besonderen Rechtsfall zu benutzen
und bei dieser Gelegenheit das erwähnte Gutachten zur Geltung zu bringen.

Dem Antrage des Sonderausschusses haben Vorstand und
Ausschuß des Deutschen Vereins entsprochen. Sie haben in
ihrer gemeinschaftlichen Sitzung am 20. Mai 1919 der Einholung eines Gutachtens mit der Maßgabe zugestimmt, daß
der Vorsitzende des Rheinisch-Westfälischen Vereins sich mit
den dabei interessierten Städten wegen der Auswahl eines
hervorragenden, in Bergbausachen bewanderten Juristen in
Verbindung setzen und, wenn tunlich, Herrn Direktor a. D.

Borchardt, Wiesbaden (früher Remscheid), als sachverständigen Beirat gewinnen möge. Von Vorstand und Ausschuß wurde dabei vorausgesetzt, daß die durch diese Begutachtungen erwachsenden Kosten von den interessierten Städten anteilig getragen werden.

Ursprünglich war auch vorgesehen, vereinsseitig an die Städte mit bestimmten Vorschlägen in diesem Betreff heranzutreten. Im weiteren Verlauf der Angelegenheit ist indessen hiervon Abstand genommen worden, weil es ratsam erschien, vorerst ein unanfechtbares Gutachten abzuwarten. Die derzeitige Auffassung des Sonderausschusses ist aber in einer Veröffentlichung des Herrn Dr. Karl Bunte, erschienen in Nr. 26 des »Journals für Gasbeleuchtung und Wasserversorgung« vom 26. Juni 1919, niedergelegt. Es heißt daselbst u. a.:

»Aus der Reichsgerichtsentscheidung werden teilweise viel zu weitgehende Konsequenzen gezogen. Bei der Sicherheit der Rohrleitungen ist nicht die Bruchgefahr allein, sondern die Gesamtheit aller Schädigungen in Betracht zu ziehen. Nach dem Überwiegen der einen oder anderen Gefahrquelle ist zu entscheiden. Die Reichsgerichtsentscheidung im Essener Fall darf keine Verallgemeinerung in der Richtung erfahren, daß jeder Rohrbruch an gußeisernen Rohren durch Verwendung schmiedeeiserner oder Stahlrohre zu vermeiden wäre; ebenso darf keinesfalls bei jedem Rohrbruch an Gußeisenrohren ein Verstoß gegen grundsätzliche und allgemeine Regeln der Baukunst erblickt werden. Das stünde auch im Widerspruch zu dem Gutachten von Professor Holz. Die Auswechslung aller Gußrohrleitungen gegen Schmiederohrleitungen würde wirtschaftlich unmöglich sein, denn 90% aller Rohrleitungen bestehen aus Gußrohr, und Gußrohr wird unter Berücksichtigung aller in Frage kommenden Verhältnisse auch heute noch mit vollem Recht in überwiegendem Maße neben Schmiede- und Stahlrohr verwendet.

Rechtlich folgt aus dem Urteil, daß in den Fällen, wo die Bruchgefahr als überwiegend gegen andere Erwägungen festgestellt und bekannt geworden ist und die Auswechslung nahelegt, die Besitzerin der Rohrleitung ihre Auswechslung betreiben muß, gegebenenfalls auf Kosten derjenigen, die für die Gefährdung haftbar sind.

In Straßen mit normaler Standfestigkeit des Untergrundes ist also die Wahl zwischen Gußrohr und Schmiederohr abhängig zu machen von sämtlichen technischen und wirtschaftlichen Erwägungen über Dauerhaftigkeit und Kosten der Rohrleitung.

Darüber hinaus aus dem Ausfall des Essener Prozesses eine Verpflichtung der Gas- und Wasserwerke zur Auswechslung der Gußrohrleitungen gegen Schmiederohrleitungen allgemein für das Bergbaugebiet oder gar über dessen Bereich hinaus abzuleiten, ist gänzlich unzulässig und durch keinerlei technische und wirtschaftliche Erwägungen zu begründen.‹

Im engsten Zusammenhange hiermit stehen die Fragen, deren Lösung sich der Sonderausschuß für Röhrenfragen seit langem angelegen sein läßt, nämlich die Fragen der Verwendbarkeit von Gußrohr und Schmiede- oder Stahlrohr für Gas- und Wasserleitungen sowie der Wesensunterschiede der einzelnen Rohrarten.

Es ist bekannt, daß sich der Ausschuß dahin schlüssig gemacht hatte, bei den diesen Teil seiner Tätigkeit betreffenden Arbeiten von der Hinzuziehung wissenschaftlicher Sachverständiger vorläufig Abstand zu nehmen und die Angelegenheit zunächst an Hand der Sammlung, Sichtung und Verwertung praktischer Erfahrungen zu klären. Das Ergebnis der bisherigen Arbeiten besteht in der Zusammenstellung von Fragebogen-Beantwortungen, d. h. einer rein sachlichen Zusammentragung und Ordnung des eingebrachten Materials. Nunmehr soll seine kritische Bewertung in die Wege geleitet werden. Nach den Würzburger Beschlüssen wird es sich dabei nicht eigentlich um eine Kritik, sondern mehr um eine knappe übersichtliche, für den Gebrauch des Fachmanns berechnete Darstellung der Ergebnisse der seinerzeitigen Rundfrage handeln. Von einer Kritik im strengen Sinne des Wortes oder von einer rein wissenschaftlichen Beleuchtung des Materials soll vorerst und gerade mit Rücksicht auf den Essener Fall abgesehen werden, zu dessen einwandfreier Beurteilung die Beibringung weiteren Materials notwendig und geplant ist. Eine ad hoc gewählte Kommission des Rheinisch-Westfälischen Vereins hat sich bereit erklärt, neues einschlägiges Material aus dem Bergbaugebiet zu sammeln und vorzulegen.

Da die Mitglieder des Sonderausschusses dienstlich außerordentlich stark in Anspruch genommen sind, soll für die Ausarbeitung des neuen Berichts eine Kraft gewonnen werden, die sich voll und ganz dieser Aufgabe widmen kann. Vorstand und Ausschuß des Deutschen Vereins haben dem zugestimmt. Es besteht Aussicht, daß Herr Direktor a. D. Borchardt sich auch hierfür zur Verfügung stellt. Er würde von Herrn Direktor Kümmel und dem Unterzeichneten bei der Bearbeitung des Berichts unterstützt werden.

Die Verhandlungen über die vom Deutschen Gußrohrverband Ende 1913 beantragte Zulassung größerer Baulängen gußeiserner Röhren konnten nicht zum Abschluß gebracht werden. Über ihren Verlauf wurden die Mitglieder des Deutschen Vereins in den Jahres- und Kommissionsberichten auf dem laufenden gehalten. Die Stellung des Vereins ist bekanntlich in einer Eingabe an das Kgl. Ministerium der öffentlichen Arbeiten in Berlin (s. Jahresbericht des Vorstandes 1913/14, S. 73) niedergelegt worden.

Auf Wunsch der anderen an dieser Frage interessierten Organisationen wurde die Fortsetzung der Beratungen bis nach Rückkehr normaler Zeiten verschoben.

Auch in Sachen der Vereinheitlichung der Außendurchmesser von Gußröhren und Schmiede- oder Stahlröhren behufs leichteren Zusammenverarbeitens mußte infolge des Krieges gestoppt werden. Die Vertreter der Schmiede- bzw. Stahlröhrenindustrie hatten gebeten, von der Normalisierung nach dem äußeren Durchmesser Abstand zu nehmen, um die Schmiederöhrenwerke konkurrenzfähig zu erhalten. Ähnliche Bedenken äußerten die Vertreter der Gußröhrenindustrie. Sie baten, die Sache wegen ihrer schwerwiegenden Bedeutung für die Industrie bis nach dem Kriege zurückzustellen. Es blieb nichts anderes übrig, als diesem Ersuchen stattzugeben.

Hierbei verdient Erwähnung, daß wie alle Normalisierungsarbeiten so auch diese Angelegenheit in das Arbeitsgebiet des inzwischen neugegründeten »Normenausschusses der deutschen Industrie« einbezogen worden ist. Er hat zwei Unterausschüsse eingesetzt: einen für Schmiede- und Stahlrohr, einen für Gußrohr. Diese Maßnahme ist gegen die Stimme unseres Vertreters erfolgt, der lebhaft für eine einheitliche Behandlung innerhalb unseres Ausschusses eintrat. Zweifellos ist die getrennte Bearbeitung ein und derselben Angelegenheit in verschiedenen Körperschaften zu beanstanden. Man wird abwarten müssen, zu welchen Ergebnissen der Normenausschuß kommt. Nach den uns gegebenen Versprechungen soll kein endgültiger Beschluß ohne unsere Zustimmung gefaßt werden. Ob es aber nicht dennoch besser gewesen wäre, die Sache in den Händen der Vertreter des Deutschen Vereins von Gas- und Wasserfachmännern zu belassen?

Mit Bezug auf die weiteren Arbeitsgebiete des Sonderausschusses »Gasverteilung unter höherem Druck« und »Einheitliche Zeichen und Farben für Rohrpläne« ist Neues nicht zu berichten. Die Arbeiten sind durch den Krieg ins Stocken geraten; ihre Wiederaufnahme ist zurzeit aussichtslos.

Möchten bald bessere Zeiten kommen und mit ihnen die Gelegenheit, das alte Sprichwort wahr zu machen: Aufgeschoben ist nicht aufgehoben!

Der Sonderausschuß für Röhrenfragen:

Hase, Vorsitzender.

## Sonderausschuß für den Betrieb von Wasserwerken.

In den Kriegsjahren sind Berichte über die Tätigkeit der Sonderausschüsse nicht erstattet worden. So ist auch der Sonderausschuß für den Betrieb von Wasserwerken an die Allgemeinheit des Vereins nur mit den von ihm herausgegebenen Wasserstatistiken herangetreten und außerdem mit einigen Sonderarbeiten, wie dem vom Vorsitzenden Götze 1917 in Berlin erstatteten Bericht über Eichfähigkeit und Eichzwang der Wassermesser und dem von ihm zusammengestellten Ergebnisse einer Umfrage über Wasserpreise im Kriege.

Im letzten Vereinsjahre hat der Sonderausschuß am 3. November 1918 in Eisenach eine Sitzung gehabt, an der auch die Herren Geheimer Rat Prof. Dr. Bunte und Direktor Heidenreich teilnahmen. Es wurde beschlossen, die 28. Wasserstatistik im gleichen beschränkten Umfange der Auflage wie im Vorjahre herauszugeben und nur an die Mitglieder des Vereins zu versenden, denen am Besitz der Statistik wirklich gelegen ist. Hierdurch wurde ermöglicht, die Kosten der Auflage trotz der stark gestiegenen Löhne. und Papierpreise in erträglicher Höhe zu erhalten. Die Beantwortung der Fragehefte verzögert sich noch immer beträchtlich. Offenbar haben viele Werke bei Jahresschluß ihre Betriebsergebnisse nicht in der Form zur Hand, daß die Zahlen einfach in das Frageheft übertragen werden können. Es würde für die Werke eine große Vereinfachung sein und erhebliche Beschleunigung der Beantwortung zulassen, wenn sie ihre Betriebsergebnisse von vornherein nach dem Muster der Statistik feststellen wollten. Sie werden dadurch auch dem eigenen Betriebe nutzen, indem die Leiter sich selber über die Leistungen des Werkes einen laufenden Überblick schaffen. Die Drucklegung der Statistik hat die Verzögerung erlitten, die in der Zeit der Umwälzung überall üblich ist, im besonderen Falle aber durch die Zustände in München noch verstärkt worden ist.

In der Sitzung in Eisenach wurde noch eine Reihe von Fragen erörtert, deren Erledigung teils durch die neue Lage überflüssig, teils außerordentlich erschwert wurde.

Es ist dringend erwünscht, daß die Wasseranalysen in ihren Angaben auf einen einheitlichen Stand gebracht werden. Es wurde vorgesehen, daß zunächst Herr Geheimer Rat Prof. Dr. Bunte Herrn Geheimrat Prof. Dr. Gärtner, Jena, und das Preußische Landesinstitut für Wasserhygiene bittet, mit ihm gemeinschaftlich die Grundlagen dafür festzustellen. Nachdem diese die Übersicht erleichternde Einheitlichkeit geschaffen sein wird, soll der Versuch gemacht werden, von den Wasserwerken Angaben über die Beschaffenheit der von ihnen geförderten Wässer zu erhalten, die dann als Anhang zur Wasserstatistik zunächst einmalig erscheinen sollen.

Es wurde vorgesehen, die Hauptergebnisse der bisherigen Wasserstatistiken in einer einheitlichen Arbeit zusammenzufassen und die Fortschritte der Wasserversorgungen in diesem Zeitraum dadurch darzustellen.

Die zur Zeit der Sitzung schwebende Absicht der Metallmobilmachungsstelle, die bronzenen Wasserschieberspindeln einzuziehen, wurde besprochen. Diese Frage erledigte sich kurz nach der Sitzung durch den Waffenstillstand. Deshalb brauchte die Ersetzung der Bronzespindeln durch eiserne nicht weiter verfolgt zu werden. Es war in dem Ausschuß Einigkeit darüber, daß ein etwa notwendiger Austausch nur gegen Spindeln aus Qualitätstahl, am besten nichtrostendem Nickelstahl, angängig gewesen wäre.

Die allgemeinen Sorgen wegen der aus Kohlenmangel nötigen Einschränkung des Wasserverbrauchs beschäftigten auch den Ausschuß eingehend. Damals beabsichtigten einige Kriegsämter die notwendige Sparsamkeit im Kohlenverbrauch durch Vorschriften über die Einschränkung des Wasserverbrauchs zu verschärfen. Die berechtigte Besorgnis darüber konnte durch die Mitteilung gemildert werden, daß der Kohlenkommissar ein solches Vorgehen nicht billigen würde und daß er die Wasserwerke wie die Gaswerke nach den Eisenbahnen in erster Linie beliefern werde. Dies ist heute nur noch eine

geschichtliche Rückerinnerung, die Kohlennot ist ja größer
und die Besorgnis berechtigter als je.

Zu den Begleiterscheinungen des Krieges ist der Mangel
an Bleidichtungen für Wasserröhrenmuffen zu rechnen. Die
Frage des Ersatzes durch Papierdichtungen hat den Ausschuß
seit einer Anfrage des Waffen- und Munitionsbeschaffungs-
amts vom Oktober 1917 eingehend beschäftigt. Der Ausschuß
hat sich zunächst im Januar 1918 gutachtlich dahin geäußert,
daß Papierdichtung einen vollen Ersatz für Bleidichtung nicht
geben kann, vor allem nicht für die Zeit, die man als Benutzungs-
dauer einer Rohrleitung verlangen muß. Es wurde jedoch für
angängig gehalten, einen Teil der Muffentiefe mit Papiermasse
und den übrigen Teil von etwa zwei Drittel bis zur Hälfte
der Tiefe mit Blei zu dichten. Papierfüllung allein wurde
nur für vorübergehende Zwecke bei Verlegungen die einigermaßen
zugänglich bleiben, für zulässig gehalten. Die Angelegenheit
wurde weiter im Auge behalten und es wurde besonders versucht, vom Wasserwerk des Aachener Landkreises einen
Bericht über die dort gemachten Erfahrungen zu erhalten.
Die Besetzung der Rheinlande ist ein verständlicher Grund,
daß wir weiteres nicht ermitteln konnten.

Außerdem wurden noch eine Reihe von anderen Fragen
besprochen.

Eine zweite Sitzung hat in dem Vereinsjahre nicht stattgefunden, weil die Zeitverhältnisse das Zusammenkommen er-
schwerten.

Die noch notwendigen Arbeiten wurden deshalb auf
schriftlichem Wege vom Vorsitzenden im Einvernehmen mit
den Ausschußmitgliedern erledigt. Ein Bericht über diese
Kleinarbeit erübrigt.

Der Sonderausschuß für den Betrieb von Wasserwerken:

E. Götze, Vorsitzender.

## Sonderausschuß für den Betrieb von Gaswerken.

Die Tätigkeit dieses Sonderausschusses hat während des Krieges ruhen müssen mit einer einzigen Ausnahme: Anfang November 1918 trat der erweiterte Ausschuß in Eisenach zusammen, um zu den dringenden Tagesfragen, wie Kohlenversorgung und Stickstoffwirtschaft, Stellung zu nehmen. Welche Aufgaben der Friede und seine Folgen dem Ausschusse stellt, wird von der Jahresversammlung zu entscheiden sein. Vor dem Kriege hat sich der Ausschuß für den Betrieb von Gaswerken vorzugsweise mit Fragen der Wirtschaftsstatistik beschäftigt. Das war damals zweckmäßig, denn man konnte die Gasindustrie als eine solche betrachten, die, nach großen Erfolgen in ruhigere Bahnen eingelenkt, sich dafür eignete, nach festen Gesichtspunkten wirtschaftlich unter die Lupe des vergleichenden Fachmannes genommen zu werden. Dieser glückliche Umstand ist in sein Gegenteil verkehrt. Die Wirtschaft selbst ist bedroht, in Frage gestellt und steht vor tiefgreifenden Veränderungen. Man wird daher wohl die Wirtschaftsstatistik so lange zurückstellen müssen, bis der Kurs unseres Schiffes sich wieder einigermaßen bestimmen läßt.

Vorderhand kommt es bei dem Betriebe von Gaswerken an auf die Arbeiterfrage, die Kohlenversorgung und damit im Zusammenhange den Heizwert des Gases und die Verbrauchseinschränkungen, lauter lebenswichtige Dinge, deren sich unser Ausschuß mit großer Energie annehmen sollte, wenn die Jahresversammlung damit einverstanden ist.

Wichtig ist auch die Frage, was aus unseren Münzgasmessern werden soll angesichts der Tatsache, daß man technisch nicht ohne weiteres in der Lage ist, die zu liefernden Gasmengen dem gesunkenen Geldwerte anzupassen.

E. Körting.

# Verlauf der Versammlung.

Die 60. Jahresversammlung des Deutschen Vereins von Gas- und Wasserfachmännern, die erste, die nach dem Kriege wieder an die alten Traditionen anzuknüpfen versuchte, hat in Baden-Baden am 25. und 26. September getagt. Die Wahl des Versammlungsortes hat sich durchaus bewährt, denn, wenn auch mehr als je der sachliche Inhalt der Tagesordnung das fachliche Interesse und die ernste Arbeit im Vordergrund stehen mußten und standen, so ist doch die Sicherstellung der Unterkunft und der Leibesnotdurft die Grundlage für die geistige Leistungsfähigkeit. Baden-Baden hat die mehr als 480 Teilnehmer dank der glänzenden Organisation des Ortsausschusses durch Herrn Baurat Frahm zur vollsten Zufriedenheit untergebracht und verpflegt.

Dem Ernste der Zeit entsprechend war von festlichen Veranstaltungen abgesehen worden. Baden-Badens und des Schwarzwalds Schönheiten haben aber den Teilnehmern weit besseres für Leib und Seele zur Erholung von ernster Arbeit geboten, als die früher manchmal oft zu üppigen Feste und Veranstaltungen.

Wie groß das Bedürfnis nach persönlicher Aussprache war, zeigt die Zahl der Teilnehmer, die sich neben manche Anwesenheitsliste aus ruhiger geordneter Zeit stellen kann. Trotz der gesteigerten Schwierigkeiten und Kosten der Reisen, trotz des erforderlichen erhöhten Zeitaufwandes, haben es die Leiter der Werke ermöglicht, sich von ihren in heutiger Zeit so vielerlei Überraschungen ausgesetzten Betrieben loszulösen, um sich an der Klärung der wichtigsten Tagesfragen zu beteiligen und durch mündliche Aussprache mit Fachgenossen das eigene fachliche Urteil an dem Urteil und den Erfahrungen anderer zu stärken oder zu verschärfen.

Die Eröffnungsrede des Vorsitzenden faßte klar das tieftragische Schicksal Deutschlands und seine Folgen ins Auge und mahnte zu ernster Arbeit.

Die Tagesordnung trug einen großen, auf die Zeit abge-. stimmten Zug. Technische Kleinarbeit oder Mitteilungen über Einzelerfahrungen mußten in der Tagesordnung zurückstehen hinter den wichtigsten Lebensfragen, und es war wohl das Recht des Vorstandes in diesem Jahre von der sonst üblichen Aufforderung zur Anmeldung von Vorträgen abzusehen, selbst die wichtigsten Fragen herauszugreifen und durch Referenten behandeln zu lassen. Die Schilderung der Kohlenlage Deutschlands, die Besprechung der Wege und Aussichten, sie zu bessern und die Frage, ob und welche Folgerungen wir daraus für die nähere und fernere Zukunft zu ziehen haben werden, um wieder zu Richtlinien für die Gasbeschaffenheit in unseren technischen Betrieben zu kommen, stand wohl unter den Überlegungen des Einzelnen wie der Allgemeinheit seit Monaten mit an erster Stelle. Allgemein war die Auffassung, daß der Bevölkerung durch die Beschränkung der Gaswerke bereits das Äußerste zugemutet sei und daß unbedingt eine Besserung in der Kohlenbelieferung eintreten müsse.

Die derzeitige Lage und die künftige Entwicklung auf dem Ammoniakmarkt hat durch den Vortrag von Dr. Bueb ein im allgemeinen beruhigendes Bild ergeben. In welchem Betriebe aber hätten die Lohn- und Tariffragen nicht ein übergroßes Maß von Zeit und Arbeit im abgelaufenen Jahr erfordert. Herr Baurat Tillmetz hat die Wege gezeigt, in denen sich diese Fragen bewegen können. Die Wirtschaftsstatistik der Gaswerke endlich muß neben der technischen oder Betriebsstatistik gerade in Zeiten, in denen die wirtschaftlichen Grundlagen sich wie im Wirbeltanz statt in Kurven bewegen, die Werke in die Lage versetzen, den Überblick nicht zu verlieren.

Dem Ernst der Lage entsprach es auch, daß zum ersten Male mit gutem Erfolg die Berichte der Sonderausschüsse und die Behandlung der wichtigen geschäftlichen Angelegenheiten in die Reihe der Verhandlungsgegenstände enger eingefügt wurden. Bedeutungsvolle und ergebnisreiche Arbeit ist von den noch während der Versammlung eifrig arbeitenden Sonderausschüssen geleistet worden. Für den Verein als solchen war die Annahme der vorgeschlagenen Satzungsänderungen von

größter Bedeutung. Schafft sie ihm doch die Mittel, den erhöhten Aufgaben auch unter den veränderten Verhältnissen
unseres Geldwertes Rechnung zu tragen. Es darf als ein Zeichen
besonderen Vertrauens für die Vereinsleitung angesehen werden,
daß die Annahme der Satzungsänderung und damit die Bewilligung reichlicherer Mittel diskussionslos erfolgte.

In der gleichen Woche tagte in Baden-Baden im Anschluß
an die Hauptversammlung des Vereins der Mittelrheinische
Verein von Gas- und Wasserfachmännern, die Wirtschaftliche
Vereinigung deutscher Gaswerke, eine Sitzung der Berufsgenossenschaft und die Gründungsversammlung des Gaskoks-
syndikats.

Am Sonnabend fand eine Besichtigung des Murgkraft-
werks statt und am Sonntag ein Besuch zahlreicher Teilnehmer
auf der Lehr- und Versuchsgasanstalt in Karlsruhe.

So darf vom fachlichen wie vom Vereinsstandpunkte die
Tagung in Baden-Baden als ein voller Erfolg bezeichnet werden.

Samstag, den 27. September fand eine Besichtigung der
Anlagen des staatlichen Murgwerks bei Forbach statt, während
am Sonntag eine große Zahl Teilnehmer die Lehr- und Versuchsgasanstalt Karlsruhe besuchten. Man schied von der
Anstalt mit dem Wunsche, daß dieselbe auch weiterhin
blühen und gedeihen und ihre segensreiche Tätigkeit zum
Nutzen des Gasfaches ausüben möge. Zum Schlusse be-
sichtigten die Gäste die umfangreichen Fabrikanlagen der
Firma Junker & Ruh, Karlsruhe.

# Sitzungsberichte.

# Tagesordnung.

1. Eröffnung der Versammlung durch den Vorsitzenden Herrn E. Körting, Berlin.
2. Jahresbericht des Vorstandes.
3. Die Kohlenlage Deutschlands und die Richtlinien für die Gasbeschaffenheit. Herr Direktor K. Lempelius und Herr Dr. Karl Bunte.
4. Die derzeitige Lage und künftige Entwickelung auf dem Ammoniakmarkt. Herr Dr. Bueb, Ludwigshafen.
5. Lohn- und Tariffragen. Herr Baurat Tillmetz, Frankfurt a. M.
6. Wirtschaftsstatistik der Gaswerke. Herr Direktor Kobbert, Königsberg.
7. Geschäftsführung des Vereins.
8. Lehrstuhl für Gasindustrie und Brennstofftechnik an der Technischen Hochschule Karlsruhe.
9. Satzungsänderungen.
10. Rechnungsabschluß und Voranschlag.
11. Wahlen.
12. Bericht der Sonderausschüsse:

    a) Sonderausschuß für den Betrieb von Gaswerken. (Münzgasmesser, Gasmessernormalien, Heizwertnorm.)

    b) Sonderausschuß für Röhrenfragen. (Essener Gerichtsentscheid. Normalisierung von Guß- und Schmiederöhren.)

    c) Sonderausschuß für den Betrieb von Wasserwerken.

    d) Bericht der Lehr- und Versuchsgasanstalt. (Tätigkeitsbericht und Aufgaben, Erweiterung, Rechnungsbericht, Zuwahlen zur Kommission.)

    e) Sonderausschuß der privaten Gas- und Wasserwerke. (Bericht und Bestätigung.)

    f) Normalienkommission.

# Sitzungsberichte.

1. Sitzung: Donnerstag, den 25. September 1919.

An Stelle des erkrankten Vorsitzenden, Herrn Direktor Körting, eröffnet Herr Direktor Götze, Bremen, die Sitzung vormittags 9 Uhr 20 Min. und heißt namens des Vereins die Anwesenden herzlich willkommen. Ganz besonders begrüßt er als Gäste den Vertreter der Badischen Staatsbehörde, Herrn Geh. Oberregierungsrat von Reck, den Vertreter der Stadt Baden-Baden, Herrn Bürgermeister Elfner und den Vertreter der Reichsanstalt für Maße und Gewichte, Herrn Geh. Regierungsrat Meyer. Als Vertreter befreundeter Vereine konnten die Herren Baurat Meng von der Vereinigung der Elektrizitätswerke, Herr Oberingenieur Hartmann vom Reichsbund deutscher Technik und Herr Professor Dr. Strache vom österreichischen Gas- und Wasserfachmännerverein begrüßt werden.

In seiner Eröffnungsrede weist der Vorsitzende auf die traurige Lage hin, in welche unser Wirtschaftsleben durch den unglücklichen Ausgang des Krieges versetzt wurde. Wenn wir auch vor zerrütteten Verhältnissen stünden, so dürften wir aber doch nicht den Mut verlieren, sondern müßten im Gelöbnis zur Arbeit unsere Rettung finden. Hinweisend auf die schlimme Lage, in welcher sich gerade die Gaswerke befinden, empfiehlt der Vorsitzende Zusammenschluß und Austausch von Erfahrungen.

Hierauf gedenkt derselbe der im letzten Jahre durch den Tod abberufenen Vereinsmitglieder, denen zu Ehren die Versammlung sich von den Sitzen erhebt. Von den weiteren Vorkommnissen im Vereinsleben wird besonders der aufopfernden Tätigkeit des Herrn Geh. Rat Bunte als stellvertretender Generalsekretär während des Krieges und des Ausscheidens des Herrn Direktor Heidenreich und Eintritt des Herrn Direktor Lempelius als Geschäftsführer des Vereins gedacht.

Zum Schlusse bringt der Vorsitzende eine Ansprache zur Verlesung, die der erkrankte erste Vorsitzende, Herr Direktor

Körting, an die Versammlung zu richten gedachte. In den
Ausführungen wird die politische und wirtschaftliche Lage
unseres Vaterlandes gekennzeichnet und eine Richtschnur gegeben, mit Hilfe derer unser Volk der Gesundung entgegen-
geführt wird und unsere Industrie wieder zu der Stellung gelangt, die ihr auf Grund ihrer bisherigen Leistung zusteht.
Hieran schließen sich die Begrüßungsworte der Vertreter der
Staats- und Kommunalbehörde, der Herren Geh. Oberregierungsrat von Reck und Bürgermeister Elfner von
Baden-Baden.

Vor Eintritt in die engere Tagesordnung wurde durch Abstimmung beschlossen, daß der technische Ausflug zur Besichtigung der Lehr- und Versuchsgasanstalt mit Rücksicht auf die
Verhandlungen der Wirtschaftlichen Vereinigung und des Gas-
koks-Syndikats von Sonnabend auf Sonntag verlegt werden
solle. Es folgte dann der Vortrag des Herrn Direktor Lempelius über die Kohlenlage Deutschlands. An Hand von
Tabellen gibt der Redner ein anschauliches Bild über die Lage
unserer Kohlenindustrie vor dem Kriege, während des Krieges
und seit Umwandlung unseres Staatswesens. Die Kurven
lassen deutlich den Einfluß der Zeitläufe erkennen und zeigen,
wie die Leistung der Belegschaft pro Kopf und Schicht für das
Gesamtbild der Kohlenwirtschaft maßgebend sind. Sodann
geht Herr Direktor Lempelius eingehend auf die Folgen ein,
welche der Friedensschluß für die Kohlenbelieferung der Gaswerke hat und hebt hervor, daß der Reichskommissar für
Kohlenverteilung bestrebt ist, den Gaswerken so viele Kohlen
zuzuteilen, als irgend möglich ist. Eine wesentliche Hilfe für
die darniederliegende Kohlenwirtschaft ist auf dem Gebiete
der Braunkohlenindustrie zu hoffen; da große Lager noch nicht
erschlossen seien. Ein großes Hemmnis für Belieferung der
Gaswerke mit Kohlen ist vor allem auch in dem Versagen der
Eisenbahn zu suchen, ebenso müsse in den Eisenbahnwerkstätten unbedingt ein richtiges Arbeiten einsetzen.

Der Vorsitzende dankt Herrn Direktor Lempelius für
seinen mit großer Mühe und Gewissenhaftigkeit durchge-
arbeiteten Vortrag. Dasselbe Thema, nur mit der Erweiterung
auf die Richtlinien für die Gasbeschaffenheit, behandelt Herr

Dr. Karl Bunte. An Hand eines ausführlichen Tabellen-
materials gibt der Redner zuerst eine Übersicht über den Stand
unserer Kohlenwirtschaft zur Zeit und in fernerer Zukunft
und die Wege, auf denen sie gebessert werden kann. Die Lage
und Aussichten der Kohlenversorgung werden uns zurzeit
zwingen, den Verhältnissen Rechnung zu tragen, um mit den
verfügbaren Gaskohlen die volle und zufriedenstellende Versorgung zu erreichen. Die Heranziehung von Gas aus Koks
zum Gas aus Kohle wird der vorbezeichnete Weg sein. Er
faßte seine Ausführungen folgendermaßen zusammen:

Unter dem Wenigen, was wir für die nähere und
fernere Zukunft der deutschen Gasindustrie mit einiger
Sicherheit voraussehen können, ist die Erkenntnis, daß
die Kohlennot nach Quantität und Qualität keine rasch
vorübergehende ist, eine der bittersten. Abhilfe könnte in
erster Linie eine Eingliederung der Zechenkokereien in die
allgemeine Brennstoffwirtschaft bringen in dem Sinn, daß
nur die Kohle von den Zechen entgast wird, deren Koks für
Hüttenzwecke erforderlich ist. In zweiter Linie müssen wir
fordern, daß eine Besserung der Kohlenqualität eintritt. In
dritter Linie wird ausländische Kohle herangezogen werden
müssen. Volle Wiederkehr der alten Verhältnisse ist trotzdem
unwahrscheinlich, jedenfalls noch in ziemlich weiter Ferne.
Wir haben also Anlaß, uns bald über die Linie klar zu werden,
auf der sich die Gaswerke wieder zu einheitlichem Vorgehen
sammeln können. Ob diese Linie die alte Gasbeschaffenheit
sein kann, die durch die Heizwertnorm von 5200—5000 WE
charakterisiert ist, erscheint angesichts der Lage der Dinge
unwahrscheinlich. Dem habe ich die Folgen einer Heizwertherabsetzung gegenüber gestellt und als unteren Grenzwert
die Betrachtungen für 4300 WE als Heizwert des Gases durchzuführen versucht. Es ist zu erwarten und durch die Praxis
der letzten Jahre bestätigt, daß dadurch die Gasindustrie
mit den verfügbaren Gaskohlen weiterkommt. Der Heizwertminderung steht das Interesse der Fernversorgung gegenüber,
ferner die Verminderung der verkäuflichen Koksmenge. Diese
und andere technische und wirtschaftliche Fragen alsbald zu
prüfen, bitte ich eine Kommission zu beauftragen, denn es

erscheint dringlich, daß die Gasindustrie namentlich auch die mittleren und kleineren Werke baldmöglichst wissen, welche Maßnahmen in der Richtung der zukünftigen Entwicklung liegen und welche nur als Notstandsmaßnahmen aufzufassen und in die Berechnungen aufzunehmen sind.

An die beiden Vorträge schließt sich eine lebhafte Diskussion an, an der sich folgende Herren beteiligen: Dr. Strache, Wien, Kordt, Düsseldorf, Göhrum, Stuttgart, Tremus, Lichtenberg, Reinhardt, Hildesheim, Westphal, Leipzig, Tormien, Rostock, Schäfer, Dessau, der Vorsitzende und der Vortragende Bunte, Karlsruhe.

Es folgt sodann der Vortrag des Herrn Dr. Bueb, Ludwigshafen, über die derzeitige Lage und künftige Entwicklung des Ammoniakmarktes. Ausgehend von der großen Bedeutung, welche die Stickstoffindustrie während des Krieges erlangte, weist er darauf hin, daß gerade die Landwirtschaft jetzt den Wert des künstlichen Stickstoffes erkannt und dadurch ein wahrer Stickstoffhunger eingetreten sei. Deutschland könnte die drei- bis vierfache Menge der Friedensproduktion an Stickstoff verkaufen, wenn es Material hätte. In diesem Sinne seien die Aussichten für die Stickstoffwirtschaft gut. Deutschland muß daher intensiv wirtschaften und so viel Stickstoff erzeugen, daß die Produktion so hoch ist, wie sie Menschen und Tiere benötigen. Das sei möglich. Der Redner stellt ausführlich den Zweck und die Aufgaben des Stickstoffsyndikats dar und die Bedeutung, welche dasselbe für die Gasindustrie besitzt. Die Ausführungen des Herrn Dr. Bueb waren mit einem reichen Zahlenmaterial belegt.

An den Vortrag schließt sich eine rege Besprechung, an der sich die Herren Sacolowsky, Zwickau, Lempelius, Berlin, Dr. Schütte, Bremen, Kobbert, Königsberg, und Dr. Bueb, Ludwigshafen, beteiligen.

Der Vorsitzende dankt dem Vortragenden und den Diskussionsrednern. Es folgen die Berichte der Sonderausschüsse.

Herr Dr. Karl Bunte erstattet den Bericht der Lehr- und Versuchsgasanstalt und stellt die Tätigkeit und Aufgaben der

Anstalt, die nach dem neuen Erweiterungsbau eine bedeutende
Ausgestaltung erfahren haben, dar.

Herr Direktor Kobbert, Königsberg, empfiehlt der Lehr-
und Versuchsgasanstalt, Untersuchungen zur Aufklärung über
den Einfluß der Kohlenmischung und Körnung auf die Koksproduktion vorzunehmen, ebenso die Versuche mit Schwachgasen, wie Doppel- und Trigas, weiterzuführen. Herr Direktor
Reich, Godesberg, wünscht, daß die Lehr- und Versuchsgasanstalt die Frage prüfe, bei welcher Grenze die Benzolgewin-
nungsanlagen empfehlenswert seien. Herr Direktor Müller,
Zelle, regt an, daß der Vergasung von Torf nähergetreten
werden.

Herr Dr. Bunte teilt mit, daß diese Fragen in das Arbeitsgebiet aufgenommen seien. Allerdings fehlen der Anstalt die
Mittel, zu deren Beschaffung er um Unterstützung bittet, um
allen Wünschen gerecht zu werden.

Über den Sonderausschuß für Röhrenfragen erstattet Herr Oberbaurat Hase, Lübeck, Bericht. Er hebt
besonders die Tätigkeit des Sonderausschusses in der Frage der
Weiterverfolgung des Essener Gerichtsentscheides hervor und
kann mitteilen, daß ein juristischer Sachverständiger mit
der Durcharbeitung und kritischen Beleuchtung des Streit-
falles beauftragt wird. Der juristische Sachverständige soll
prüfen, welche Folgen sich für die Gas- und Wasserwerke im
allgemeinen aus dem Essener Urteil ergeben können. Die
Arbeiten der Normalisierung der Röhren mußten infolge des
Krieges ausgesetzt werden. Inzwischen ist der Normenausschuß
der Deutschen Industrie gegründet worden, dem auch der
Deutsche Verein von Gas- und Wasserfachmännern angehört.
Der Frage der Gasverteilung unter erhöhtem Druck soll erneut
besondere Aufmerksamkeit zuteil werden. Herr Direktor
Rossellen, Neuß, dankt für die Unterstützung des Vereins und
des Röhrenausschusses.

Herr Direktor Kümmel, Charlottenburg, berichtet über
die Tätigkeit des NADI, dessen Arbeitsrichtung sich mit
unseren Bedürfnissen nicht durchaus decken. Herr Oberbaurat
Hase, Lübeck, fordert, daß die Normalisierung der Muffen-
röhren in den Händen des Deutschen Vereins bleibt.

Der Aufruf der Normalienkommission zur Berichterstattung ergibt, daß niemand anwesend ist. Der Vorsitzende
ist verstorben. Da auch schriftliche Nachricht fehlt, soll dieselbe als aufgelöst erklärt werden. Auftretende Fragen soll der
Sonderausschuß für Röhrenfragen erledigen.

Nach Diskussion, an der sich die Herren Goetze, Bremen,
Hase, Lübeck, Tremus, Lichtenberg, Dr. Bunte, Karlsruhe, Lempelius, Berlin, und Altgelt, Köln, beteiligen,
wird dem Antrag entsprechend beschlossen.

Schluß der Sitzung 2 Uhr 50 Min.

Kuckuk.                    Kühne.

---

2. Sitzung: Freitag, den 26. September 1919:

Der Vorsitzende eröffnet die Sitzung um ½10 Uhr. Aus
dem gedruckt vorliegenden Jahresbericht des Vorstandes hebt
er als eine der wichtigsten Veränderungen im Vereinsleben den
Übergang der Geschäftsführung von Herrn Direktor
Heidenreich, dem wiederholt der Dank für 30jährige
Geschäftsführung ausgesprochen wird, auf Herrn Direktor
Lempelius hervor. Er begrüßt, daß es möglich war, gerade
Herrn Direktor Lempelius, der die Geschäfte des Vereins
unentgeltlich übernimmt, zu gewinnen. Zur Frage des Lehr-
stuhls für Gasindustrie und Brennstofftechnik an
der Technischen Hochschule in Karlsruhe berichtet der Vorsitzende, daß in Aussicht genommen war, den Sitz des Generalsekretärs nach dem Kriege nach Berlin zu verlegen und dort
in Erweiterung einer Anregung der Technischen Hochschule
Charlottenburg eine Dozentur mit Institut zu schaffen, um
den Maschinenbauern und Chemikern Gelegenheit zur Einführung in die Gastechnik zu geben. Nachdem bereits die
Durchführung dieses Planes auf Schwierigkeiten gestoßen sei,
habe der Rücktritt des Herrn Geheimerat Bunte Veranlassung dazu gegeben, den Entschluß zu ändern. Da der
Nachfolger des Herrn Geheimerat Bunte wahrscheinlich ein
Technologe anderer Richtung sein werde, so liegt die Gefahr

nahe, daß der Lehr- und Versuchsgasanstalt gewissermaßen der Halt entzogen würde, was unter allen Umständen zu vermeiden sei.

Herr Dr. K. Bunte gibt Aufschluß über die finanzielle Durchführung des Planes und weist darauf hin, daß Vorstand und Ausschuß von der Ansicht ausgegangen seien, daß es wichtiger sei, das Bestehende zu erhalten und auszubauen, als mit unzulänglichen Mitteln Neues anzustreben. Er bittet vor allem im Kreise der Wirtschaftlichen Vereinigung deutscher Gaswerke dafür einzutreten, daß die dort beantragte Summe überwiesen werde. Der Vorstand hoffe, daß seine Auffassung Billigung und Unterstützung finden werde.

Herr Direktor Finkler, Neukölln, fragt an, warum die Verhandlungen mit der Berliner Hochschule sich zerschlagen haben. Der Staat müßte an der Gasindustrie ein solches Interesse haben, daß er die Professur selbst finanziere und diese nicht auf andere Hilfe angewiesen sei.

Herr Dr. K. Bunte erklärt hierauf, daß die Verhandlungen in Berlin noch nicht bis zur Stellungnahme der Staatsbehörden gediehen wären. Der Plan sei einer Anregung aus dem Kreis der Studierenden entsprungen. Die Abteilung für technische Chemie stelle sich der Angelegenheit wohlwollend gegenüber, doch mache schon die Bereitstellung der erforderlichen Räume außerordentliche Schwierigkeiten. Bei der Karlsruher Hochschule läge der Fall insofern anders, als hier die Anregung von dem Ministerium ausgehe.

Der Vorsitzende äußert seine Bedenken hinsichtlich der Annahme, daß der Staat die Kosten aufzubringen habe, denn in diesem Falle sei es nicht Sache eines Einzelstaates, sondern des Reichs, und damit könne nicht gerechnet werden. Deshalb sei der Verein auf Selbsthilfe angewiesen. Er bittet daher, die Werbung des Vereins zu unterstützen.

Im Anschluß an den Jahresbericht verliest der Vorsitzende ferner ein Schreiben des Herrn Körting, worin dieser der Versammlung die Gründung des Ausschusses der privaten Gas- und Wasserwerke aus Anlaß des Entwurfs des Kommunalisierungsgesetzes bekannt gibt. Die Versammlung nimmt hiervon Kenntnis.

Die Rechnung des vorigen Jahres wird von Herrn Direktor Lempelius erläutert und dabei hervorgehoben, daß der Besitz der Reichsanleihe mit den Werten eingesetzt sei, die der bisherige Herr Geschäftsführer in einer Sonderaufstellung aufgeführt habe. Bei der nächsten Rechnungslegung wird der Ansatz gleichmäßig zu erfolgen haben.

Herr Direktor Gadamer beantragt als Rechnungsprüfer die Entlastung. Diese wird einstimmig angenommen.

Zum folgenden Punkt der Tagesordnung weist der Vorsitzende darauf hin, daß der Voranschlag die Annahme der Satzungsänderungen zur Voraussetzung habe, bittet aber, ihn im Anschluß an die Abrechnung zur Besprechung zu bringen.

Die wichtigen Punkte des Voranschlags werden von Herrn Direktor Lempelius erläutert. Er gibt dabei der Versammlung davon Kenntnis, daß die Pos. B. 2 eine Erhöhung des Gehalts des Generalsekretärs von jährlich M. 5500 auf M. 9000, sowie ferner die Belassung des Gehaltes für den bisherigen Geschäftsführer in Höhe von M. 2500 noch für das laufende Jahr einschließt. Widerspruch erhebt sich nicht.

Der nächste Punkt der Tagesordnung »Satzungsänderungen« wird mit nachstehendem Text ohne Erörterung einstimmig angenommen:

### § 16.

Als Entschädigung für ihre Auslagen erhalten die Vorstandsmitglieder, die von der Vereinsversammlung gewählten Ausschußmitglieder und die vom Vorstand und Ausschuß Beigewählten (§ 13 h) sowie die Mitglieder der Sonderausschüsse (§ 22 Abs. 1 g) angemessene Tagegelder und Ersatz der Eisenbahnfahrgelder II. Klasse. Hierüber bestimmt der Ausschuß in Gemeinschaft mit dem Vorstande.

### § 18.

Der Generalsekretär hat für die Dauer seines Amtes Stimmberechtigung im Vorstand und Ausschuß; ebenso der Geschäftsführer.

### § 28.

An Vereinsbeiträgen haben jährlich zu zahlen:

1. solche ordentliche nichtpersönliche Mitglieder, die inländische Gas- oder Wasserwerke besitzen oder betreiben,

    a) wenn das einzelne Werk jährlich weniger als eine Million cbm Gas oder Wasser nutzbar abgibt, M. 50;

    b) größere Gaswerke einen Grundbetrag von M. 100 für die erste Million cbm und für jede weitere volle Million M. 10 mehr bis zum Höchstbetrag von M. 600;

    c) größere Wasserwerke die Hälfte der unter b) festgesetzten Beträge.

Betriebe des gleichen Unternehmens in mehreren Orten gelten für die Berechnung der Kubikmeterzahl als ein einziges Unternehmen.

2. solche ordentliche persönliche Mitglieder, die Vertreter von inländischen Gas- oder Wasserwerken sind, ohne daß für diese selbst nach Ziffer 1 Mitgliedsbeiträge entrichtet werden, die gleichen Jahresbeiträge wie nach Ziffer 1;

3. die anderen ordentlichen persönlichen Mitglieder M. 20;

4. die ordentlichen inländischen nicht persönlichen Mitglieder mit Ausnahme der unter Ziffer 1 fallenden sowie die außerordentlichen inländischen Mitglieder M. 150, soweit sie sich nicht auf Grund einer Selbsteinschätzung zu höheren Beiträgen verpflichten; die anderen zahlen M. 50.

Mitglieder, die M. 100 und mehr Beitrag entrichten, haben für je M. 100 Mitgliedsbeitrag Anspruch auf unentgeltliche Lieferung von einem Stück der Vereinszeitschrift (§ 32), die anderen Mitglieder Anspruch auf Lieferung der Vereinszeitschrift zu dem für Vereinsmitglieder ermäßigten Bezugspreise.

Neu aufgenommene Mitglieder zahlen außerdem eine Aufnahmegebühr von M. 10.

### § 31.

Zweigvereine zahlen für jede von ihnen erworbene Mitgliedschaft M. 50.

Namens des Sonderausschusses für den Betrieb von Gaswerken berichtet Herr Oberbaurat Hase über die Ergebnisse der Verhandlungen und gefaßten Beschlüsse der am Vortag abgehaltenen Sitzung. Demgemäß soll eine Kommission zur Beschaffung von Kohlen und Prüfung der Kohlenlage eingesetzt werden. Dieser Kommission sollen angehören die Herren Körting, Berlin, Geheimerat Bunte und Dr. Bunte, Karlsruhe, Tremus, Lichtenberg, Meyer, Dortmund, Lenze, Bochum, Dr. Richard, Kassel, Schäfer, Dessau, Kordt, Düsseldorf, Krause, Hamburg, Kobbert, Königsberg, Hofmann, Oppeln, Jäckel, Plauen, Arzberger, München.

Auf Grund einer sich anschließenden Besprechung, an der sich die Herren Reich, Godesberg, Lempelius, Berlin, Hase, Lübeck, Kuckuk, Heidelberg, Götze, Bremen, Dr. Bunte, Karlsruhe, Reinhard, Hildesheim, beteiligen, werden noch die Herren Prenger, Köln, Reich, Godesberg, Wahl, Trier, und Heinrich, Pforzheim, hinzugewählt. Direktor Lempelius schlägt vor, daß die Kommission baldigst in Berlin zusammenkommt und mit dem Reichskommissar für die Kohlenverteilung in Verbindung tritt. Der Antrag auf Gründung dieser Kommission wird einstimmig angenommen. Weiter bittet der Sonderausschuß für den Betrieb von Gaswerken die Versammlung um ihre Zustimmung dazu, daß der Vorstand die Schritte der Wirtschaftlichen Vereinigung sächsisch-thüringischer Gaswerke unterstützen möge, daß zur Betätigung von Münzgasmessern Metallmarken hergestellt werden dürfen, die unter den Schutz des Münzgesetzes gestellt werden. Der Antrag wird angenommen.

Hinsichtlich der Eichgebühren für Gasmesser teilt Herr Oberbaurat Hase mit, daß nach Bericht von Herrn Geheimrat Meyer von der Reichsanstalt für Maß und Gewicht eine Änderung der Eichgebühren in Aussicht genommen sei, daß dabei eine weniger scharfe Heranziehung der Gasmesser im Verhältnis zu den übrigen Meßgeräten vorgesehen sei, und daß den Mitgliedern der Kommission die geplante Staffelungsliste zugehen werde. Die Äußerungen der Kommissionsmitglieder werde die Reichsanstalt für Maß und Gewicht entgegennehmen.

Der Sonderausschuß für den Betrieb von Gaswerken schlägt ferner vor, wieder einen Ausschuß für die Normalisierung von Gasmessern zu bilden, dem die Herren Körting, Berlin, Dr. Bunte, Karlsruhe, Eisele, Freiburg,

Bessin und Elster, Berlin, angehören sollen, um die Normalisierung der Gasmesser weiter zu fördern. Als letzten Beschluß des Sonderausschusses für den Betrieb von Gaswerken
gibt Herr Oberbaurat Hase bekannt, daß alle Wünsche hinsichtlich der Gasstatistik Herrn Direktor Lempelius alsbald
namhaft zu machen sind.

Der Vorsitzende dankt dem Sonderausschuß für den Betrieb von Gaswerken, insbesondere Herrn Oberbaurat Hase,
für seine Tätigkeit.

Herr Direktor Götze bittet durch Abstimmung noch
festzustellen, daß es bei den Satzungsänderungen dem Vorstande überlassen sein soll, bei etwaigen Zweifeln über die Auslegung der Bestimmungen die Entscheidung zu treffen. Die
Versammlung beschließt demgemäß.

Herr Baurat Tillmetz erhält sodann das Wort zu seinem
Vortrag »Arbeiterverhältnisse und Mittel zur Erhöhung der
Arbeitsleistung«. Die von dem Verein veranstaltete Umfrage
habe nur wenig positives Material ergeben. Alle Zuschriften
lassen große Sorge erkennen; alle seien von der Notwendigkeit überzeugt, daß etwas geschehen müsse, um wieder
Interesse und Freude an der Arbeit zu schaffen. Der Redner
stellt am Schlusse seiner interessanten Ausführungen die
Forderungen auf, daß bei Abschluß örtlicher Tarife vermieden werden müsse, daß ungelernte und Qualitätsarbeiter
annähernd gleichen Lohn erhalten. Es sei nach der Leistung
zu bezahlen und nicht der tüchtige und fleißige Arbeiter
dem untüchtigen und unfleißigen annähernd gleich zu bewerten. Die Zahlung von Akkordlohn oder Prämien usw.
sei in allen Betriebszweigen, die sich dafür eignen, schnellstens
wieder einzuführen. Zur Hebung des Geschäftsinteresses sei
Gewinnbeteiligung und Geschäftsbeteiligung in irgendeiner
Form anzustreben.

Der Vorsitzende dankt dem Redner für seine erschöpfen-
den Ausführungen.

Herr Direktor Rosellen, Neuß, wünscht, daß dem
Journal für Gasbeleuchtung eine wirtschaftliche Beilage an-
gegliedert werde. Der Vorsitzende teilt mit, daß er schon
mit Herrn Baurat Tillmetz gesprochen habe, ob es nicht

zweckmäßig sei, einen kleinen Ausschuß zu bilden, der fortlaufend über Neuerscheinungen berichtet und durch Ver-
mittlung des Journals veröffentliche.

Herr Direktor Kobbert ist der Ansicht, daß diese große
Aufklärungsarbeit unmöglich von den Werkleitern geleistet
werden könne. Arbeit könne wohl mit denselben, aber nicht
durch diese geleistet werden. Er stellt den Antrag, daß sich
der kleine Ausschuß baldigst mit dem Städtetag und dem
Gemeindearbeiterverband in Verbindung setze.

Herr Geheimerat Bunte berichtet, daß schon vor 30 Jahren
in der englischen Gasindustrie die Beteiligung der Arbeiter
eingeführt wurde, und daß es sich empfehle, daß auch die
deutsche Gasindustrie diesem Beispiele folge. Er begrüßt
namens des Journals für Gasbeleuchtung die Bildung des
Ausschusses und sagt eingehendste Unterstützung durch das
Journal zu. Es bedürfe jedoch nicht nur der Anregung, sondern auch der Mitarbeit durch die Mitglieder.

Der Vorsitzende bittet die Versammlung und den Vortragenden um Vorschläge für den Ausschuß. Da Vorschläge
nicht gemacht werden, beantragt Herr Direktor Göhrum,
Stuttgart, dem Vorstande zu überlassen, in Gemeinschaft
mit Herrn Baurat Tillmetz den Ausschuß zu bilden. Die
Versammlung beschließt demgemäß.

Herr Direktor Nottebrock, Duisburg, bittet, auch die
Arbeitgeberverbände der Gas-, Wasser- und Elektrizitätswerke zu diesen Ausschüssen beizuziehen.

Der Vorsitzende bittet an den ersten Vorsitzenden, Herrn
Körting, den Dank des Vereins durch ein Telegramm auszusprechen. Die Versammlung stimmt mit lebhaftem Beifall zu.

Herr Geheimrat Bunte übernimmt vertretungsweise den
Vorsitz und erteilt Herrn Oberbaurat Hase das Wort zu der
Mitteilung, daß die Zusammensetzung der Kohlenkommission
Bedenken erregt habe und noch die Aufnahme der Herren
Beigeordneten Bolstorff, Essen, Direktor Reinhard, Hildes-
heim, und Dr. Greineder, Würzburg, beantragt werde.
(Zustimmung.)

## Voranschlag für das Vereinsjahr 1919/20.

| | Voranschlag 1919/20 | Für 1919/20 gegen 1918/19 |
|---|---|---|
| **A. Einnahmen.** | M. | M. |
| 1. Zinsen . . . . . . . . . | 5 500 | + 1 500 |
| 2. Vereinsbeiträge und Aufnahmegebühren | 80 000 | + 48 000 |
| 3. Außerordentliche Beiträge für wissenschaftliche Zwecke . . . . . . | 10 000 | — 1 000 |
| 4. Beitrag des Verlags der Vereinszeitschrift | 10 000 | —· |
| 5. Durch Verkauf von Drucksachen . . . | 500 | — |
| Zusammen | 106 000 | ± 48 500 |
| **B. Ausgaben.** | | |
| 1. Vorstand und Ausschuß . . . . . . | 8 000 | + 3 500 |
| 2. Generalsekretär u. Geschäftsführer . . | 11 500 | + 3 500 |
| 3. Allgemeine Unkosten . . . . . . . | 18 000 | + 8 500 |
| 4. Jahresversammlung . . : . . . . . | 3 000 | + 1 500 |
| 5. Verhandlungsberichte . . . . . . . | 3 000 | — |
| 6. Wissenschaftliche Arbeiten . . . . | 5 000 | — |
| 7. Beitrag zur Lehr- und Versuchsgasanstalt | 10 000 | + 5 000 |
| 8. Beitrag an die Zentrale für Gasverwertung . . . . . . . . . . | 5 000 | — |
| 9. Beiträge für andere wissenschaftliche Verbände . . . . . . . . . . | 2 000 | + 900 |
| 10. Beitrag an den Verein für Wasserversorgung und Abwasserbeseitigung . . | 400 | — |
| 11. Beitrag für Museumszwecke . . . . . | 600 | — |
| 12. Gasstatistik . . . . . . . . . . | 6 000 | + 2 000 |
| 13. Wasserstatistik . . . . . . . . . | 7 000 | + 4 000 |
| 14. Ausschuß für die Lehr- und Versuchsgasanstalt . . . . . . . . . . | 500 | + 400 |
| 15. Ausschuß für Wasserstatistik und den Betrieb von Wasserwerken . . . . . | 1 000 | + 600 |
| 16. Ausschuß für den Betrieb von Gaswerken . . . . . . . . . . . | 2 000 | + 500 |
| 17. Ausschuß für Röhrenfragen . . . . | 2 000 | + 1 000 |
| 18. Satzungsgemäße kostenlose Lieferung der Vereinszeitschrift an Mitglieder . . | 10 000 | + 10 000 |
| 19. Sonstiges und zum Ausgleich . . . . | 11 000 | + 7 100 |
| Zusammen | 106 000 | + 48 500 |

Herr Direktor Kobbert hält alsdann seinen Vortrag über Wirtschaftsstatistik der Gaswerke. Seinen Ausführungen lagen folgende Leitgedanken zugrunde: 1. Höchste Entwicklung der Technik unserer Betriebe zur gewissenhaften Aus-

nutzung der Rohstoffe, weitgehendster Minderung der Handarbeit und Verringerung schmutziger, lästiger und gesundheitsgefährlicher Arbeit. 2. Weitgehendste Verbilligung der
Gaspreise, Hand in Hand mit äußerstem Ausbau der Gasabsatzgebiete. 3. Sicherung des höchsten wirtschaftlichen
Erfolges und dadurch der besten sozialen Leistungen.

Der Vorsitzende dankt dem Redner für seine Ausführungen.

Hinsichtlich der Tätigkeit des Sonderausschusses für
den Betrieb von Wasserwerken verweist Herr Direktor
Götze auf den gedruckten Jahresbericht.

Zu den Satzungsänderungen ist die Richtigstellung eines
Druckfehlers in dem Deckblatt nötig. Es muß § 28a heißen:
»Gas oder Wasser nutzbar abgibt«. Die Versammlung
stimmt dem zu.

Wahlen. Die Versammlung teilt die Wünsche des Ausschusses, daß Herr Körting den Vorsitz noch auf ein weiteres
Jahr führt, daß mithin von dem § 11 der Satzungen Gebrauch
gemacht wird. Um den regelmäßigen Turnus der Ersatzwahlen
zum Vorstand zu gewährleisten, wird von der Bereitwilligkeit
des Herrn Generaldirektor Geyer, angesichts seiner starken
geschäftlichen Inanspruchnahme schon in diesem Jahr aus
dem Vorstand auszuscheiden, mit Dank Gebrauch gemacht.
In den Vorstand wird Herr Baurat Tillmetz gewählt und
zum ersten stellvertretenden Vorsitzenden bestimmt.

Aus dem Ausschuß scheiden aus die Herren Hofmann,
Kümmel und Lempelius. Es werden vorgeschlagen und
gewählt die Herren Lenze, Berlin, Martin, Erfurt, Führich,
Kattowitz.

Als Rechnungsprüfer werden einstimmig gewählt die
Herren Direktor Heidenreich und Regierungsrat Kühne.

Herr Oberbaurat Hase spricht Herrn Direktor Götze
den Dank der Versammlung für die umsichtige Leitung der
ergebnisreichen Tagung aus.

Der Vorsitzende gibt der Hoffnung Ausdruck, daß sich
der Verein unter besseren Verhältnissen im nächsten Jahre
wieder zusammenfinden werde, und schließt die Sitzung um
1 Uhr 40 Min.

    Kuckuk.                Kühne.

# Verhandlungen der 60. Jahresversammlung.

# Eröffnung der Versammlung

durch den Vorsitzenden, Herrn Direktor G ö t z e , Bremen:

Hochgeehrte Anwesende! Ich eröffne die 60. Jahresversammlung des Deutschen Vereins von Gas- und Wasserfachmännern. Ich begrüße Sie im Namen des Vorstandes herzlichst.

Daß mir als Beigeordnetem und als zuletzt in den Vorstand zugewähltem Mitglied die Pflicht und die Ehre zufällt, diese Begrüßung auszusprechen, hat seinen bedauerlichen Grund darin, daß unser erster Vorsitzender, Herr Generaldirektor K ö r t i n g , sich wegen eines Halsleidens der Anstrengung mehrtätigen Sprechens bei der Versammlungsleitung nicht unterziehen kann. Auch der dienstälteste stellvertretende Vorsitzende, Herr Generaldirektor G e y e r , ist verhindert, und zwar durch unaufschiebliche geschäftliche Verpflichtungen. An mich ist die Aufgabe, die Verhandlungen der diesjährigen Hauptversammlung zu leiten, unerwartet und in letzter Stunde herangetreten. Sie trifft wegen meiner erst kurzen Zugehörigkeit zum Vorstande den unerfahrensten der drei Mitglieder. Ich bitte um Ihre Nachsicht und um Ihre allseitige Unterstützung bei der Abwicklung der Verhandlungen.

Wir haben die Versammlung nicht zu gewohnter Zeit — Ende Juni — einberufen, weil die Hoffnung bestand, daß die allgemeine Lage sich bis zu einem späteren Termine bessern würde. Während der Kriegszeiten hat die Hauptversammlung in der Reichshauptstadt Berlin getagt. Von diesem Brauche sind wir abgewichen und haben Sie nach dem schönen Badener Lande gebeten. Wir hoffen, daß Ihnen hier besseres Unterkommen und bessere Verpflegung geboten werden kann als in dem überfüllten Berlin. Ich wünsche Ihnen, daß Sie auch von dem großen Vorzug Baden-Badens, der herrlichen Natur, reichlich Gebrauch machen können und neben unserer ernsten Arbeit Stunden der Erholung finden, die wir ja alle in dieser Zeit reichlich nötig haben.

Meine Herren! Mit der 60. Jahresversammlung ist der Verein in eine neue Zeit getreten. Wir stehen im republikanischen Deutschland. Noch zur Eröffnung der vorigen Jahresversammlung konnte unser damaliger Vorsitzender, Herr Oberbaurat H a s e, mit seinen schwungvollen Worten auf Lichtpunkte in dem furchtbaren Ringen hinweisen, uns die Hoffnung auf endgültigen Sieg unserer tapferen Heere und auf einen deutschen Frieden stärken. Er schloß die Versammlung mit dem Wunsche, daß die diesjährige Versammlung im Sonnenschein des Friedens stattfinden möge.

Wir haben Frieden — einen Frieden, über den wir besser nicht sprechen! Sonnenschein hat er nicht über das gequälte Vaterland gebracht, sondern Schatten, schwerer Wolken tiefsten Schatten. Das Ringen in offener Feldschlacht ist wohl vorüber, aber schöne und wertvolle Teile des Landes sind dauernd verloren gegangen und andere für lange als Pfand in den Händen der Feinde. Und an den enger gewordenen Grenzen nagt noch immer die Begehrlichkeit der Gegner. Aber nicht genug an diesem Druck von außen. Im Innern gärt und brodelt es nach der ersten Umwälzung; dunkle Gewalten drängen sich nach oben, suchen die Herrschaft über das in sich aufbrennende Land.

Von Erleichterungen für das Leben des einzelnen, von Besserung der wirtschaftlichen Lage der Allgemeinheit ist nichts zu merken. Die Wertung unseres Geldes im Ausland ist geringer denn je. Was nutzt es uns Deutschen, daß Leben und Wandel im neutralen Auslande, auf deutsche Geldwährung bezogen, teurer sind als bei uns? Nach dem Auslande fließt unser Geld ab, das Ausland schluckt mehr und mehr, ohne daß wir im Inlande ausreichenden Ersatz schaffen!

Die fünf Jahre des Krieges, der mit begeisterter Erwartung eines baldigen, erfolgreichen Abschlusses begonnen hatte und für den wir nach langem und schwerem Ringen wenigstens einen Frieden der Gerechtigkeit erwarteten,

sind nicht ein abgeschlossenes Drama geworden, sondern nur
der Auftakt zu schweren Kämpfen um die innere Entwicklung.

Was uns not tut, um Deutschland wieder wirtschaftlich
lebensfähig zu machen, wissen wir, die wir hier versammelt
sind, alle: Arbeit, Werte, schaffende Arbeit, die uns kräftigt,
die uns ermöglicht, wieder stark zu werden, wieder eine Stellung
in der Welt einzunehmen! Geld und Gut haben wir verloren.
Aber den Mut wollen wir nicht verlieren.

Im Kranze der Arbeiten, die zu leisten sind, die wirtschaftliche Front wieder herzustellen, ist die, die uns Mitgliedern
unseres Faches obliegt, nicht die geringste. Unser Gas, unser
Wasser gehören zu den notwendigsten Bedürfnissen, die dem
Arbeiter, dem Handarbeiter wie dem geistigen Arbeiter, die
Lebensbedingungen geben, die die Nutzung der Arbeitskraft
aller zur Schaffung neuer Werte möglich machen.

Die Arbeit, in der wir stehen, ist unter den unsagbar
ungünstigsten Voraussetzungen zu leisten. Mit hohen Arbeits-
löhnen, mit teuren Kohlen, von denen wir uns jeden Brocken
mühsam erringen, erbetteln müssen, sollen wir der durch
sonstige Einschränkungen aller Art unzufrieden gemachten
Bevölkerung wenigstens Gas und Wasser in einigermaßen ausreichender Menge und mit erträglichen Kosten liefern. Das
ist nur denkbar bei der äußersten Ausnutzung aller technischen Mittel, jeder geistigen Arbeit, jeder denkbaren Verbesserung! Dazu müssen wir uns noch enger zusammen-
schließen, als wir es von jeher schon gewohnt sind. Schwer ist
diese Arbeit zu leisten, auf dem unsicheren Boden, auf dem
wir stehen, bei den nervenzerrüttenden Anforderungen, die
von oben und von unten an uns herandrängen. Aber, meine
Herren, lassen Sie uns den Kopf oben behalten, den Mut in
diesem Kampfe nicht verlieren, in diesem Ringen, das in
seiner Art so schwer ist, wie das der letzten Jahre buten und
binnen.

Lassen Sie uns geloben: Treue zu dieser Arbeit, Treue
im Zusammenhalten, im Austausch unserer besten Erfahrungen,
Treue zu dem Lebenswerk, dem wir alle uns gewidmet
haben!

Meine Herren, mit besonderer Genugtuung und herzlichst begrüße ich die anwesenden Gäste, die die Wertschätzung für unsere bevorstehenden Verhandlungen zu uns geführt hat. Ich begrüße besonders den Herrn Vertreter der Staatsbehörde Badens, Herrn Geh. Oberregierungsrat v. R e c k , den Vertreter der Stadt Baden-Baden, Herrn Bürgermeister E l f n e r . Außerdem habe ich als Vertreter der Reichsanstalt für Maße und Gewichte Herrn Geh. Regierungsrat M e y e r zu begrüßen.

Von uns befreundeten Vereinen und Verbänden sind zugegen von der Vereinigung der Elektrizitätswerke Herr Baurat M e n g , vom Reichsbund Deutscher Technik Herr Oberingenieur H a r t m a n n . Außerordentlich freut es mich, auch einen Vertreter unseres österreichischen Bruderstaates zu begrüßen, Herrn Prof. Dr. S t r a c h e , unser sehr geschätztes Mitglied, der den Österreichischen Verein von Gas- und Wasserfachmännern vertritt.

Über die Veränderungen in unserem Verein habe ich Ihnen zu berichten, daß wir auch in diesem Jahre den Verlust verschiedener Mitglieder durch den Tod zu beklagen haben. (Verliest aus dem Jahresbericht des Vorstandes.)

Meine Herren! Wir erheben uns zum Andenken an diese Verstorbene von unseren Sitzen (geschieht).

Unser Ehrenvorsitzender, Herr Geheimrat Prof. Dr. B u n t e , der am 25. Dezember v. J. seinen 70. Geburtstag beging und hierbei von den Technischen Hochschulen München und Hannover zum Dr.-Ing. h. c. ernannt wurde, konnte am 5. August 1919 sein goldenes Doktorjubiläum feiern. Herrn Geheimrat Bunte, unserem langjährigen Generalsekretär, sind wir zu ganz besonderem Danke dafür verpflichtet, daß er in der Zeit des Krieges, während sein Sohn und Nachfolger an der Front weilte, die schweren Geschäfte des Geschäftsführers wieder auf sich genommen und unermüdlich und mit alter Frische weitergeführt hat.

Ganz besonderer Erwähnung bedarf auch der Rücktritt des Herrn Direktor H e i d e n r e i c h vom Amte des Geschäftsführers des Vereins. Herr Heidenreich, der im Amt die Ge-

schäfte unserer Berufsgenossenschaft, im Nebenamt die unseres Vereins führte, mußte sich dafür entscheiden, sich nur
noch seinem Hauptamte zu widmen, da auf der einen Seite
die Geschäfte der Genossenschaft, auf der anderen Seite die
Geschäfte des Vereins so gewachsen waren, daß Herr Heidenreich die Gesamtarbeit nicht mehr tragen konnte. Er hat sich
entschlossen, das Amt bei unserem Verein aufzugeben. Über
30 Jahre lang hat Herr Direktor Heidenreich in stillem Wirken,
aber in vorbildlicher Treue und Ausdauer die Geschäfte geführt. Sein Ausscheiden ist für unseren Verein ein schwerer
Verlust, der nur dadurch gemildert wird, daß Herr Direktor
L e m p e l i u s , dieser vielerfahrene Mann, die Geschäfte
übernimmt und Herr Direktor Heidenreich uns seine viel-
jährigen Erfahrungen nicht entzieht, sondern als Mitglied
uns auch weiter zur Verfügung stehen will. Die Anerkennung
für die Tätigkeit des Herrn Heidenreich haben wir schon
nach den schwachen Kräften des Vereins dadurch zum Ausdruck gebracht, daß wir ihm beim Scheiden eine Ehren-
gabe überreicht haben. Ich darf Herrn Heidenreich bei dieser
Gelegenheit nochmals den herzlichen Dank des Vereins aussprechen (Beifall).

Unser Vorsitzender, Herr Generaldirektor K ö r t i n g ,
der zu unserem großen Bedauern krank in Berlin weilt und
sicher in diesem Augenblick lebhaft an uns denkt, hat mich
gebeten, die Worte, die er Ihnen zur Eröffnung der Versammlung zurufen wollte, zu verlesen (geschieht):

»Meine Herren Kollegen! Sie sind seit Jahren daran
gewöhnt, von dieser Stelle erhebende Worte vaterländischer
Begeisterung zu hören als Echo deutscher Kämpfe und Siege,
als Tribut für deutsches Heldentum. Heute muß man mit
dieser schönen Gewohnheit brechen, denn der Kampf ist
ausgekämpft, Deutschland ist gewogen und zu leicht befunden.
Trotzdem möchte ich nicht schweigend an den großen Er-
eignissen vorübergehen, sondern wie mein Vorgänger mich
mit ihnen auseinandersetzen, denn nur dadurch, daß wir das
Ungeheure innerlich verarbeiten, können die tiefen Wunden in
unserem zerrissenen Gemüte zum Verharschen gebracht, und

kann dumpfe Verzweiflung wieder in Tatkraft zurückver-
wandelt werden.

Freilich, daß der Trank entsetzlich bitter ist, der uns
gereicht wird, wer wollte es leugnen? Wenn ich an meinen
eigenen Lebensweg denke, so gehören zu meinen ersten Kind-
heitserinnerungen die großen Freudenfeuer am 18. Oktober,
bei denen mein Vater die Festrede hielt, zum Andenken an
die Leipziger Schlacht. Ich durfte auch die großen Taten
von 1866 und 1870 mit Bewußtsein erleben und mit ihnen die
Erfüllung deutschen Sehnens und Strebens und schließlich
den großen wirtschaftlichen Aufstieg, der allerdings schon
den hippokratischen Zug politischen Niederganges trug. Das
Herrlichste von allem aber waren die großen Tage von 1914,
da Deutschlands Heldenjugend sich singend und bekränzt
wie ein Sturmwind dem Feinde entgegenwarf. Und heute?
Das Heer vernichtet, die Flotte versenkt, das Reich zerschlagen.
Wir klagen ob unseres Unglückes nicht den arglistigen Gegner,
nein, der Deutsche klagt den Deutschen an. Wer nicht an
seinem Vaterlande verzweifeln und weiterkämpfen wollte,
dem wird als Kriegsgewinnler schnöde Gewinnsucht vor-
geworfen. Wer durch rührendes Vertrauen auf die internationale Gemeinschaft und den Edelsinn der Feinde Deutschland
durch Nachgeben vor dem Äußersten retten wollte, der galt
dem anderen als Feigling und Verräter. Und das klägliche
Schauspiel, das uns das arbeitende Volk bietet, seit es die
Herrschaft angetreten hat! Keine Spur von Gemeinsinn und
Opfermut. Statt dessen ein allgemeiner wüster Kampf um
die Krippe. Jeder sucht auf Kosten der Allgemeinheit die
eigene Lage zu verbessern und für wenig Arbeit und mehr
Urlaub eine höhere Entlohnung herauszudrücken, und je
fauler und dummer er ist, desto mehr schreit er nach dem
Mitbestimmungsrecht, wahrlich eine entsetzliche Parodie
des aus Materialismus geborenen Sozialismus, der doch
eigentlich ein übermenschliches Maß von Brüderlichkeit und
Selbstverleugnung zur Voraussetzung hatte. Gerade das ist
ja so namenlos niederdrückend, daß unser Unglück nicht wie
zur napoleonischen Zeit eine Gegenwirkung reinster Vaterlands-
liebe und höchster Anspannung des sittlichen Pflichtgefühls

auslöst, sondern die trübe Flut hemmungsloser Begehrlichkeit.
Doch gemach! Wir wollen nicht ungerecht sein, unser Vergleich ' hinkt. 1806 war die Quittung für jahrzehntelange
Schlaffheit. Gewiß, auch wir sind politisch schlaff gewesen.
Wir Bürger wußten lange vor dem Kriege, daß wir schlecht
geführt wurden, und wir haben es unterlassen, selbst die Zügel
in die Hand zu nehmen. Wir sind ja nie ein politisches Volk
gewesen, und es war in mancher Beziehung unser Bestes,
daß wir es nicht waren. Aber 1914 zum Bewußtsein seiner
gefährlichen Lage erwacht, hat unser Volk Übermenschliches
geleistet auf dem Schlachtfelde und daheim. Wenn wir das
nicht selber sehen, so sagt es uns der brutale Vernichtungs-
wille unserer Feinde. Es war die heldenhafteste Zeit des
tapfersten Volkes der Welt, und nichts soll uns das Andenken
an diese Zeit beflecken. Und wir Älteren, die zu Hause bleiben
mußten, und unsere Frauen haben ebenso heldenhaft gekämpft
gegen den Hunger und die Not an Rohstoffen. Aber das
unmenschlichste der Kampfmittel, der Hunger, wegen dessen
Anwendung gegen ganze Völker wir unsere Feinde vor den
Richterstuhl Gottes und der Geschichte fordern, der hat uns
bezwungen. Die meisten von uns haben Wochen, Monate,
Jahre versucht, mit den vorgeschriebenen Rationen auszu-
kommen. Es ging nicht. Der Familienvater fühlte seine
Arbeitskraft dahinschwinden. Seine Lieben wurden mit
jedem Tage bleicher und hohläugiger. Da konnte er es schließlich nicht mehr mit ansehen. Er kaufte ein Pfund Butter,
ein Pfund Mehl beim Schleichhändler und schließlich alles,
was ihm seine Mittel erlaubten. Das Wohl des Heeres hing ab
von den Munitionsfabriken, und diese von dem guten Willen
der Arbeiter. Man kam auf die unglückliche Idee, dem Arbeiter
übermäßig hohe Löhne zu bezahlen und ihm durch den Schleich-
handel mehr Lebensmittel zuzuwenden. Man kam auf die
noch unglücklichere Idee, der Industrie zur Aufmunterung
allzu reichliche Gewinne zu gewähren, ohne diese, wie in England,
durch hohe Steuern gleich wieder einzuziehen. Auf diese Weise
hat unsere Regierung selbst in ihrer Verblendung die Begehrlichkeit und als ihre Folgeerscheinung den Neid gezüchtet,
unter dem wir jetzt so furchtbar leiden. Aber denken wir

immer daran, letzten Endes trug die unmenschliche Blockade
die Schuld, die unsere Feinde teuflisch genug waren, noch
7 Monate über den Waffenstillstand hinaus auszudehnen.
Unsere Leute hungern noch immer. Sie haben keine Kleider
und Schuhe, sie können nicht heiraten, weil es an Wohnungen
und Geräten gebricht. Kann es uns da wundern, wenn sich diese
Bedürfnisse mit elementarer Gewalt Geltung machen, wenn
man den prassenden Kriegsgewinnler ausplündern und den
Kommunismus einführen möchte? Nein und abermals nein!
Diese krankhaften Erscheinungen stammen nicht aus dem
Wesen des deutschen Volkes, aus dem Volke Luthers, Goethes,
Schopenhauers und Wagners. Der Hunger ist schuld daran
und die Dummheit weniger Regierungsleute. Wir sind wahrscheinlich noch nicht am Ende unserer Prüfungen, müssen
vielleicht noch Schreckliches leiden. Aber ich bin sicher,
die deutsche Seele, die sich immer wieder zum Metaphysischen
aufgeschwungen hat, wird bald einsehen, daß sie der Sozialismus
dem Glücke keinen Schritt näher bringt. Die Erlösung ist
nur auf sittlichem Gebiete möglich. Meine Herren, wir haben
schon einmal eine Zeit gehabt wie die jetzige. Was heute die
Angelsachsen sind, hieß damals Rom. Und alle Völker waren
Sklaven, so wie wir Sklaven sein werden. Aber diese Sklaven
machten sich innerlich frei von Rom und wurden Christen
und fanden die drei großen Kleinode: Glaube, Liebe und
Hoffnung.

Und so wollen wir armen Sklaven unsere neue Arbeit
beginnen mit dem Bekenntnis zu Glaube, Liebe und Hoffnung, Glauben an unser Volk, Liebe zu unserem Volke,
Hoffnung auf unser Volk.

Und wahrlich alle diese drei haben wir nötig, wenn wir
nun an die große Hauptarbeit herangehen, von der die ganze
Zukunft abhängt, an den Versuch, wieder in ein vernünftiges
Verhältnis zu unseren Arbeitern zu kommen. Kollege Tillmetz
hat dieses Problem als Thema für seinen heutigen Vortrag
gewählt. Ich will mich daher auf einige wenige Andeutungen
beschränken.

Das Hauptübel besteht in dem durch eine gewissenlose
Verhetzung systematisch großgezüchteten ungeheueren Miß-

trauen des Arbeitnehmers gegen den Arbeitgeber. Jede Lüge,
jede Gemeinheit wird uns als selbstverständlich zugetraut.
Hat die Firma z. B. unter Opfern Lebensmittel besorgt, so
heißt es, sie bewuchert die Arbeiter, macht sie auf schlechten
Geschäftsgang aufmerksam, so wittert der Arbeiter den
Versuch, Gewinn zu verschleiern und so weiter mit Grazie
in infinitum. Da heißt es nun, unermüdlich aufklären und
wieder aufklären. Rathenau hat uns ja schon in Aussicht
gestellt, daß in Zukunft der Betriebsleiter nur die halbe Zeit
für produktive Arbeit haben würde. Die andere Hälfte gehöre
den Verhandlungen mit den Arbeitnehmern. Aber meine
Herren, peccatur intra muros et extra. Auch der Arbeitgeber muß sich zum Vertrauen gegen den Arbeitnehmer
erziehen, wenn er sich bei diesem Vertrauen erwerben will.
Ein Beispiel ungeheuren Mißtrauens lag z. B. darin, daß
man dem kranken Arbeiter nur einen Teil seines Lohnes als
Krankengeld zubilligte und damit den Verdacht aussprach,
daß der Arbeitnehmer Krankheit vorspiegeln oder ungebühr-
lich in die Länge ziehen würde. Ich bin aufrichtig erfreut
gewesen, unseren Arbeitern neulich erklären zu können, daß
nach Erhöhung des Krankengeldes auf den vollen Tage-
lohn eine Vermehrung der Krankenziffer nicht eingetreten ist.

Jedenfalls besteht ein ungeheurer Unterschied zwischen dem depossedierten französischen Adel von 1789 und
dem zu plündernden Bürgertum von heute. Der damalige
französische Adel führte ein völliges Drohnen-Dasein. Seine
feudalen Leistungen, auf denen sich die riesigen Vorrechte
aufbauten, waren eben durch den modernen Staat beseitigt
worden. Ganz anders heute. Vertreter des Bürgerstandes
haben in unermüdlicher Arbeit alle die großen Wirtschafts-
gebilde geschaffen und geleitet, deren Zerstörung für Deutschland den Verlust von 20000000 Einwohnern bedeuten würde.
Wenn man daher die deutsche Industrie nicht vernichten
will, so muß man die Kopfarbeiter an ihrer Spitze belassen.
Das haben ja auch schon viele Sozialisten eingesehen, und
darin liegt eine gewisse, nicht unbegründete Hoffnung, daß
man uns nützlichen Arbeitsbienen nicht den Garaus machen

wird. Das wäre eben eine hirnverbrannte Dummheit, ein Verbrechen gegen die Interessen der Gesamtheit. Hingegen kann das unbeschränkte persönliche Eigentum am Kapital sehr wohl zu einer Schädigung des Allgemeinwohles führen. Wenn, um ein krasses Beispiel zu wählen, der größte Teil des deutschen Privatbesitzes an eine ganz kleine Minderheit rühriger Kaufleute übergegangen wäre, so hätte man schließlich nicht umhin gekonnt, eine neue Verteilung zugunsten der Enteigneten vorzunehmen.

Schließlich sollte es in unserem Fache dem Geschäftsvorstande leichter werden, zu beweisen, daß alles in Ordnung zugeht, als in anderen Betrieben. Große Gewinne sind bei uns niemals gemacht worden, auch bei den Gesellschaften nicht, und was bei den kommunalen Gaswerken verdient wurde, das diente zur Erleichterung der Steuern. Die Gasanstaltsbeamten haben niemals hohe Einkünfte gehabt. Im Gegenteil, die Klagen über gänzlich unzureichende Gehälter mehren sich und sind leider begründet. Folgende Berliner Zahlen sprechen Bände:

|  | Juni 1919 im Durchschnitt | | Jahr 1913 im Durchschnitt |
|---|---|---|---|
|  | pro Kopf | pro cbm | pro cbm |
| Gehälter | Mk. 480,— | Pfg. 1,68 | Pfg. 0,52 |
| Löhne | „ 510,— | „ 12,47 | 2,14 |

Man sieht, die Beamtengehälter haben sich verdreifacht, die Arbeiterlöhne dagegen versechsfacht. Es ist ja heutzutage Mode, über das verrottete Beamtentum zu schimpfen. Aber das Beamtentum hatte seine großen Tugenden, und dazu gehörten: Arbeit aus Pflichtgefühl, Freude an der Arbeit, Anstrengung nicht des eigenen Vorteils, sondern um der Sache willen. Diese Tugenden müßten meiner Meinung nach dem Arbeiter immer wieder vor Augen geführt werden, damit er lernt, den Vorgesetzten zu achten und ihm das Pflicht- und Verantwortungsgefühl nachzumachen, das ihm noch so sehr fehlt, das aber die notwendige Ergänzung bilden muß zur gehobenen Stellung, wenn nicht unsere Wirtschaft zugrunde gehen soll. Alles das kann zu einem modus vivendi zwischen Arbeitgeber und Arbeitnehmer führen, bringt uns aber der

Lösung des eigentlichen Problems nicht näher. Diese wird
von keinem geringeren als Lloyd George so gefaßt: »Es kommt
alles darauf an, den Arbeiter an den Ergebnissen der Arbeit
zu interessieren.« Wie das aber möglich ist bei der sozialistischen Lehre, die dem Intelligenten wie dem Dummen, dem
Fleißigen wie dem Faulen die gleiche Entlohnung geben will,
ist eine schwer zu beantwortende Frage.

Meine Herren, gleich furchtbar wie die Arbeiternot und
zum großen Teile durch sie bedingt und verschuldet ist die
Kohlennot. Unsere Erfahrungen mit Menge, Güte und Preis
der gelieferten Kohle sind ja trotz des Wohlwollens der Be-
hörde schlimm genug. Aber Herr Kollege Lempelius wird
Ihnen auseinandersetzen, daß wir den Kalvarienberg noch
lange nicht ganz erklommen haben, und daß uns noch weit
Schlimmeres bevorsteht. Herr Dr. Bunte wird Ihnen dagegen aus der gepreßten Seele des wissenden Gelehrten heraus
alles das vor Augen führen, was der Kohlenverbraucher jetzt
so gar nicht hat und so sehnlich wünscht: Gute reine Gaskohle mit Ursprungszeugnis (recherche de la paternité
obligatoire) und garantierten Aschegehalt.

Meine Herren, es ist kein Wunder, wenn bei dieser Arbeiter-
und Kohlennot unsere Gaspreise ins Gigantische wachsen.
Ich höre es noch heute, wie der verstorbene kluge Bevoll-
mächtigte meiner damaligen Gesellschaft, Herr Ludwig Delbrück, mich auslachte, als ich anzudeuten wagte, daß die
Gaspreise auch einmal steigen könnten. Zurzeit haben wir
in Berlin einen Gaspreis von 53 Pf. pro cbm. Da taucht einem
wieder und wieder die bange Frage auf: Wird unsere Industrie
bei diesen Preisen überhaupt lebensfähig bleiben, und werden
wir nicht in der Küche der Kohle, dem Koks, den Briketts
und Gruse das Feld räumen müssen? Aber seien wir
uns klar darüber, meine Herren, alles was wir heute an Arbeit
leisten, kann nichts mehr sein als ein Herumreden um die
Probleme. Wir haben nirgends festen Grund unter den Füßen,
können mit nichts bestimmt rechnen. Ebensowenig wie wir
wissen, ob wir selbst morgen noch Leben, Stellung und Brot
haben, können wir uns irgendeine feste Meinung bilden über
das, was wir zu tun oder zu lassen haben. Wie man es macht,

ist es falsch. Wir werden von den ungeheueren Ergebnissen mitgerissen wie Scheffels berühmter erratischer Block vom Grundeise und können mit ihm als einzige Gewißheit sagen: It mihi posterior cum glacie fundamentali. Wenn das ganze Haus einzustürzen droht, kann man mit dem besten Willen nicht daran denken, wie man im einzelnen verbessern, vergrößern, anbauen und umbauen soll. Wir alle hoffen, daß wir im nächsten Jahre wieder festen Boden unter den Füßen haben und uns wieder technisch-wirtschaftlichen Problemen werden zuwenden können. Mehr als jemals seit den Befreiungskriegen fühlen wir heute, daß es mit Menschenwitz und -wille nicht getan ist. Wir unterliegen höheren Gesetzen und stehen in Gottes Hand. Möge unsere alte Industrie, in der so viel zielbewußte Arbeit verkörpert ist, diese schwere Krise siegreich bestehen. Das walte Gott!

Meine Herren! Wir kommen nunmehr zu unseren Verhandlungen.

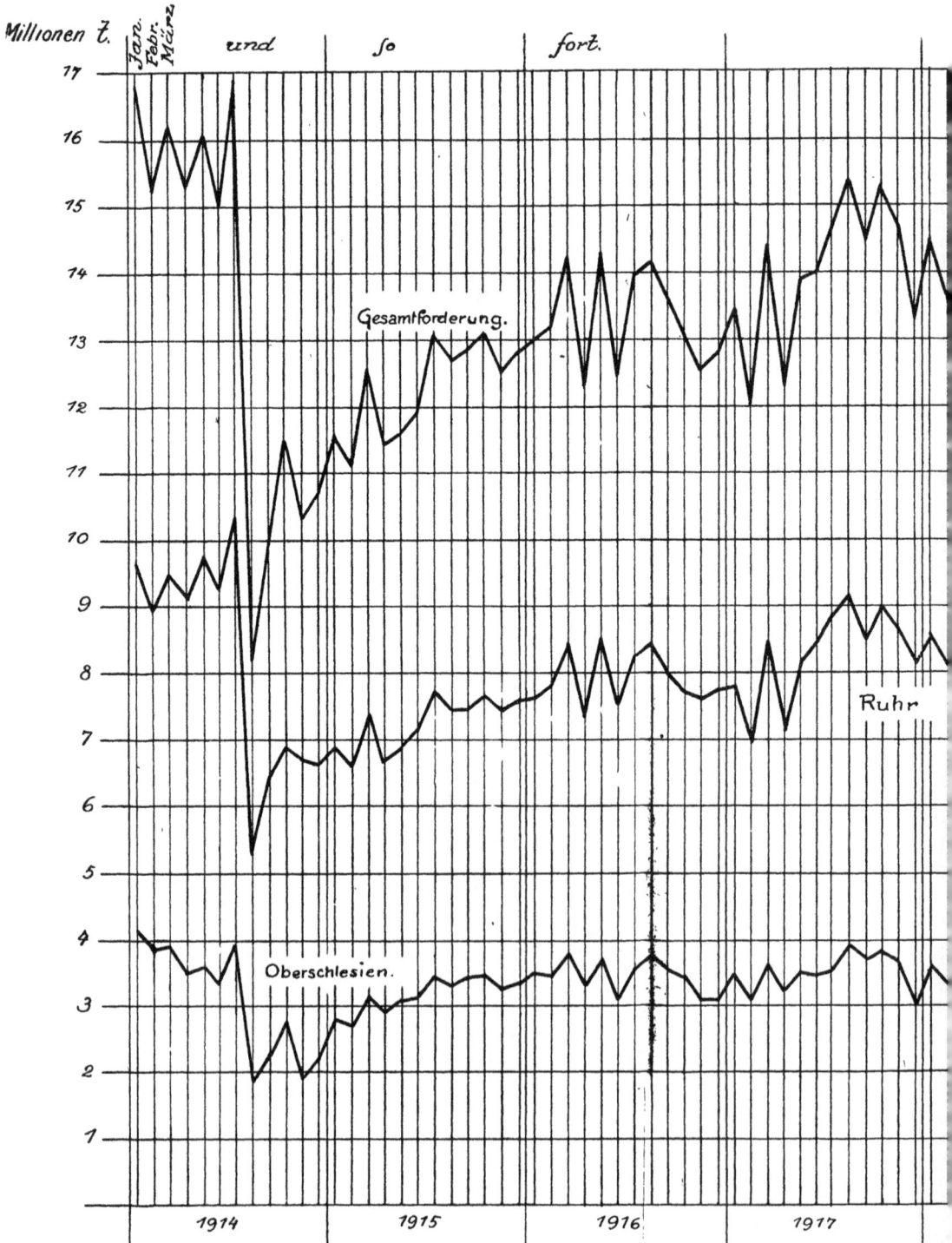

Fig. 1. Förderung der Steinkohlengruben.

Tafel II.

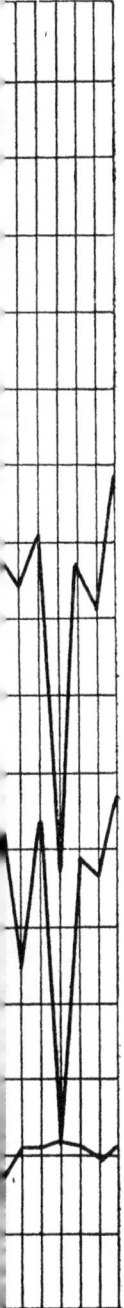

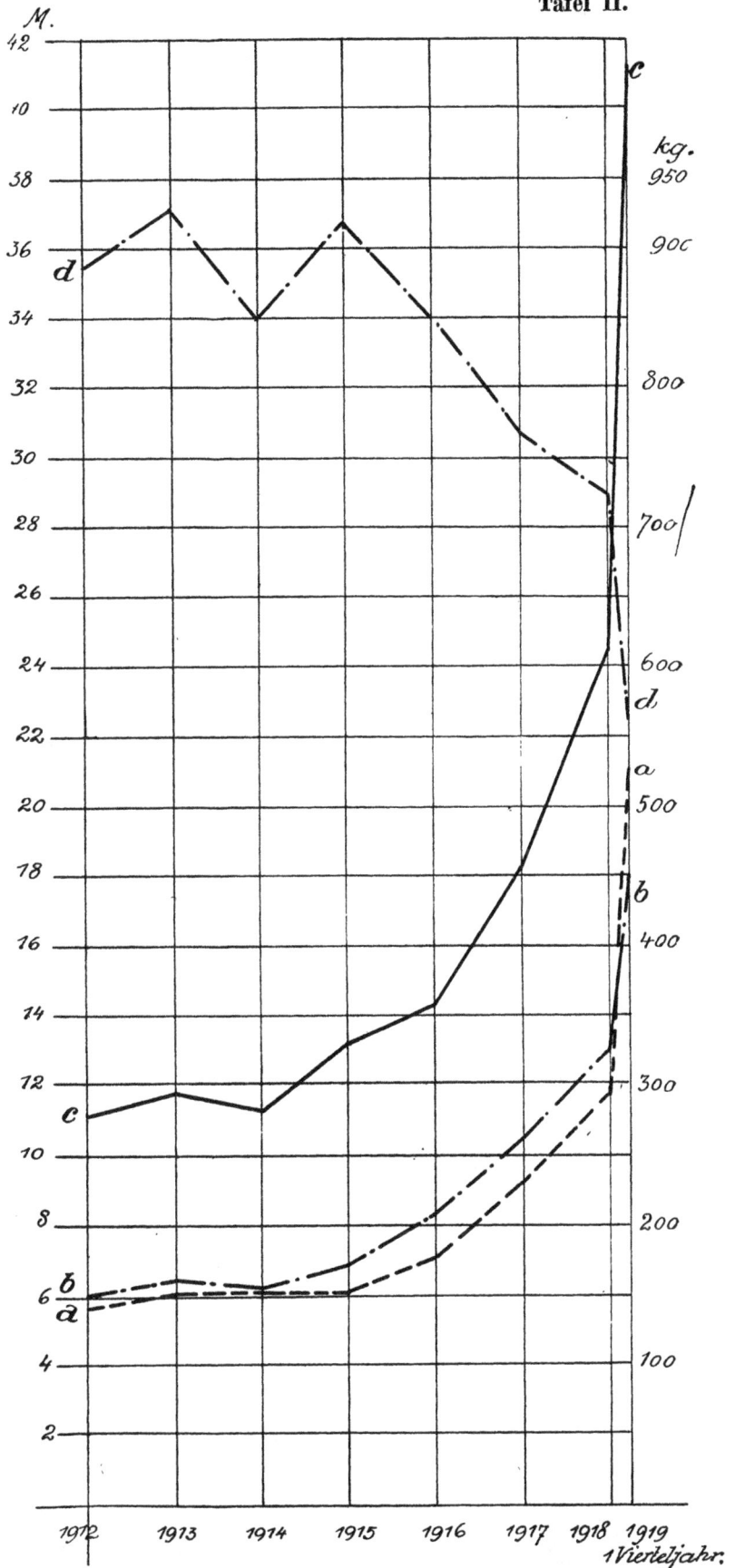

Fig. 2. Entwicklung der Kohlenverhältnisse im Ruhrgebiet.
a = Lohn je t Förderung; b = Durchschnittslöhne der Klasse 1; c = Richtpreise für Förder-
kohle (ca. 25 % Stückgehalt); d = arbeitstägliche Förderung je Kopf der Belegschaft.

# Die Kohlenlage Deutschlands.

Von Direktor Lempelius, Berlin.

Meine sehr geehrten Herren! Meine heutige Aufgabe ist
zu einem wesentlichen Teil eine rückschauende. Ich habe
Ihnen darzulegen, wie es kam, daß die Kohlenlage Deutschlands sich fortwährend verschlechterte, daß sie sich allmählich so verschärfte, wie es schon seit geraumer Zeit der Fall
ist. Ich habe Ihnen ferner darzulegen, wie das Bild am heutigen Tage ist. Weit weniger werde ich dazu kommen können,
in die Zukunft zu schauen; denn die Zukunft der deutschen
Kohlenwirtschaft liegt im bösesten Sinne des Wortes in Dunkel
gehüllt. Der Herr Korreferent, unser sehr verehrter Herr
Generalsekretär, ist in einer glücklicheren Lage: Er darf aus
dem Born seiner wissenschaftlichen Erkenntnis schöpfen,
er darf über die Wege sprechen, die wir jetzt einschlagen müssen, die der Betrieb in den Gaswerken beschreiten kann,
um die Schärfe der jetzigen Kohlenlage in etwa durch geeignete Betriebsmaßnahmen zu mildern.

Bei dieser Lage meiner Aufgabe werde ich mich einigermaßen kurz fassen; ich glaube Ihnen, meine Herren, und
der Sache dadurch am besten zu dienen; um so mehr kann
die Beschäftigung mit den Fragen der Zukunft zu ihrem
Recht kommen, um so ausgiebiger kann die Erörterung ausfallen. Und, meine verehrten Herren Anwesenden, erst der
Meinungsaustausch gibt den Vorträgen, die hier gehalten
werden, den richtigen Wert.

Im Frieden bot die deutsche Kohlenwirtschaft ein ungemein erfreuliches Bild. Die Förderung an Steinkohlen in
Deutschland war nicht unerheblich größer als der Verbrauch,
mit anderen Worten: es blieb eine große Menge zur Ausfuhr

frei, die uns ermöglichte, uns dafür andere Stoffe zuzuführen, deren wir in unserer Gesamtwirtschaft bedürfen. Im Jahre 1910 beispielsweise betrug der Verbrauch an Kohlen in Deutschland etwa 13 Mill. t weniger als die Förderung; also für 13 Mill. t Kohle kam Geld zu uns. Das Verhältnis gestaltete sich fortlaufend günstiger. So war im letzten Friedensjahre 1913 die Bedarfssumme sogar um 24 Mill. t geringer als die inländische Gewinnung. Wir befänden uns in bester Form auf einer aufsteigenden Linie.

Dies wird noch deutlicher, wenn ich Ihnen die Ziffern der deutschen Steinkohlenförderung für die Jahre von 1910 ab gebe.

Im Jahre 1910 wurden gefördert 153 Mill. t Steinkohlen

»    » 1911    »         »         161 »    »    »
»    » 1912    »         »         175 »    »    »
»    » 1913    »         »         190 »    »    »

Ziemlich in die Mitte des Jahres 1914 fiel der Kriegsausbruch. Er warf die Förderung des Jahres 1914, für das ganze Jahr berechnet, zurück auf 161 Mill. t.

Die weitere Entwicklung bitte ich Sie, aus dem ersten Blatt, das ich hier aufzuhängen mir erlaubt habe, zu entnehmen. (Tafel II, Fig. 1.) Es bringt zunächst noch einmal wieder das Jahr 1914. Sie sehen oben die gesamte Steinkohlenförderung Deutschlands. Diese Steinkohlenförderung zerlegt sich nach den Förderungen in den Einzelgebieten. Um das Kurvenbild nicht zu verwirren, sind nur die beiden hauptsächlichsten Gebiete aufgezeichnet, das Ruhrkohlenrevier und das oberschlesische Kohlenrevier.

Auf den ersten Blick fallen Ihnen einige sich besonders heraushebende Punkte auf. Ich brauche Ihnen kaum zu sagen, daß die erste tiefe Spitze den Ausbruch des Krieges bedeutet: es ist die Förderung des August 1914. Dann sehen Sie ein allmähliches Wiederansteigen der Förderung, bis sie gar nicht einmal allzusehr hinter der Friedensförderung zurückbleibt. Die Friedensförderung stellte sich auf monatlich 15 bis 17 Mill. t. In dem wiedererreichten hohen Punkte sind 15,392 Mill. t Monatsförderung erzielt; er liegt im August 1917.

Nun sehen Sie abermals einen deutlich sich abzeichnenden Tiefpunkt der Kurve. Auch hier ist es kaum nötig, Ihnen zu sagen, daß es sich um den Ausbruch der Staatsumwälzung handelt, um unseren Niederbruch in kriegerischer Hinsicht. Dann scheint es, als ob eine leichte Besserung eintreten sollte, bis plötzlich die ganz tiefe nach unten gerichtete Spitze auftritt, die Förderung auf 5,7 Mill. t — gerechnet für sämtliche deutschen Kohlengewinnungsgebiete — zurückgeht. Es handelt sich um den April 1919. Die Senkung verschwindet dann wieder bis auf das Maß der Jahreswende und geht weiter in eine leicht steigende Richtung über. Der letzte Monat, den Sie aufgezeichnet finden, ist der Juni dieses Jahres.

Nun, meine Herren, lohnt es sich, daß wir uns etwas näher vergegenwärtigen, wodurch die Kurve diese Gestalt angenommen hat.

Sie sehen ohne weiteres, daß die Kurve der Gesamtförderung maßgebend bedingt wird durch die Kurve der Förderung im Ruhrkohlengebiet. Ich brauche mich über den ersten Tiefpunkt — den Kriegsausbruch — nicht weiter zu verbreiten, in dem die Förderung insgesamt in Deutschland auf 8,13 Mill. t zurückging, also auf etwa die Hälfte der Friedensförderung. Ebensowenig brauche ich mich über den November und den Dezember des Vorjahres zu verbreiten. Der spätere Tiefstand im Ruhrrevier jedoch, wo die Förderung im April 1919 bis auf 2,2 Mill. t sank — gegenüber einer Friedensförderung von 9 bis reichlich 10 Mill. t — bedarf einer kurzen Erwähnung: es handelt sich um den großen Bergarbeiterstreik, den größten, den wir jemals in Deutschland gehabt haben, mit seiner die Kohlenförderung tief zerstörenden Wirkung.

Wenn wir demgegenüber die oberschlesische Kurve betrachten, so weist sie nicht so große Unregelmäßigkeiten auf wie die rheinisch-westfälische. Sie zeigt ebenfalls klar den Rückgang am Kriegsbeginn, sie zeigt den Einfluß der Revolution; aber von so durchgreifenden Streiks mit so verheerenden Wirkungen, wie sie in Rheinland-Westfalen auftraten, sind wir in Oberschlesien verschont geblieben. Streiks gab es auch da, aber sie waren nicht so einschneidend und dauerten vor allem nicht so lange wie in Rheinland-Westfalen.

Habe ich eben die Gestalt der Kurve an Hand der Zeitläufte erörtert, so muß ich jetzt noch auf einen anderen Einfluß hinweisen, der von maßgebender Bedeutung auf die ganze Entwicklung dieses Schaubildes ist, maßgebend nämlich für das Gesamtbild, weniger für die erwähnten markanten Kurvenpunkte: ich meine die Leistung der Belegschaft pro Kopf und Schicht, das zweite Schaubild. (Fig. 1.)

Sie sehen den anfänglichen Parallelismus mit der ersten Kurve, wie pro Kopf der Belegschaft die Förderung durch den Kriegsausbruch zurückgeht. Während sie früher im Durchschnitt in Deutschland — die Kurve stellt wieder die Verhältnisse für das ganze Deutsche Reich dar — fast 1 t, in den Friedensmonaten 1914 reichlich 0,9 t betrug, sank die Leistung der Belegschaft pro Kopf und Schicht beim Kriegsausbruch auf $\frac{2}{3}$ t. Aber man sieht, wie die Begeisterung, die unser Volk beim Kriegsausbruch beseelte, alsbald auch in der Leistung im Bergbau voll auswirkte, so daß mit 0,98 t etwa die gleiche Leistung pro Kopf und Schicht wieder erreicht wurde, wie sie im Frieden war. Dann sehen wir allmählich die Verschärfung der Verhältnisse. Man möchte sagen, daß diese langsam sinkende Kurve ein Spiegelbild der Lage unserer Gesamtbevölkerung in Rücksicht auf die Ernährung und ähnliche Umstände gibt, die unser Wirtschaftsleben beeinflußt haben. Sie sehen dann schließlich wieder die Wirkung der Revolution: den Novemberpunkt und den Dezemberpunkt, 0,57 t gegen rd. 1 t in der Friedenszeit; dann wieder das allmähliche Ansteigen, worauf der Tiefpunkt folgt, den der Frühjahrsstreik im Ruhrkohlenrevier bringt, mit 0,33 t, also einem Drittel der Friedensförderung; schließlich wieder das Ansteigen, wie wir es wahrnehmen, auf 0,52 t — immerhin eine sehr unbefriedigende Leistung gegenüber der Friedensleistung.

Diese Kurven sind amtliches Material des Reichskommissars für die Kohlenvertenung.

Ich habe hier noch ein Kurvenbild, das ich der Freundlichkeit des Vereins für die bergbaulichen Interessen im Ober-

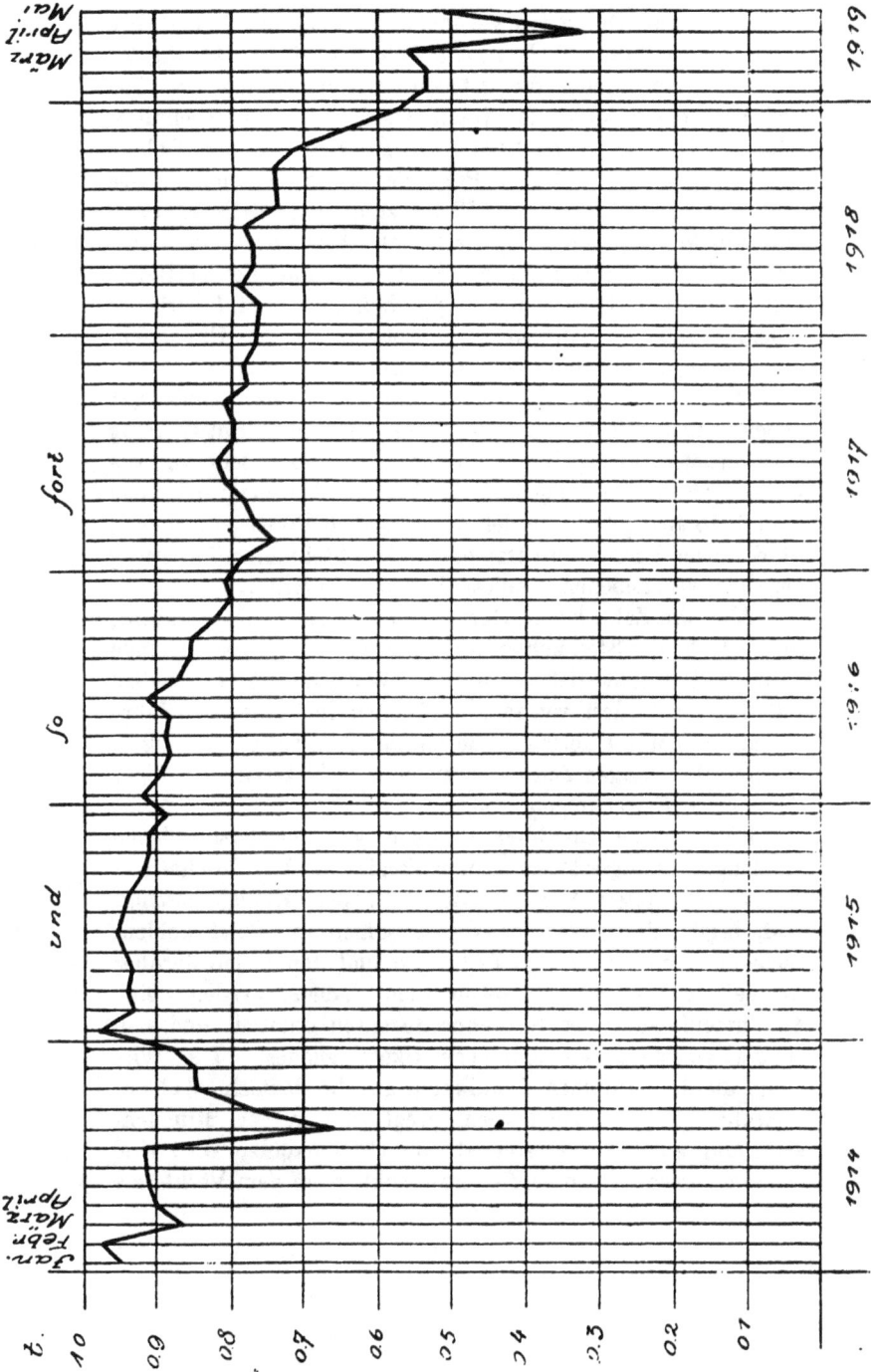

Fig. 1. Durchschnittliche Leistung je Kopf und Schicht der Belegschaft.

bergamtsbezirk Dortmund verdanke; es stellt die Verhältnisse
ebenfalls außerordentlich anschaulich dar. (Tafel II, Fig. 2.)

Sie sehen wieder die geförderte Kohlenmenge pro Tag
und Kopf der Belegschaft. Dann sehen Sie die Durchschnittslöhne, ferner die reinen Löhne pro geförderte Tonne Kohlen
und die Wirkung auf den Preis der Tonne Kohlen. Diese
Löhne steigen vom Jahre 1912 bis zum Jahre 1915 in einem
mäßigen Verhältnis an; dann setzt das Anwachsen ein, wobei
für die Kurve der Löhne pro t Förderung und die der Richtpreise charakteristisch ihre hyperbolische Gestalt ist; es
scheint, daß die Kurven asymptotisch an die Unendlich-
keit herangehen (Heiterkeit und Zustimmung).

Meine Herren! Die Kurve auf dem ersten Blatt hat
Ihnen einen allgemeinen Überblick über die Entwicklung
der Verhältnisse gegeben. Ich bin Ihnen noch schuldig, die
Gesamtjahres-Förderung insbesondere für das letztverflossene
Jahr 1918 anzugeben. In der Ziffer, die ich Ihnen jetzt nenne,
ist die Saar bereits ausgeschieden. Die Steinkohlenförderung
der uns verbliebenen Gebiete betrug 149 Mill. t.

Aber die Zahl, meine Herren, die uns am meisten angeht,
ist die Höhe der Steinkohlenförderung, die wir für das laufende
Jahr in Betracht ziehen können. Während im Jahre 1913
190 Mill. t gefördert wurden, dürfen wir im laufenden Jahre
nur auf 110 Mill. t hoffen — hoffen mit den Einschränkungen,
die uns die jetzigen Zeitläufte zu einer gebieterischen Pflicht
für unsere Erwartungen machen.

Einen guten Überblick darüber, wie die verschiedenen
Kohlengewinnungsstätten Deutschlands an der Beschaffung
dieses wichtigsten Wirtschaftsmittels, der Kohle, beteiligt
sind, ergibt die Verteilung der Stimmen im Reichskohlenverband, der, wie Sie den Zeitungen und den vielen darüber
erschienenen Berichten entnommen haben werden, eine
Zusammenfassung der Kohlenproduzenten darstellt und sich
in die verschiedenen Kohlensyndikate gliedert. Die Wirkung, die den einzelnen Syndikaten auf die deutsche Kohlenwirtschaft zugeschrieben wird, prägt sich in der Stimmen-
verteilung aus. Auf je eine Million t Steinkohlen wird eine
Stimme gerechnet, wobei die Braunkohle nach dem Verhältnis

1 : 2,5 umgerechnet wird. Die Zahlen sind aber nur vorläufige. Im ganzen beträgt die Stimmenzahl, welche nach den Höchstleistungen ermittelt ist, die in den rückliegenden Jahren in den verschiedenen Revieren erzielt wurden, im Reichskohlenverband 192. Man hat also 192 Mill. t Kohlen zusammengerechnet. Wenn man die rückliegenden Höchstleistungen für jedes einzelne Revier der Rechnung zugrundelegt. Davon entfallen auf:

| | | |
|---|---:|---|
| Oberschlesien | 34 | Stimmen |
| Niederschlesien | 6 | » |
| Barsinghausen | 1 | » |
| Rheinisch-westfälisches Kohlensyndikat | 88 | » |
| Aachen | 4 | » |
| Sachsen | 5 | » |
| Bayern, rechtsrheinisch | 1 | » |
| Östliche Braunkohlengegend | 10 | » |
| Mitteldeutsche Braunkohlengegend | 16 | » |
| Rheinische Braunkohlengegend | 8 | » |
| Preußischer Fiskus | 18 | » |
| Sächsischer Fiskus | 1 | » |

In den Ziffern der Syndikate, beispielsweise in der von 88 Stimmen, die dem rheinisch-westfälischen Kohlensyndikat zukommen, ist die Förderung der Fisci — der preußische besitzt große Schachtanlagen in Rheinland-Westfalen — nicht mit enthalten.

Dann kommt noch das Gaskokssyndikat hinzu, dem 9 Stimmen zustehen, entsprechend einer von Koks auf Kohle im Verhältnis von 1 : 2 umgerechneten Absatzziffer von etwa 9 Mill. t Steinkohlen. Die Endsumme der Stimmen im Reichskohlenverband stellt sich danach auf 201.

Meine Herren! Es ist für uns eine erfreuliche Tatsache, daß wir uns auf diese Weise mit ziemlichem Nachdruck werden zur Geltung bringen können, denn wir sind mit dieser Ziffer von 9 Mill. t an die Stelle des fünftgrößten Syndikats gerückt.

Diese Zusammenstellung der Zahlen gibt Ihnen ein deutliches Bild von der überragenden Bedeutung des rheinisch westfälischen Kohlenbergbaues, dem auf alle Fälle 88 Stimmen unter 201 zustehen. Sollte, was Gott verhüten möge, uns Oberschlesien verloren gehen, so fallen damit 34 Stimmen weg und bleiben 167 Stimmen übrig. Die 88 rheinisch-westfälischen Stimmen repräsentieren dann also mehr als die Hälfte des gesamten deutschen Kohlenbergbaues.

Wir werden diese Zahlen, die, wenn man vom Gaskokssyndikat absieht, ebensoviele Millionen Tonnen jährlicher Förderung bedeuten, aber in unseren Erwägungen für die Zukunft erheblich beschneiden müssen. Ich führte bereits aus, daß wir für das laufende Jahr nur mit einer Steinkohlenförderung von 110 Mill. t werden rechnen dürfen, wovon Oberschlesien und die Ruhr zusammen etwa 100 Mill. t liefern werden. Diese Mengen stehen leider, so knapp sie sind, künftig nicht ganz zu unserer Verfügung; denn nunmehr haben unsere Lieferungsverpflichtungen an die Entente eingesetzt. Der ursprüngliche Friedensvertrag sah eine Jahreslieferung an die Entente von 43 Mill. t vor, und zwar fast ausschließlich Steinkohlen und Koks, dazu eine geringe Menge Braunkohlen. Rechnen wir rd. 40 Mill. t Steinkohlen — es ist aber meines Wissens mehr — so würde die Ziffer von 110 Mill. t Förderung einen Abstrich auf 70 Mill. t erfahren.

Vergegenwärtigen wir uns demgegenüber den Verbrauch an Kohlen, wie er im Jahre 1913 mit 166 Mill. t bestand, so sieht man das Unhaltbare, das Unerträgliche und das Unerfüllbare der Förderungen der Entente ein. Es ist undenkbar, daß wir auch nur den allerdringendsten Anforderungen im Inlande würden genügen können, wenn unsere verfügbare Kohlenmenge von 166 Mill. auf 70 Mill. t zurückgeht. Diese Darlegung mußte sich naturgemäß in nachdrücklichster Weise an die Entente richten, und diese hat sich ihr nicht verschließen können. Sie hat ihre Forderung vorläufig zurückgeschraubt, allerdings noch nicht in verbindlicher Form, lediglich der Minister Loucheur hat in Aussicht gestellt, daß eine Verminderung auf jährlich 20 Mill. t werde Platz greifen können, also auf etwas weniger als die Hälfte der Forderung, wie sie der Friedensvertrag enthält.

Die 20 Mill. t, die wir also vorerst nach den Forderungen der Entente, wie sie jetzt sind, abzuliefern haben werden, bedeuten monatlich 1,66 Mill. t. Unter den 20 Mill. t ist wieder eine gewisse Menge Braunkohlen aus dem rheinischen Revier. Es sind dann Mengen dabei aus dem Aachener Revier, so daß schließlich als reine Lieferung der Ruhr 1,2 Mill. t monatlich übrig bleiben.

Meine Herren! Vergegenwärtigen Sie sich noch an einer anderen Zahl, was das bedeutet: das sind werktäglich 4800 Doppelwaggons! Nun bedenken Sie, daß die jetzige Abfuhr im Ruhrrevier sich auf werktäglich etwa 15 000 Doppelwaggons stellt. Davon sollten wir nun 4800 an die Entente liefern. Jeder von Ihnen weiß, wie groß die Kohlennot augenblicklich ist, merkt es am eigenen Leibe. Nun malen Sie sich aus, wie die Verhältnisse werden würden, wenn die jetzige Kohlenlieferung auf zwei Drittel zurückgeschraubt würde; denn die Gasanstalten sind doch überwiegend auf den Bahnweg angewiesen.

Der Schwierigkeit dieser Lage ist man bemüht, in etwa dadurch Rechnung zu tragen, daß der Schiffsweg über Rotterdam herangezogen wird; viele von Ihnen werden die Zeitungsnachricht gelesen haben, daß 500 000 t monatlich nach Rotterdam gehen sollen, um von da aus nach Frankreich weiter verschifft zu werden. Aber auch wenn wir diese Ziffer als Entlastung des Eisenbahntransportes betrachten, bleibon immer noch gegen 3000 Doppelwaggons täglich mit der Bahn abzuführen; also ein Rückgang der werktäglichen Abfuhr für das Inland von 15 000 Doppelwaggons auf 12 000 Doppelwaggons, eine tieftraurige Ziffer, die — wie wir aus der Erfahrung, aus den Zeiten der früheren Tiefpunkte wissen —, nicht entfernt genügt, um auch hur die allerdringendsten Bedürfnisse teilweise zu befriedigen.

Noch eine Zahl zum Vergleich. Im Frieden war die werktägliche Abfuhr an der Ruhr bis zu 35 000 Doppelwaggons. Heute ist sie 15 000 — mit dieser drohenden weiteren Einschränkung!

Nun, meine Herren, könnte man, wenn man nicht alles Vertrauen zu der Zukunft verloren hat, meinen, die Verhältnisse würden sich bessern, die Förderung werde allmählich steigen. Gewiß, es ist insbesondere in der Kurve der Leistung der Belegschaft pro Kopf und Schicht schon eine steigende Tendenz wahrzunehmen. Aber es wird uns das doch nur mit großen Einschränkungen nützen. Denn die Entente hat eine Skala aufgemacht, die auf einer monatlichen Förderung von 9 Mill. t Steinkohlen in Deutschland basiert; das sind wieder die 110 Mill. t jährlich, die ich als wahrscheinliche Förderung für den Lauf dieses Jahres Ihnen anführte. Steigt die Förderung über 9 Mill. t monatlich, dann will die Entente drei Fünftel des Überschusses haben, bis zu einer Fördermenge von 10,66 Mill. t monatlich, was einer Jahressteigerung von 110 Mill. t auf 130 Mill. t entspricht. Steigt also die Förderung gegenüber der jetzigen Leistung um 20 Mill. t, so müssen wir weiter drei Fünftel dieser Mehrmenge zusätzlich der Entente abliefern. Steigt die Förderung noch weiter, so soll von dem ferneren Überschuß 50% an die Entente gehen. Man kann also nur wieder sagen: Was die Steinkohlenlage anlangt, kann man eine namhafte Besserung auch bei einem gesunden Optimismus nicht erwarten.

Meine Herren! Wir werden in der Zukunft auch, was die Einfuhr vom Auslande anlangt, eine Erleichterung der Verhältnisse nicht zu gewärtigen haben. Wir müssen uns darüber klar sein, daß wir in Deutschland immerhin noch verhältnismäßig sehr billige Kohlenpreise haben. Denn die englische Kohle kostet, wenn die mir gewordene Nachricht zutrifft, jetzt für die Neutralen ungefähr 60 Schilling fob, also im englischen Hafen; das würde, in unser Geld umgerechnet, etwa M. 300 die Tonne sein — während sich französische Kohle in Paris auf 70 Franken stellt, was nicht allzuviel weniger ist.. Also bei den ungeheuren Preisen, die wir in Deutschland für die Kohle zu zahlen haben, sind diese Preise in Wirklichkeit, bezogen auf den Weltmarkt, immer noch als sehr billig anzusprechen.

Wir sind mithin auf uns angewiesen; vom Auslande aus können wir auf eine wirkliche Erleichterung — abgesehen von kleinen Lieferungen, die hier und da ankommen und zu ungeheuren Preisen bezahlt werden — nicht rechnen, bis

unser ganzes Wirtschaftsleben wieder mehr gesundet ist,
bis die Valuta sich herstellt, kurz, bis zu einem Zeitpunkte,
den wir vorläufig auch mit den schärfsten Augen nicht zu
erblicken vermögen.

Meine Herren! Es besteht über diese Verhältnisse in
der Öffentlichkeit eine außerordentliche Unklarheit. So
heißt es in den Zeitungen: Die Lieferungen an die Entente
sind aufgenommen. Über Rotterdam gehen 500 000 t. Die
Franzosen haben deswegen diese Kohle auf Grund der darüber
bestehenden Bestimmungen nicht zu dem Inlandpreise an uns zu
bezahlen — der, wie ich Ihnen schon darlegte, bezogen auf den
Weltmarktpreis, billig ist! —, sondern sie müssen, weil die
Kohlen über See gehen, die Kohlen zum höheren Auslandspreise
bezahlen, zu dem Preise, zu dem wir Kohlen in das Ausland
liefern. Also müsse hier eine günstige Einwirkung auf die
Valuta eintreten, denn wir würden mehr Geld dafür erhalten.
Meine Herren! Diese Rechnung ist grundfalsch! Wir bekommen für die Kohlen nicht einen Pfennig, wir liefern die Kohlen
umsonst; denn der ganze Wert der Kohlen wird lediglich auf
die von uns zu zahlende Kriegsentschädigung angerechnet.
Bargeld gibt es dafür gar keins. Das wird nicht erkannt, und
insofern sind diese Zeitungsnachrichten, die leider über die be-
klagenswerte Seite der Sache hinwegtäuschen, tief bedauer-
lich, und die falschen Schlüsse, die daraus gezogen werden,
bringen denen, die damit zu tun haben, manche Erschwernisse.

Man könnte sagen: Es ist wenigstens erfreulich, daß
diese über Rotterdam gehende Kohle zum Auslandspreise
angerechnet wird, nicht zum Inlandspreise. Aber das ist
ganz gleichgültig. Denn Sie müssen sich vergegenwärtigen —
wir haben leider immer einen Optimismus bei uns, der uns über
die Schwere der Friedensbedingungen hinwegtäuschen will! —,
daß die Forderung der Entente an Geld für die Wiedergut-
machung nicht nach oben limitiert ist und man von Abtra-
gungen auf eine Forderung, die unlimitiert ist, nicht wohl
reden kann!

Die Kohle, die wir über Rotterdam verschicken und sonst
an die Entente liefern, ist einfach verloren, ist aus der deutschen Wirtschaft heraus und belastet nur die Innenbilanz

9*

unseres Reiches, die schwierige Geldgebarung, unter der wir
seufzen. Wir müssen aus unseren Mitteln die Bergarbeiter
bezahlen, und diese Mittel müssen von uns auf dem Wege
der Steuern aufgebracht werden!

Meine Herren! Der Irrtum geht so weit, daß man in
manchen Kreisen der Meinung ist, die Saarkohle würde uns
bezahlt. Das ist noch falscher. Die Saarbergwerke gehören
uns überhaupt nicht mehr. Wir erhalten für die Saarkohlen
womöglich noch weniger als für die ·Ruhrkohlen, die hinaus-
gehen. Die Werte, die in der Saarkohle stecken, werden uns
nicht gutgebracht auf die, wie ich schon sagte, ganz hypo-
thetische Höhe der Kriegsentschädigung.

Meine Herren! Nachdem ich Ihnen in großen Zügen die
allgemeine Lage der Kohlenwirtschaft dargelegt habe, darf
ich Ihnen noch wenige Zahlen geben, rückschauende Zahlen
für die Belieferung der deutschen Gasanstalten.

Die deutschen Gasanstalten bekamen im Jahre 1914
— mir liegt hier nur die Zahl für das Kalenderjahr vor —
8,425 Mill. t. 1916/17 waren es 9,02 Mill. t. Die zwischen-
liegenden Zahlen habe ich nicht. Für das Jahr 1917/18 waren
10,1 Mill. t angefordert. Es war das die höchste Bedarfsmel-
dung, die jemals für die Gesamtheit der deutschen Gasanstalten zu verzeichnen gewesen ist. Geliefert worden sind
den deutschen Gasanstalten im Jahre 1917/18 aber nur etwa
8,5 Mill. t, im Jahre 1918/19 etwa 7,9 Mill. t. Die Frage ist,
was jetzt weiter geliefert werden wird.

Dieser Frage konnte man bei der Unbestimmtheit aller
Verhältnisse, solange die Friedensverhandlungen schwebten,
seitens des Reichskohlenkommissars überhaupt nicht ·näher-
treten, weil man nicht wußte, wie sich die Forderungen der
Entente aus dem Friedensvertrage für die nächste Zeit stellen
würden. Nun ist das einigermaßen klar; unklar ist nur, ob
diese Forderungen erfüllt werden können. Inzwischen hat
aber der Reichskommissar bereits vorbereitende Schritte
aufgenommen, um sich über den Bedarf der Gasanstalten zu
vergewissern, in der Absicht, dafür zu sorgen, daß die knappe
Kohlenmenge, die im allgemeinen für die deutsche Wirtschaft und leider auch für die Gasanstalten nur zur Verfügung

steht, möglichst gerecht verteilt wird. Ich nehme an, Ihnen allen sind die Schritte bekannt, zu denen der Reichskommissar für die Kohlenverteilung die Kohlenwirtschaftsstellen aufgefordert hat. In manchen Bezirken sind diese Schritte bereits weit gediehen. Jedenfalls ist das in Baden der Fall, wo, wie es scheint, der vom Reichskommissar den Kohlenstellen an die Hand gegebene engere Ausschuß der Vertrauensmänner gute Arbeit geleistet hat.

Meine Herren! Das Prinzip bei diesen vorschauenden Arbeiten ist gewesen, möglichst zu vermeiden, daß von Berlin aus dekretiert wird. Es war eine Anregung aus dem Reiche gekommen, man möge die Erhebungen über den Bedarf der einzelnen Gasanstalten, bezogen auf den Bevölkerungszuwachs, auf die Möglichkeit der Verwendung von Wassergas, der Verwendung von Braunkohlen und von Holz und wie die Verhältnisse mehr sind, man möge diese Erhebungen in Berlin verarbeiten und dann von da aus mit der großen Weisheit, die bekanntlich am grünen Tisch ihr Domizil hat, für das ganze Reich und für jede einzelne Gasanstalt das Ergebnis zur Anwendung bringen. Meine Herren! Das muß man durchaus vermeiden. Ich glaube, es ist der richtige Weg, daß, wie so vieles vom Reichskommissar für die Kohlenverteilung in die Hand der Vertrauensmänner gelegt worden ist, auch diese Aufgabe dezentralisiert wird und in die Hand der Kohlenwirtschaftsstellen gelegt ist, die sich dabei der Beratung eines Ausschusses der Vertrauensmänner ihres Bezirkes erfreuen können, eines Ausschusses der Vertrauensmänner, dessen einzelne Mitglieder naturgemäß den örtlichen Verhältnissen der Werke nahestehen und sich, wo Unklarheiten herrschen, durch Rückfrage weiter orientieren können. Hoffen wir, daß es auf diese Weise gelingt, den, wie man unumwunden zugeben muß, großen Unstimmigkeiten in der bisherigen Verteilung der Kohlen auf die Gasanstalten in etwa die Spitze zu bieten.

Meine Herren! Seien Sie nicht zu ungehalten über die Unstimmigkeiten, die bisher vorgekommen sind. Ich möchte mich auf die Erklärung beschränken, daß die Wertschätzung der Gasanstalten, wie sie an den zuständigen Stellen

beim Reichskommissar für die Kohlenverteilung und wie sie
vor allen Dingen bei ihm selbst persönlich besteht, daß die gute
Absicht, den Gasanstalten soviel zu liefern, wie irgend möglich,
denkbarst großzügig ist und geradezu nicht übertroffen werden kann. Für das Zutreffen dieser Erklärung möchte ich
mich persönlich verbürgen.

Ich hoffe, daß die vorbereitenden Ermittlungen schon
demnächst zu einem gewissen Abschluß gediehen sein werden,
daß man vor allem wird überschauen können, wie groß die
Kohlenmenge ist, die man den Gasanstalten in Aussicht stellen
kann. Und ich hoffe, daß man dann, sobald die Mitteilungen
der Kohlenwirtschaftsstellen vorliegen, die Verteilung an sie
für das ganze Reich vornehmen kann und diese Kohlen-
wirtschaftstellen dazu kommen, nach dem Schlüssel, den
sie gemeinsam mit dem Ausschuß der Vertrauensmänner
ausgearbeitet haben, die Kohlen weiter zu geben.

Aber, meine Herren, diese Weisheit ist eine traurige
Weisheit. Die Verteilung beschränkter Kohlenmengen kann
unser Wirtschaftsleben nicht gesund machen. Es ist nicht
richtig und niemand in Berlin glaubt daran, daß man dadurch
eine besonders verdienstliche Tätigkeit entfaltet, daß auf diese
Weise dem deutschen Wirtschaftsleben wirklich ein großer
Vorschub geschieht. Alle Regierungsstellen, an der Spitze
das Reichswirtschaftsministerium, sind sich darüber klar,
daß diese ganze Art des Arbeitens nichts weiter ist als ein
notwendiges Übel schlimmster Form; daß jedoch, wie die
Verhältnisse liegen, vorerst nichts weiter zu tun ist. Aber jedermann weiß auch, daß es Pflicht ist, unausgesetzt daran zu
denken und die Wege zu suchen, die dazu führen können,
die Verhältnisse zu bessern.

Die Sachlage ist ungemein schwierig. Ich führte bereits
aus, daß an den leitenden Stellen eine Wertschätzung unserer
Betriebe in denkbar weitestem Maße besteht. Man ist sich
völlig darüber klar, daß beispielsweise die Verwendung des
Gases zum Kochen von nicht übertroffener Ökonomie ist,
daß demgegenüber die Verwendung des festen Brennstoffs
zur Speisenbereitung unwirtschaftlich ist. Diese Überzeugung
und ähnliche sind — wie ich mich nicht allein in Besprechungen

beim Herrn Reichskommissar für die Kohlenverteilung zu
überzeugen Gelegenheit hatte, nein, wie ich auch aus Verhandlungen im Reichswirtschaftsministerium weiß — allen diesen
Behörden bis zu den Ministern hinauf in Fleisch und Blut
übergegangen. Nun sagen die Gasfachleute: »So, die Überzeugung ist da: wir sind der ökonomischste Betrieb, bei uns
ist der teure Brennstoff in der wirtschaftlichsten Weise aus-
genützt; deshalb müssen wir so viel Kohle bekommen wie
wir brauchen, so viel Kohle, wie wir wünschen.« Meine Herren!
Das ist unmöglich! Es geht heute, leider, nicht nach der
Ökonomie des Betriebes, sondern wir leben in schlimmster
Form von der Hand in den Mund. Die Reihe unabweislicher
Bedürfnisse, die durchaus befriedigt werden müssen, ist so
groß, daß selbst die Forderung, mit den knappen Mengen
wirtschaftlichst zu arbeiten, unter dem Zwang der Dinge
zurücktreten muß. Die Gasanstalten stehen, wie Sie aus
zahlreichen Veröffentlichungen wissen, insbesondere aus den
Ausführungen, die Herr Generaldirektor Köngeter, Beamter
des Reichskommissars für die Kohlenverteilung, mehrfach,
auch im Gasjournal, schon gemacht hat, überall gleich hinter
der ersten Stelle. An dieser steht der Bedarf der Eisenbahn.
Jeder von uns wird einsehen, daß die Eisenbahn selbstredend
ihren Bedarf an Kohlen bekommen muß, den sie nötig hat,
um wenigstens den beschränkten Betrieb, wie er sich jetzt
vollzieht, durchzuführen. Dann kommen aber ausdrücklich
die Gasanstalten, erst dahinter in der wörtlichen Anführung
der Reihenfolge, wie sie meistens gegeben wird: Elektrizitätswerke, Wasserwerke, und schließlich die übrigen Verbraucher.

Aber auch unter diesen anderen Kohlenverbrauchern
sind eine große Reihe, die man unmöglich abweisen kann.
Ich brauche nur den Bedarf der Lebensmittelindustrie zu
nennen. Jeder von Ihnen wird mir ohne weiteres zustimmen
müssen, wenn ich sage, daß die Druschkohle der Landwirtschaft unbedingt zugeführt werden muß. Aber nehmen wir
beispielsweise ein anderes Gebiet, das uns näher liegt, die Kalkindustrie: sie muß unbedingt beliefert werden! Noch in den
jüngsten Tagen mußte ich mich dafür einsetzen, wie das schon
seit längerer Zeit geschieht: meine Herren! Es hat Schwierig-

keiten, jetzt auch nur die geringen Kalkmengen den Gasanstalten zur Verfügung zu stellen, die sie zur Abtreibung des
Ammoniaks nötig haben. Die Kalkindustrie liegt tief dar-
nieder, und das bedingt, daß auch die Kalkstickstoffwerke tief
darniederliegen. Jeder wird zugeben müssen, daß der Stickstoff hergestellt werden muß, denn wir brauchen ihn, damit
die Ackerwirtschaft aufrecht erhalten werden und uns soviel
liefern kann, wie nur irgend möglich. Was soll werden, wenn
wir nicht aus unserem Boden alles herausholen, was er hergeben kann? Wofür sollen wir Lebensmittel aus dem Auslande kaufen? Unser Goldschatz hat sich auf die Hälfte vermindert; wenn die zweite Hälfte auch weg ist, müßten wir
sonst verhungern!

Und so geht es weiter. Ich will ganz schweigen von dem
allgemeinen Bedarf der Industrie, der erforderlich ist, damit
die Arbeiter nicht brotlos werden. Genug, überall herrscht
der unerbittliche Zwang in der deutschen Kohlenwirtschaft,
der zu den größten Mißständen, ja zu einer ganz verkehrten
Verwendung der Kohle führt, wenn wir die Verwendung
der Kohle unter dem Gesichtspunkte der Wirtschaftlichkeit
betrachten. So geschieht diese unrationellste Verwendung
des Brennstoffes in den Lokomotiven dadurch, daß die Eisenbahn genötigt wird, ein Drittel des Brennstoffes in der Form
von Koks zu beziehen. Das ist so unrationell wie nur denkbar,
denn Koks ist ein für diesen Zweck sehr ungeeignetes Feuerungsmaterial; aber die Feinkohle, aus der dieser Koks hergestellt
wird, können die Lokomotiven gar nicht gebrauchen.

Kurze, plötzliche Maßnahmen, wie die Wegnahme der
Kohlen von gewissen Verbrauchern und die Zuteilung an andere, so an die Gasanstalten, sind nicht möglich. Die ganze
Kohlenwirtschaft muß gesunden. Es muß das Prinzip aufgestellt und allmählich zur Durchführung gebracht werden,
daß die knappen Kohlenmengen, die wir noch haben, wirklich so wirtschaftlich wie möglich verwendet werden. Es
muß darauf hingewirkt werden, daß die Verwendung von
Koks zur Lokomotivfeuerung aufhört. Die Rückwirkung
ist klar: dann wird der Koks für andere Zwecke verfügbar,
eine Einschränkung der Kokereien wird möglich und wird

eintreten. Aber bis dahin ist der Weg noch weit. Die Klagen der Eisenbahn über die Beschaffenheit der zwei Drittel ihres Bedarfs, die sie in Gestalt von Kohle geliefert erhält, hören nicht auf! Jedermann weiß, daß die Eisenbahn die größten Betriebsschwierigkeiten damit hat. Die zwei Drittel Kohlen, die für die Beheizung der Lokomotiven geliefert werden, sind schon sehr schlecht, das letzte Drittel auch noch zu liefern, ist bisher unmöglich. Erwägungen gehen insbesondere dahin, die Brikettierung zu steigern. Selbstredend würde das schon einen Fortschritt bedeuten, denn die Briketts sind ein vorzügliches Feuerungsmaterial für Lokomotiven. Aber leider wird die Brikettierung aus vielen Gründen — ich erinnere an die beschränkte Anzahl der Brikettfabriken — doch nur in mäßigem Umfange, wenn überhaupt, eine Steigerung erfahren können.

Meine Herren! Zusammengefaßt: Der Weg zur Gesundung der deutschen Steinkohlenwirtschaft verläuft in der Ferne; wir können ihn noch nicht überschauen. Aber ich will doch nicht schließen, ohne Ihnen einen Ausblick nach der Richtung der Beantwortung der Frage zu eröffnen: Woher kann Hilfe für uns kommen?

Meine Herren! Die Hilfe für die deutsche Kohlenwirtschaft liegt nach dem Urteil beteiligter Kreise auf dem Gebiete der Braunkohle. Es wird alles eingesetzt, um die Förderung zu steigern. Große Lager sind noch erschließbar, bei denen dies verhältnismäßig leicht ist. Das Niederbringen eines Schachtes im Steinkohlenbergbau erfordert bekanntermaßen Jahre. Die Braunkohlenlager sind aber großenteils obertägig, sie sind greifbar. Man erwartet, daß die Braunkohlenförderung eine aufsteigende Richtung annimmt, so daß die Braunkohlenleute hoffen, immer mehr eine Hauptstütze des deutschen Wirtschaftslebens, wenigstens, was die Brennstoffversorgung anlangt, zu werden. Möge es ihnen gelingen!

Leider muß ich wieder eine Einschränkung machen. Die Kohlen darf ich mit dem Blut im Körper des deutschen Wirtschaftslebens vergleichen. Das Blut pulsiert in den Adern.

Aber, meine Herren, die Adern des deutschen Wirtschaftslebens sind verkalkt: ich meine damit die Eisenbahnen. Die
Gefahr eines schweren Schlages, dem das deutsche Wirtschaftsleben erliegen kann, ist immer noch nahe. Was nützt es, daß
die Förderung im Ruhrrevier, daß die Förderung in Oberschlesien steigt, was wird es nützen, daß die Braunkohlenförderung auf einen höheren Stand gebracht wird, wenn die Eisenbahn die Kohlenmengen nicht abzufahren vermag? So ist
es in diesem Augenblick wieder: An der Ruhr werden die
Kohlen auf die Halde gestürzt, in Oberschlesien kommen
noch mehr Kohlen auf die Halde, in den Braunkohlenbezirken
genügt die gestellte Wagenziffer bei weitem nicht den Anforderungen. Meine Herren! Hier müssen wir unsere Stimme
vereinigen mit der Stimme aller derer, die in die Verhältnisse
hineinschauen. Hier muß Wandel geschaffen werden! Das
Eisenbahnwesen muß jetzt endlich der Besserung der gesamten
Verhältnisse, die Gott sei Dank doch in ihren leichten Anfängen
erkennbar ist, folgen. Fast möchte ich sagen: Das Eisenbahnwesen ist das einzige große Wirtschaftsgebiet, auf dem es daran noch völlig fehlt.

Sie alle kennen aus den Zeitungen die Erklärungen der
Eisenbahnverbände, insbesondere der Werkstattarbeiter, wo
jede Arbeitsweise, die so ähnlich wie ein Akkord- und Prämiensystem aussieht, abgelehnt wird. Mit anderen Worten: Es
wird nicht richtig in den Eisenbahnwerkstätten gearbeitet.
Und da liegt der Hund begraben! Solange das nicht geschieht,
fehlt es an Lokomotiven, sitzen wir fest, sind wir verkalkt
in den Lebensadern unseres wirtschaftlichen Daseins. Hier
muß der Hebel ansetzen, hier muß es anders werden. Erst
dann können wir die Hoffnung haben, weiterzukommen.
Das allerdringendste ist jetzt: Tatkraft in der Eisenbahn-
verwaltung!

Nun darf ich das Wort meinem sehr verehrten Herrn
Korreferenten überlassen. Hoffentlich kann das, was er Ihnen
zu sagen hat, die bedrohliche Lage, über deren Umfang Sie
wohl alle jetzt klar geworden sind, etwas erleichtern (lebhafter Beifall).

Vorsitzender Direktor Götze: Meine sehr geehrten Herren!
Wir sprechen diesen Dank, den Sie durch Ihren Beifall zum
Ausdruck brachten, leider nicht für das aus, was der Herr
Kollege Lempelius gesagt hat, aber für die große Mühe und
für die Gewissenhaftigkeit, mit der er uns unterrichtet hat
(Beifall).

Auf diesem Vortrage baut sich der Vortrag des Herrn
Dr. Bunte auf. Meinen die Herren, daß wir über die Mitteilungen, die uns Herr Direktor Lempelius gemacht hat,
erst eine kurze Aussprache halten (Widerspruch), oder wünschen Sie, die Aussprache zusammen über beide Vorträge vorzunehmen? (Zustimmung.) Ich fasse Ihre Meinung dahin
auf, daß wir jetzt erst den nächsten Vortrag hören, und ich
erteile Herrn Dr. Bunte das Wort.

# Die Kohlenlage Deutschlands und Richtlinien für Gasbeschaffenheit.

Von Privatdozent Dr. Karl Bunte, Karlsruhe.

Meine Herren! Vor etwa einem halben Jahr, als man unter dem ersten Eindruck der wirtschaftlichen Notlage Deutschlands stand und als man im Zeichen der Revolution alle Fragen durch staatliche, sog. gemeinnützige Maßnahmen und Verbote zu lösen glaubte, wurde in technischen und Laienkreisen gefordert: Alle Kohle muß vor der Verbrennung entgast und auf Nebenprodukte verarbeitet werden, die Verbrennung roher Kohle muß als Barbarei verboten werden. Diese Forderung hat eine Voraussetzung, nämlich daß jede Kohle sich zur Entgasung eignet, und sie müßte eine Folge haben, nämlich, daß es — für die Gaswerke zum mindesten — keine Kohlennot gäbe.

Was wir heute bei der Kohlennot der Gaswerke erleben, könnte den Anschein erwecken, als ob man zwar die falsche Voraussetzung übernommen habe, daß man jede Kohle zur Entgasung brauchen könne. Den weitaus richtigeren Grundgedanken der Forderung aber, daß man im Interesse rationeller Brennstoffverwertung möglichst viel Brennstoffe durch die Gasanstalten leiten und als Gas und Koks dem Brennstoffmarkt veredelt wieder zuführen müsse, scheint man völlig übersehen zu haben.

Die Gaswerke leiden in steigendem Maß unter schlechter Beschaffenheit und durchaus unzureichender Menge ihrer Rohstoffe.

Sicher müssen die Fördermengen gesteigert, die Zufuhrverhältnisse verbessert, die Verteilung ausgeglichen werden. Lassen Sie uns aber, um gerecht zu sein und vor allem keinen

Täuschungen zu unterliegen, prüfen, ob es zurzeit und in näherer und fernerer Zukunft n u r an Arbeitswillen und Ordnung fehlt.

Vor dem Krieg haben wir rd. 23% der Gaskohlen aus England bezogen, ca. 2,5 Mill. t[1]) gegen 8,5 Mill. t deutsche Kohlen. Da sie mit Kriegsausbruch wegfielen und auch jetzt und in nächster Zukunft fehlen, mußten aus eigenen Gruben die Werke im Norden Deutschlands und an den Wasserstraßen mitbeliefert werden. Eine Streckung durch Verringerung der Durchschnittsqualität war schon damals die Folge. Die Saar hat fast ganz Süddeutschland mit Gaskohlen versorgt. Auch diese Gaskohlen sind mit dem Friedensschluß weggefallen und bleiben uns als eigene Kohlen zunächst auf 30 Jahre entzogen. Auch Süddeutschland hängt dadurch mit an den verbliebenen deutschen Kohlengebieten, und die Verminderung der Qualität und Menge verstärkt sich. Oberschlesien ist im Jahre 1915 für etwa die Hälfte der englischen Kohlen im ganzen Osten und Nordosten eingesprungen. Mit dem Eintritt des Friedenszustandes und der Volksabstimmung wird auch dieses Gebiet in großen Teilen als eigenes Kohlengebiet umstritten. Das größte Kohlengebiet, das Ruhrgebiet, muß mit Niederschlesien und Sachsen in fernerer Zukunft unseren Gaskohlenbedarf decken, falls wir nicht auf Auslandskohle in weitestem Maß angewiesen sein sollen.

Von der Gesamtförderung des Deutschen Reichs an Steinkohlen stammten 1913 in runden Zahlen aus dem

| | |
|---|---|
| Ruhrbezirk . . . . . . . | 60% |
| Saarbezirk . . . . . . . | 10% |
| Oberschlesien . . . . . . | 24% |
| Niederschlesien und übrige Reviere . . . . . . . | 6% |
| Insgesamt | 100%. |

Die verschiedene Bedeutung der Bergbaureviere für die Gaskohlenlieferung geht daraus hervor, daß vor dem Kriege von 100 t Kohlen, die in den einzelnen Revieren gefördert wurden, folgende Anteile von Gaswerken verbraucht wurden:

---

[1]) Friedländer, Kohlenmarkt 1915. S. 47.

Von Ruhrkohlen . . . . . . . . . . 3,3 bis 3,5%
 » Saarkohlen . . . . . . . . . . 11,0 » 12,0%
 » Oberschlesischen Kohlen . . . . . 9,0 » 10,0%
aus den anderen Revieren im Durchschnitt etwa . . . . . . . . . . 5,0%.

Das Saargebiet und Oberschlesien lieferten also weit mehr
zur Gaserzeugung brauchbare Kohlen als das Ruhrgebiet und
die übrigen kleineren Kohlengebiete. Das gleiche Verhältnis
liegt bei den Kohlen für die Kokereien vor. Die verlorenen
oder umstrittenen Gebiete sind also gerade die gaskohlen-
reichsten, die zudem die weitaus reinsten Kohlen lieferten.

Die Kohlen, die vor dem Krieg in deutschen Gaswerken
entgast wurden, verteilten sich in runden Zahlen folgendermaßen:

|  | ohne englische | mit englischer |
|---|---|---|
| Oberschlesien . . . . . . . . . | 41,5 | 32 |
| Ruhr . . . . . . . . . . . | 35,0 | 27 |
| Saar . . . . . . . . . . . | 20,0 | 15 |
| Niederschlesien, Sachsen etc . . . | 3,5 | 3 |
| England . . . . . . . . . . | — | 23 |
|  | 100,0 | 100 |

Allein durch den Ausfall des Saargebietes wird die Gesamt-
kohlenförderung mit 10% getroffen, die Gaskohlen mit etwa
20% also doppelt so stark.

Nehmen wir also auch an, daß die deutsche Kohlenförderung und -beförderung in absehbarer Zeit in den uns ver-
bleibenden Kohlengebieten so gesteigert wird, daß die Gesamt-
menge der in Deutschland erforderlichen Brennstoffe einschließlich der Lieferungen an die Entente wieder erreicht wird, so
ist vorauszusehen, daß uns immer noch ein großer Mangel an
eigenen Gaskohlen bedrücken und vom Ausland abhängig
machen wird. Eine Erhöhung der Förderung des Ruhr-
gebietes auf das 1½ fache würde noch nicht einmal den Ausfall an Gaskohlen des Saargebietes decken, denn die neu zu

erschließenden Grubenfelder werden vorwiegend zur Gaserzeugung weniger geeignete Kohlen liefern.

Soweit also die Gaskohlen deutscher Herkunft in Frage
kommen, müssen wir mit einer dauernden Beschränkung
unserer Gaskohlen rechnen, mit einer Minderung nach Quantität und einer dauernden Minderung der Qualität.

Wo bietet sich Ersatz. Zunächst würde der Gedanke
naheliegen, daß die Kokereien nur diejenige Kohle entgasen
sollten, die für die Herstellung von Schmelzkoks dient, und
daß sie im volkswirtschaftlichen Interesse den Gaswerken
all diejenige Kohle zu entgasen überlassen müßten, bei der
es sich nicht um die Erzeugung von Schmelzkoks oder um die
Gasversorgung umliegender Städte handelt. Die deutsche
Brennstoffwirtschaft ist ja sozialisiert. Volkswirtschaftlich
wäre es zweifellos richtig, da man Gas nicht auf beliebige
Strecken transportieren kann, die Kohle statt des Kokses
zu transportieren und damit Gas und Koks gleichzeitig zu
verteilen. Ob diese Forderung, daß die Zechen nur für Hütten-
betriebe Koks erzeugen dürfen, Aussicht auf Erfüllung hat,
das mögen Sie angesichts der Zusammensetzung des Reichskohlenrats und des Ausfalls der Ausführungsbestimmungen
zum Reichskohlengesetz selbst ermessen. Der Reichskohlenrat wird damit die erste starke Probe dafür zu leisten haben,
ob die Kohle sozialisiert oder monopolisiert ist.

Ein zweiter Weg, die dauernde, nicht die vorübergehende Gaskohlennot zu beheben, wäre die erweiterte Heranziehung englischer Gaskohlen. Nehmen wir auch hier an, daß
die Schwierigkeiten, mit denen England zurzeit in seiner
eigenen Brennstoffversorgung zu kämpfen hat, in absehbarer
Zeit behoben sind und daß englische Kohlen wieder angeboten
werden. Es ist dann zu erwarten, daß die an den Seever-
kehrswegen gelegenen Werke wieder zu englischen Gaskohlen
übergehen. Auch die oberschlesischen Gruben werden weiter
Gaskohlen an Deutschland liefern. Wir müssen uns jedoch
klar darüber sein, daß wir in beiden Fällen nicht aus eigenem
Volksvermögen wirtschaften und der englischen Kohlen-
einfuhr auf lange Zeit keine eigene Ausfuhr werden gegenüber-

stellen können, daß also die Gasindustrie insoweit sie nicht mit eigenen Kohlen auskommt, am Volksvermögen zehrt. Werden wir uns damit trösten dürfen, daß Kohlen ein Rohmaterial sind, das wir in jeder Form der Ausfuhrerzeugnisse veredelt dem Weltmarkt wieder übergeben?

Wie sich auch die Dinge entwickeln, wir werden wohl damit zu rechnen haben, daß uns Gaskohlen auf lange Zeit nicht in früherem reichen Maße und in der früheren Beschaffenheit zur Verfügung stehen, daß vielmehr auch die Gaswerke ihren Teil an der Brennstoffwirtschaft im nationalen Interesse tragen und sich mit geringeren Mengen und vor allem geringeren Qualitäten, wenn auch besseren als zurzeit, abfinden müssen.

Mit der derzeit bestehenden Kohlenknappheit haben sich die Werke in verschiedener Weise abfinden müssen. Zu drückenden gewaltsamen Verbrauchseinschränkungen kamen Heizwertminderung durch die verschiedensten Mittel, die abgesehen von ihrer teilweisen großen Unwirtschaftlichkeit zu ganz verschiedener Gasbeschaffenheit geführt haben. Starke und endgültige Verluste vor allem auf dem Gebiete der Beleuchtung sind die Folgen.

Wir befinden uns zurzeit in der Lage, daß von einer Gasbeschaffenheit, die als normal anzusehen wäre, nicht mehr gesprochen werden kann. Der durchschnittliche obere Heizwert liegt bei allen Werken nicht mehr bei 5200 bis 5000 WE, sondern wesentlich tiefer, und man kann ihn im rohen Mittel zurzeit bei 4300 vermuten. Viele Werke mußten auch unter diesen Wert noch wesentlich heruntergehen.

Selbst wenn wir nicht daran denken könnten, darin in der allernächsten Zeit Wandel zu schaffen, so erscheint es doch nötig, die Gasindustrie so bald als möglich wieder in geordnete Bahnen zu lenken, wenn sie nicht große und nicht wieder gutzumachende Schädigungen erleiden soll.

Dazu sollte sobald als möglich die Linie vorgezeichnet werden, auf der wir uns wieder sammeln wollen und sammeln können. Nur dadurch wird man sich klar werden können, ob alle Behelfsmittel nur als Notmaßnahmen aufzufassen, einzurichten und zu bewerten sind und welche Maßnahmen in der Richtung der zukünftigen Entwicklung liegen.

Wir stehen nicht in Deutschland allein vor solchen Erwägungen. Auch in England werden sie in ähnlicher Richtung angestellt, und auch für die Schweiz ist mir dasselbe bekannt.

Wenn die Gaswerke auf die alte Heizwertnorm 5200 bzw. 5000 WE pro cbm zurückkehren wollen, so treten die Betriebs- und Verbrauchsverhältnisse vor dem Kriege wieder in ihr Recht, aber auch die Voraussetzung, daß die Kohlennot behoben ist. Diese Verhältnisse sind allgemein so genügend bekannt, daß sie keiner weiteren Darlegungen meinerseits bedürfen. Alle Maßnahmen, die sich durch Abweichen von dieser Norm ergeben haben oder noch ergeben werden, würden in diesem Falle als Behelfsmittel zu betrachten sein, die in kürzerer oder längerer Frist wieder rückgängig zu machen sind. Die Gaspreise allerdings werden bei der Rückkehr zu dem heizkräftigeren Gas nochmals ansteigen müssen. Wann diese Zeit eintritt, hängt davon ab, daß wir erst wieder in beliebigem Ausmaß mit g u t e n Gaskohlen versorgt sein müssen. Diese Zeit ist völlig ungewiß, keinesfalls aber kurz, und die Zwischenzeit wird uns noch weitere erheblich größere Verluste bringen. Die Mehrzahl der Industriezweige Deutschlands leidet in gleicher Weise unter Kohlenmangel, Arbeiterschwierigkeiten und Preissteigerungen. Was für ein Werk gilt, gilt meist auch für seine Konkurrenz. Für die Gasindustrie aber und für alle Betriebe, die mit vieler Liebe und Arbeit der Gasverwendung gewonnen wurden und weiter gewonnen werden müssen, liegt die Sache anders. Dem Gas steht die Elektrizität gegenüber, die unter der Kohlennot in wesentlich geringerem Maße leidet. Sollen also die Gasindustrie und die von ihr abhängigen Industriezweige nicht endgültig gegenüber der Elektrizität und den elektrisch versorgten Betrieben benachteiligt bleiben, so muß es sich darum handeln, bald möglichst wieder leistungsfähig zu werden und nicht abzuwarten, bis uns die Zeit wieder die volle Menge guter Gaskohlen wie früher bringt, und inzwischen alles über sich ergehen zu lassen.

Die starke Beschränkung der verfügbaren Gasmenge zwingt die Gaswerke, vielerorts
freiwillig die Lichtverbraucher der Elektrizität zuzuschieben,
weil die Gaswerke ihrer Aufgabe, die Bevölkerung in aus-
reichendem Maße mit gasförmigen Brennstoffen zu versorgen,
nicht genügen können.

Die Ungleichmäßigkeit des Gases und
die Notwendigkeit, mit der Rückkehr auf
die früheren Zustände rechnen zu müssen,
verhindern oder erschweren die Anpassung der Verbrauchsapparate, solange der jetzige Zustand als Behelf angesehen wird.

Sobald wir erkennen, daß sich die Kohlenlage nicht in
kurzer Frist grundlegend ändern kann, ist daher die Über-
legung nicht von der Hand zu weisen, ob es nicht für die Gasindustrie richtiger ist, die Folgerungen aus der Lage zu ziehen
und zu einer neuen Auffassung über die als normal geltende
Gasbeschaffenheit zu gelangen.

Dabei müßten folgende Gesichtspunkte gewahrt werden:

1. Das Interesse der Verbraucher verlangt
in erster Linie volle Versorgung mit einem Gas,
mit dem sich die bisherigen Verbrauchsapparate wirtschaftlich und ohne Klagen betreiben lassen; neue Apparate, die
dieses Gas mit vollkommener Ökonomie ausnützen, müssen
sich bauen lassen.

2. Das Interesse der Gesamtbrennstoff-
wirtschaft verlangt, daß eine Vermehrung des gasförmig
abgegebenen Heizwertes erreicht werde, ohne daß eine ins
Gewicht fallende Verminderung des insgesamt verfügbaren
Brennstoffs eintritt.

3. Das Interesse der Gaswerke endlich verlangt, daß das Gas mindestens zum gleichen Preis pro WE
in wirtschaftlicher Weise technisch sicher herstellbar sei und
vertrieben werden könne.

Betrachten wir zunächst, wie das Interesse des Verbraucher
befriedigt werden kann: Wenn dem Verbraucher möglichst bald
wieder ohne Sperre Gas in beliebiger Menge geliefert werden
kann, so ist wohl sein erstes dringendstes Interesse befriedigt.

Erzeugt man außer dem aus der Kohle erhaltenen Gas auch Gas aus Koks und vermehrt die Wassergasmenge Schritt für Schritt, so kann man in weiten Grenzen des Wassergaszusatzes die Verbrauchsapparate durch Einregulierung der Luft, bzw. Erweiterung der Düsen, der veränderten Gasbeschaffenheit anpassen. Eine kritische Schwelle scheint nach den bisher gemachten Erfahrungen und Versuchen etwa bei einem Heizwert von 4000 WE zu liegen. Dabei wird aber die Gasmenge, die dem Verbraucher aus gegebener Kohlenmenge zur Verfügung gestellt werden kann, der Menge nach mehr als verdoppelt und an Heizwert wird mehr als das $1\frac{1}{2}$ fache geliefert. Die Verbrauchsapparate erweisen sich, wenn sie einmal auf ein bestimmtes Gas geringeren Heizwertes eingestellt sind, gegenüber Schwankungen in der Qualität auffallenderweise weniger empfindlich als bei Gasen hohen Heizwerts. Der Nutzeffekt der Gaskocher, Heiz- und Warmwasserapparate bleibt derselbe, erfährt sogar eher eine kleine Steigerung. Voraussetzung hierfür ist selbstverständlich, daß der stündliche Gasverbrauch der neuen Gasbeschaffenheit angepaßt ist.

Diese Erfahrungen haben die Gaswerke bereits in weitestem Maße in der Not gemacht.

Die Konstruktion neuer Apparate, die das Gas besonders günstig ausnutzen, setzt voraus, daß gewisse physikalische und chemische Konstanten nicht zu große Abweichungen zeigen, daß es also eine als n o r m a l zu betrachtende Gaszusammensetzung gibt. Diese Konstanten sind neben dem Heizwert pro cbm das spezifische Gewicht, der Luftbedarf und die Entzündungsgeschwindigkeit, durch die die Flammenform geregelt wird und die ihrerseits von annähernd übereinstimmender Gaszusammensetzung bedingt wird.

Einheitliches Gas aus den verschiedensten Brennstoffen und Gaserzeugungsprozessen können wir erhalten, wenn wir einen oberen Heizwert von 4300 WE ($0^0$ 760) als normal annehmen und — das ist ausschlaggebend — mit dem Gehalt an unbrennbaren Gasen ($CO_2 + N_2$) nicht 12 % überschreiten. Dann sind die technischen Methoden und die Rohmaterialien die zur Erzeugung des Gases dienten, ziemlich gleichgültig.

Tabelle 1.

| | Leuchtgas I | Leuchtgas II | Leuchtgas III | Braun-kohlengas | Wassergas | Mondgas | Generatorgas Kohle | Generatorgas Koks |
|---|---|---|---|---|---|---|---|---|
| $C_nH_m$ . . . . . | 4,8 | 3,8 | 2,0 | 1,0 | — | — | 0,1 | — |
| $CH_4$ . . . . . | 31,2 | 30,2 | 28,0 | 10,0 | — | 4,0 | 1,5 | — |
| $H_2$ . . . . . | 51,4 | 51,0 | 57,0 | 48,0 | 50,0 | 26,0 | 10,5 | 8,0 |
| $CO$ . . . . . | 7,0 | 9,0 | 9,0 | 14,0 | 40,0 | 12,5 | 27,0 | 18,0 |
| $CO_2$ . . . . . | 1,6 | 2,0 | 2,5 | 22,0 | 4,0 | 15,0 | 3,5 | 11,0 |
| $N_2$ . . . . . | 4,0 | 4,0 | 1,5 | 5,0 | 6,0 | 42,5 | 57,4 | 63,0 |
| Oberer Heizwert . | 5730 | 5450 | 5070 | 3050 | 2740 | 1550 | 1375 | 790 |
| Unterer Heizwert . | 5090 | 4830 | 4500 | 2710 | 2500 | 1390 | 1320 | 750 |
| Spezifisches Gewicht | 0,390 | 0,408 | 0,362 | 0,621 | 0,538 | 0,800 | 0,885 | 0,955 |
| Luftbedarf . . . . | 5,2 | 5,0 | 4,6 | 2,6 | 2,1 | 1,0 | 0,95 | 0,6 |

Den Betrachtungen sind folgende technische Gase zu-grunde gelegt. (Siehe Tabelle 1.)

Mischt man diese sehr verschiedenen technischen Gase in den durch die Begrenzung der unbrennbaren Gase gege-benen Möglichkeiten, so kommen als Grenzwerte bei 4300 WE oberen Heizwert Gasmischungen heraus, die in der Zu-sammensetzung und den Haupteigenschaften gut über-einstimmen.

Oberer Heizwert . . . . . . . . . . 4300
Spezifisches Gewicht . . . . . . . . 0,45 bis 0,485
Luftbedarf . . . . . . . . . . . . . 3,75 » 3,85.

Eine ausführliche Tabelle (Tab. 2), die für alle Gas-mischungen von 4300 WE oberen Heizwert und 12% un-brennbare Gase aufgestellt ist, steht gegenüber. (Nur eine technisch unwahrscheinliche Mischung, Nr. 3 der umstehen-den Tabelle, würde herausfallen.)

**Da der Heizwert heute bei der Mehrzahl der Werke schon in der Nähe von 4300 zum Teil darunter liegt, so kann davon ein Gewinn für den Augenblick naturgemäß nicht erwartet wer-den.** Da aber nur eine Begrenzung der nicht brennbaren Gase nötig ist, um auf dieser Grundlage mit den verschie-densten technischen Mitteln (z. B. auch der vielbesprochenen restlosen Vergasung) zu einer Einheitlichkeit zu gelangen, so könnte das wohl der Weg sein, auf dem man in absch-barer Zeit wieder zu geordneten Verhältnissen kommt.

Ich möchte daher die weiteren Betrachtungen für einen Heizwert von 4300 durchführen und zum Vergleich mit den genügsam bekannten Verhältnissen bei Rückkehr zu reinem Steinkohlengas oder zum Heizwert 5000 die Unterlagen zu-sammenstellen. Sache dieser Versammlung wird es sein, zu prüfen, ob die Kohlenlage in absehbarer Zeit eine Rückkehr zu den alten Verhältnissen zulassen wird; falls diese Frage, wie ich fürchte, verneint werden muß, wird zu prüfen sein, ob man aus der Lage der Dinge die Konsequenz einer neuen Auffassung über die Normalbeschaffenheit des Gases zu ziehen hat, und letzten Endes wird zu prüfen sein, welcher

## Tabelle 2.

**Gasmischungen von 4800 WE oberen Heizwert mit nicht mehr als 12% unbrennbaren Gasen.**

| Ausgangsgase | Mischungen von je 2 Gasen | | | | Mischungen von je 3 Gasen | | | | | | | | |
|---|---|---|---|---|---|---|---|---|---|---|---|---|---|
| Leuchtgas I (5730) | 52,3 | — | — | — | 49,7 | 56,8 | 56,8 | — | — | — | — | — | — |
| Leuchtgas II (5450) | — | 57,8 | — | — | — | — | — | 54,6 | 62,7 | 62,5 | — | — | — |
| Leuchtgas III (5070) | — | — | 67,1 | 61,8 | — | — | — | — | — | — | 62,3 | 75,4 | 75,4 |
| Braunkohlengas | — | — | — | 38,2 | 24,6 | — | — | 24,6 | — | — | 33,8 | — | — |
| Wassergas | 47,7 | 42,2 | 32,9 | — | 25,7 | 36,2 | 38,2 | 20,8 | 30,2 | 32,5 | 3,9 | 14,6 | 17,4 |
| Generatorgas | — | — | — | — | — | — | — | — | 7,1 | 5,0 | — | 10,0 | — |
| Rauchgas | — | — | — | — | — | 7,0 | 5,0 | — | — | — | — | — | 7,2 |
| Unbrennbare (tote) Gase | 7,7 | 7,7 | 6,0 | 12,8 | 12,0 | 12,0 | 12,0 | 12,0 | 12,0 | 12,0 | 12,0 | 11,9 | 11,9 |
| Spezifisches Gewicht | 0,460 | 0,463 | 0,420 | 0,451 | 0,485 | 0,483 | 0,481 | 0,487 | 0,486 | 0,484 | 0,457 | 0,447 | 0,444 |
| Luftbedarf | 3,8 | 3,8 | 3,8 | 3,8 | 3,76 | 3,75 | 3,75 | 3,82 | 3,83 | 3,82 | 3,84 | 3,86 | 3,85 |
| **Zusammensetzung des Mischgases** | | | | | | | | | | | | | |
| $CnHm$ | 2,4 | 2,2 | 1,4 | 1,6 | 2,5 | 2,6 | 2,6 | 2,4 | 2,4 | 2,4 | 1,6 | 1,5 | 1,5 |
| $CH_4$ | 16,3 | 17,4 | 18,8 | 21,1 | 18,0 | 17,7 | 17,7 | 18,9 | 18,9 | 18,9 | 20,8 | 21,1 | 21,1 |
| $H_2$ | 50,7 | 50,6 | 54,7 | 53,6 | 50,2 | 47,8 | 48,3 | 50,0 | 47,6 | 48,1 | 53,7 | 51,1 | 51,7 |
| $CO$ | 22,9 | 22,1 | 19,2 | 10,9 | 17,3 | 19,9 | 19,4 | 16,7 | 19,0 | 18,6 | 11,9 | 14,4 | 13,8 |
| $CO_2$ | 2,7 | 2,9 | 3,0 | 10,0 | 7,2 | 3,1 | 3,4 | 7,3 | 3,2 | 3,5 | 9,2 | 3,6 | 4,0 |
| $N_2$ | 5,0 | 4,8 | 3,0 | 2,8 | 4,8 | 8,9 | 8,6 | 4,7 | 8,8 | 8,5 | 2,8 | 8,3 | 7,9 |
| **Zusammensetzung der Verbrennungsprodukte** | | | | | | | | | | | | | |
| Summe | 437,3 | 438,4 | 441,8 | 451,0 | 442 | 441 | 441 | 448 | 449 | 447 | 450 | 453 | 453 |
| $CO_2$ | 49,3 | 48,6 | 45,1 | 46,9 | 50,4 | 48,8 | 48,7 | 49,6 | 47,9 | 47,7 | 46,7 | 43,7 | 43,4 |
| $H_2$ | 87,0 | 88,5 | 94,3 | 98,3 | 90,1 | 87,3 | 87,8 | 91,2 | 88,8 | 89,2 | 97,7 | 95,6 | 96,2 |

Tabelle 3.

| Reihe | oberer Heizwert des Gases | Mischungsverhältnis | | auf 100 kg Kohlen | | | Heizwertzahl aus 100 kg Kohlen WE | aus gleichen Kohlen gewonnen | | | |
| | | Steinkohlengas % | Wassergas % | Steinkohlengas cbm | Wassergas cbm | Mischgas cbm | | mehr cbm gegen | | mehr WE gegen | |
| | | | | | | | | I | II | I | II |
| 1 | 2 | 3 | 4 | 5 | 6 | 7 | 8 | 9 | 10 | 11 | 12 |
| I | 5450 | 100 | — | 30 | — | 30 | 163 500 | — | — | — | — |
| II | 5000 | 83,5 | 16,5 | 30 | 5,9 | 35,9 | 180 000 | 20% | — | 10% | — |
| III | 4300 | 57,3 | 42,7 | 30 | 22,4 | 52,4 | 226 000 | 75% | 46% | 38% | 25% |
| IV | 4000 | 46,3 | 53,7 | 30 | 34,8 | 64,8 | 259 000 | 116% | 80% | 58% | 44% |

Heizwert aus technischen und wirtschaftlichen Gesichtspunkten sich als Normale empfiehlt, ob also die Linie, auf
der wir uns baldmöglichst wieder sammeln wollen und können,
5000 WE/cbm, 4300 WE/cbm oder eine dazwischenliegende
Norm sein soll.

Ausschlaggebend wird es sein, ob der
Vorschlag brennstoffwirtschaftlich und
technisch Vorteile bietet.

In erster Linie ist dies für den Wassergaszusatz zu prüfen.
Wir gehen hierzu von folgenden Annahmen aus:

Leuchtgas von 5450 WE oberer Heizwert ($0^0$ 760): 30 cbm
aus mittlerer Gaskohle.

Unterfeuerungsverbrauch 16 kg Koks auf 100 kg Kohle.

Wassergas: 100 cbm von 2750 WE oberer Heizwert ($0^0$ 760)
aus 60 kg Koks; dazu 70 kg Wasserdampf auf 60 kg
Koks = (bei 7 facher Verdampfung) 10 kg Koks, also
Koksverbrauch auf 100 cbm Wassergas sehr reichlich
70 kg einschließlich Dampferzeugung.

Rechnet man dann mit der Rückkehr zu reinem Steinkohlengas von 5450 (I der Tab. 3) oder zu Gas der bisherigen
Norm von mindestens 5000 WE (II der Tab. 3) einerseits
und stellt dem aus 100 kg erhaltenen Gas gegenüber, wie
viel Gas von 4300 WE (III der Tab. 3) oder auch 4000 (IV der
Tab. 3) erhalten wird, so ergibt sich folgendes (s. Tabelle 3):

Die Tabelle zeigt, daß beim Übergang zu Gas von 4300 WE
die großen Werke, die früher schon 5000 WE als Norm hatten,
aus der gleichen Kohlenmenge 45% mehr Gas, 25% mehr
Heizwert liefern können (Spalte 10 und 12 Reihe III), als
wenn sie zur Heizwertnorm 5000 zurückkehren. Werke, die
früher reines Steinkohlengas abgegeben haben, liefern aus
der gleichen Kohlenmenge 75% mehr Gas mit fast 40%
mehr Heizwert (Spalte 9 und 11 Reihe III), wenn sie nicht
zu den alten Verhältnissen zurückkehren, sondern sich einer
neuen Norm von 4300 z. B. anschließen. Eine solche Mehrleistung an Gas bzw. Heizwert aus gleicher Kohlenmenge
würde bei der geschilderten Kohlenlage schon erheblich ins
Gewicht fallen.

Bei der Berechnung nach WE ist angenommen, daß alles Gas zu Koch- und Heizzwecken abgegeben wird, daß also für gleiche Leistung statt 100 cbm $\dfrac{100 \cdot 5000}{4300}$ cbm $= 116$ cbm abgegeben werden müssen. Zahlreiche Versuche an verschiedenen Stellen haben gezeigt, daß bei angepaßten Brennern für Leuchtzwecke der Bedarf nach cbm etwa gleichbleibt. Rechnet man also $^1/_3$ Leuchtgas, $^2/_3$ Koch- und Heizgas, so würde die Steigerung der Leistungsfähigkeit der Werke bei gleicher Kohlenmenge auf $^1/_3$ zwischen der Steigerung der gelieferten Wärmeeinheiten und der gesteigerten Gasmenge liegen.

Das wäre zunächst der Einfluß auf die Steigerung G a s erzeugung aus gleicher Kohlenmenge, die ja in erster Linie wichtig ist.

Wie sieht sich die Sache vom Standpunkt der a l l g e m e i n e n  B r e n n s t o f f w i r t s c h a f t aus an?

Selbstverständlich tritt bei v e r m e h r t e r  H e r s t e l l u n g v o n  W a s s e r g a s eine V e r m i n d e r u n g  d e r  z u m  V e r k a u f z u r  V e r f ü g u n g  s t e h e n d e n  K o k s m e n g e ein. Diese Verhältnisse kommen am einfachsten durch die graphische Darstellung zum Ausdruck. Die Kohlenmenge ist mit 100 bezeichnet, die Gasmenge steigt von 30 cbm auf 64,8 cbm, der gasförmige Heizwert im Verhältnis von 30 zu 48. Den destillierten Kohlenmengen ist die Kokserzeugung (70%) und der Koksverbrauch für Unterfeuerung (16%) proportional. Der für die Wassergasmenge nötige Koksaufwand ist dem Unterfeuerungsaufwand zugezählt, und das quer schraffierte Feld zeigt für jeden Heizwert des Mischgases den nicht verbrauchten Koks.

Die Verminderung der Kokserzeugung durch die Gaswerke auf gleiche Kohlenmenge ist unter dem Gesichtspunkt zu beurteilen, daß bereits oben gefordert ist, daß der für die Versorgung der Zentralheizungen nötige Koks nicht auf Zechenkokereien herzustellen ist, daß also den Gaswerken die hierfür verfügbaren Kohlenmengen zugewiesen werden sollen. Es vermindert sich dann nicht die Brennstoffmenge, sondern es wird nur von der zu vermehrenden Kohlenmenge ein größerer Teil gasförmig, ein geringerer als Koks den

Städten zur Verfügung gestellt, nachdem den Städten statt entgasten Kokses der gesamte Heizstoff Kohle also Koks + Gas übergeben ist. Die Verminderung der Koksmenge auf 100 kg Kohle bleibt überdies nur insoweit auf die Dauer bestehen, als für Feuerung der Öfen und Erzeugung des Zusatzgases ausschließlich Koks aufgewendet wird.

Zudem ist der brennstoffwirtschaftliche Verlust nicht gar zu schwerwiegend. Aus 100 kg Kohle werden, gute Gaskohlen vorausgesetzt, statt etwa 50 bis 52 kg Koks nur etwa 30 kg Koks für den Verkauf übrig bleiben; auch wenn wir fortfahren, den besten Koks zur Unterfeuerung zu verwenden. Dafür werden allerdings statt rund 160 000 rund 225 000 WE in Gasform abgegeben.

Koks   $(52 - 30) \cdot 7000 = 154\,000$;

   bei $40\,^0/_0$ Ausnutzung als Heizkoks 60000.

Gas   $225\,000 - 160\,000 = 65\,000$;

   bei $90\,^0/_0$ Ausnutzung als Heizgas 60000.

Man müßte demnach für Heizkoks nur eine Ausnutzung von 40% annehmen, für Heizgas eine solche von 90%, die zutreffend sein dürfte, um im Verbrauch die Wärmebilanz wieder herzustellen.

Für die Lebensaufgabe der Gaswerke erscheint bei der durch die Verhältnisse geschaffenen Lage der Gaskohlenversorgung die Sicherstellung ausreichender Gasmengen, d. h. das Ausreichen mit den verfügbaren Gaskohlen, als weitaus wichtigste Lebensfrage. Die Koksfrage muß in anderer Weise gelöst werden. Hierauf werden wir noch kommen.

Meine Herren! Bis hierher handelt es sich um Fragen, in denen der Vergleich zwischen der Heizwertnorm 5000 und einer neuen Heizwertnorm der Rechnung oder dem Versuch ziemlich leicht zugänglich ist.

Festgestellt ist bisher, daß man auch unter Zugrundelegung anderer Eigenschaften, als sie bisher als normal galten, bei verhältnismäßig großer Bewegungsfreiheit der Wahl der technischen Mittel zu einem brauchbaren und einheitlichen Gas kommen kann, und daß man bei Herstellung eines Gases von niedrigerem Heizwert mit den verfügbaren Gas-

kohlen weiter kommt. Auf dem Brennstoffmarkt im ganzen
würde zunächst eine Verschiebung dahin erfolgen, daß aus
gegebenen Kohlenmengen die Leistung an gasförmigem Heizwert erheblich gesteigert, die Leistung an verkäuflichem Koks
vermindert wird.

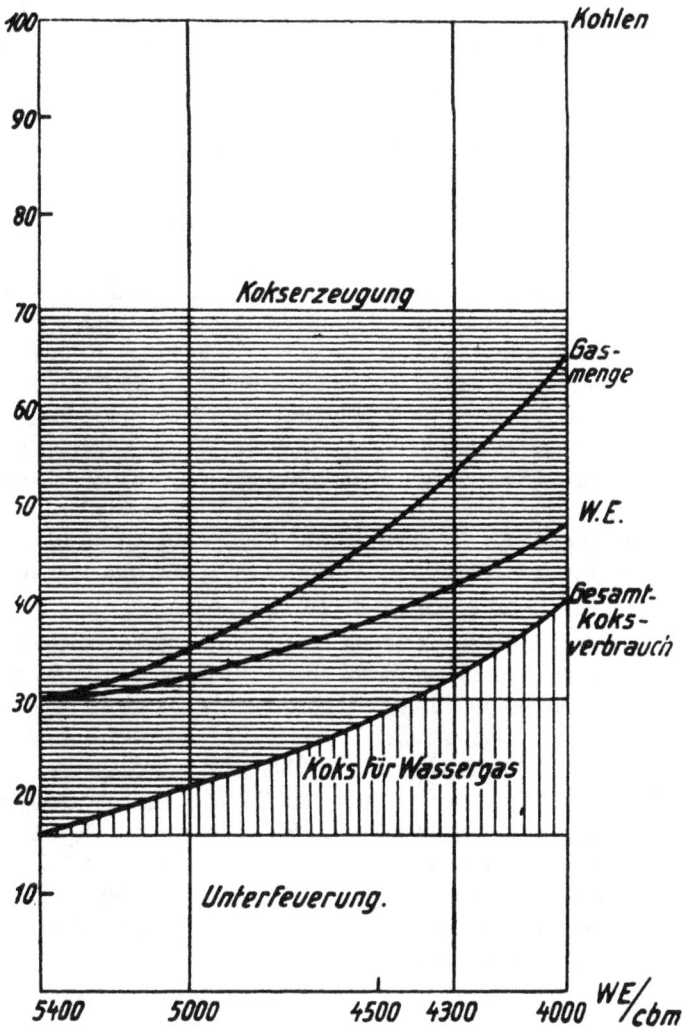

Fig. 2.

Als Drittes muß die Forderung erfüllt sein, daß auch das technische und wirtschaftliche Interesse der Gaswerke gewahrt wird. Damit kommen wir wohl zu dem ausschlaggebenden Punkte. Bei den technischen und wirtschaftlichen Fragen sind Interessen der Allgemeinheit und Interessen der Einzelwerke so kompliziert und eng miteinander verwoben, daß die eingehendste Prüfung und Abwägung erforderlich ist.

Die erste Frage wird sein: Sind wir überhaupt in der Lage eine Gasbeschaffenheit als normal zu wählen, bei der mit der Erzeugung von Wassergas in erheblichem Umfang gerechnet würde?

Die bestehenden Wassergasanlagen sind zurzeit wohl fast alle voll in Betrieb.

Die Grenze der Rentabilität neu zu erstellender Wassergasanlagen hat sich wohl gegenüber 1914 verschoben. Man nahm damals eine Gaserzeugung von etwa 2 Mill. cbm im Jahr als Voraussetzung dafür an, daß ein Werk an die Erstellung einer Wassergasanlage denken könne. 1918 berechnete Brandt die Grenze bei etwa 1 Million. Kleinere Werke schienen auf die Erzeugung von reinem Steinkohlengas angewiesen. Neuerdings hat eine beträchtliche Anzahl von Werken bis herunter zu einer ½ Million Jahreserzeugung bereits Wassergasanlagen erstellt und der Zuwachs an kleinen Werken, die sich auf Wassergaserzeugung einrichten, erfolgt rasch.

Wassergasanlagen würden gegenüber anderen Behelfen noch weiter schnell wachsen, wenn sich zeigt, daß die Wassergaserzeugung in der Richtung der zukünftigen Entwicklung liegt, nämlich überall da, wo mit wieder steigender Gasabgabe Erweiterungen in Betracht kommen, die entweder in Gestalt von Öfen oder in Gestalt einer Wassergasanlage ausgeführt werden können. Bei der derzeitigen Qualität der Kohle drängen diese Erweiterungsnotwendigkeiten vielerorts früher zur Entscheidung. Das ist einer der Gründe, warum für die Gesamtheit der Gasindustrie die Entscheidung bald getroffen werden sollte.

Von dem gesamten in Deutschland erzeugten Gas entfallen auf

größere Werke über 1 Mill. cbm rd. 90%,

mittlere Werke ½ bis 1 Mill. cbm rd. 5,5%,

kleine Werke unter ½ Mill. cbm rd. 4,5%,

Demnach kann man mit der Möglichkeit fernerhin Wassergas zu erzeugen rechnen, ohne daß ein erheblicher Teil der deutschen Gasindustrie unberücksichtigt bliebe.

Wie weit würde man mit dem Wassergaszusatz und der Herabsetzung des Heizwerts im Interesse der Werke gehen können? Besonderer Berücksichtigung bedarf hierbei die Wassergaserzeugung in Retorten und Kammern und die Gasabgabe aus Kokereien, denn die dringend erstrebenswerte Einheitlichkeit sollte eine möglichst allgemeine sein.

Darüber, daß einerseits ein Heizwert von über 5000 WE pro cbm die Linie, auf der wir uns in absehbarer Zeit sammeln können, nicht darstellt, herrscht angesichts der Lage wohl Einigkeit. Daß anderseits 4300 annähernd die untere Grenze darstellt, die sehr vielfach auch als Norm selbst befürwortet wird, darüber herrscht auch fast völlige Übereinstimmung.

Betrachten wir also auch weiterhin die Folgen einer Herabsetzung auf 4300 WE pro cbm, so werden sie den einen Grenzfall, die bekannten Verhältnisse bei 5000 den anderen Grenzfall darstellen.

Die Folgen liegen auf 3 Gebieten:

1. Verringerter Heizwert bedeutet Mehrleistung nach Volumen.
2. Vermehrter Wassergaszusatz bedeutet Verringerung von Koks und Nebenprodukten.
3. Verminderung der Kokserzeugung wird den Ersatz von Koks im eigenen Betrieb durch minder wertvolle Brennstoffe erfordern.

Die Notwendigkeit, den Kubikmetern nach, mehr Gas für gleiche Leistung abzugeben, macht sich unter Umständen schon beim Gasbehälterraum, sicher im Rohrnetz, in den Verbrauchsgasmessern und an den Gasverbrauchsapparaten geltend und verlangt vor allem Berücksichtigung bei der Gasfernversorgung.

Der Fall, daß beim Gasbehälterraum Schwierigkeiten entstehen, wird im allgemeinen als selten betrachtet,
denn die Leuchtgasabgabe, die vor allem den Behälter-
raum beansprucht, geht leider dauernd zurück, und der Rückgang wird zum Teil von den Gaswerken selbst als Hülfe in
ihrer Not unterstützt.

Mehrbelastung des Verteilungsnetzes
wird ebenfalls von den meisten Herren, auf deren Urteil ich
mich stütze, als erträglich bezeichnet. Man bedenke, daß
eine Zunnahme von 16% einer normalen Steigerung von
zwei bis drei Jahren entspricht.

Kritischer erscheint die Mehrbelastung der Gasmesser
der Verbraucher. Während der Herrschaft der Sperrzeiten haben sie bei teilweise noch schlechterem Heizwert
jedenfalls die durch die Installation gegebene Maximalbela-
stung zu ertragen. Vielerorts wird allerdings das Steigen
der Verlustziffern auf die Überlastung der Gasmesser ge-
schoben. Darin läßt sich einer der Gründe sehen, die dazu
zwingen, schon bald zum Beschluß darüber zu kommen,
ob der hohe Heizwert wieder anzustreben ist, oder ob der
geringere Heizwert bleibt und die Auswechselung der Messer
daher bald erfolgen kann, um von der Verringerung der Verluste möglichst bald Nutzen zu ziehen.

Ähnlich liegt der Fall für die Verbrauchsapparate. Auch bei diesen wird durch Verringerung des Heizwerts ein Mehrbedarf herbeigeführt, wenn im Interesse
der Ökonomie der Heizeffekt in gleicher Zeit herbeigeführt
werden soll. Die Mehrzufuhr kann durch Druckerhöhung
oder durch sachgemäße Aufbohrung der Düsen erfolgen. Die
Druckerhöhung müßte mit Rücksicht auf das erhöhte spezifische Gewicht proportional dem spezifischen Gewicht erfolgen (denn die Ausströmungsgeschwindigkeit ist der Qua-
dratwurzel aus dem Druck direkt proportional und der Quadrat-
wurzel aus dem spezifischen Gewicht umgekehrt proportional.
Erhöht sich also das spezifische Gewicht von 0,4 auf 0,5, so
braucht für gleiche Gasmenge der Druck nur von 40 auf 50 mm
gesteigert werden). Außerdem muß aber, solange die Düsen
unverändert bleiben, der Druck auch umgekehrt dem Quadrat

des Heizwertes erhöht werden. (Statt 4300 l Gas von 5000 WE müssen ausströmen 5000 l von 4300 WE; der Druck müßte also weiter gesteigert werden statt auf 50 mm auf $50 \cdot \dfrac{5^2}{4,3^2}$) im ganzen also von 40 auf rd. 65 mm. Diese Drucksteigerung ist zwar unwesentlich. Die Aufbohrung der Düsen bietet aber gewisse Vorteile, denn dadurch wird auch die Injektorwirkung der Düse herabgesetzt, wie es dem geringeren Luftbedarf entspricht. Also auch hier könnte sofort systematisch vorgegangen werden, sobald feststeht, daß man mit dauernd niedrigerem Heizwert zu rechnen hat. Vielerorts ist die kritische Zeit der Nachregulierung übrigens bereits überwunden.

Weitaus am schwerwiegendsten sind die Bedenken, die vom Standpunkt der Gasfernversorgung gegen eine Herabsetzung des Heizwerts geltend zu machen sind. Die Zentralisation der Gaserzeugung ist aus wirtschaftlichen Gründen in höchstem Maße erstrebenswert. Die Ökonomie der Brennstoffwirtschaft, wie die Ökonomie des Einzelbetriebs weisen darauf hin. Fernleitung des Gases, also Verteilung unter stärkerem als Behälterdruck bedingt aber eher eine Konzentration als eine Verdünnung des gasförmig zu transportierenden Heizwerts. Man wird sich also auch von dieser Seite die Sache genau anzusehen haben.

Damit dürften die wesentlichsten Punkte, die sich aus der Volumvermehrung bei niederem Heizwert ergeben, angedeutet und zur Diskussion gestellt sein. Um die großen Züge nicht aus dem Auge zu verlieren, kann man wohl dahin zusammenfassen:

Unter dem Wenigen, was wir für die nähere und fernere Zukunft der deutschen Gasindustrie mit einiger Sicherheit voraussehen können, ist die Erkenntnis, daß die Kohlennot nach Quantität und Qualität keine rasch vorübergehende ist, eine der bittersten. Abhilfe könnte in erster Linie eine Eingliederung der Zechenkokereien in die allgemeine Brennstoffwirtschaft bringen in dem Sinn, daß nur die Kohle von den Zechen entgast wird, deren Koks für Hüttenzwecke erforderlich ist. In zweiter Linie müssen wir fordern, daß eine Besserung der Kohlenqualität eintritt. In dritter Linie wird ausländische Kohle herangezogen werden müssen. Volle Wiederkehr der alten Verhältnisse ist trotzdem unwahrscheinlich, jedenfalls noch in ziemlich weiter Ferne. Wir haben also Anlaß, uns bald über die Linie klar zu werden, auf der sich die Gaswerke wieder zu einheitlichem Vorgehen sammeln können. Ob diese Linie die alte Gasbeschaffenheit sein kann, die durch die Heizwertnorm von 5200—5000 WE charakterisiert ist, erscheint angesichts der Lage der Dinge unwahrscheinlich. Dem habe ich die Folgen einer Heizwertherabsetzung gegenüber gestellt und als unteren Grenzwert die Betrachtungen für 4300 WE als Heizwert des Gases durchzuführen versucht. Es ist zu erwarten und durch die Praxis der letzten Jahre bestätigt, daß dadurch die Gasindustrie mit den verfügbaren Gaskohlen weiterkommt. Der Heizwertminderung steht das Interesse der Fernversorgung gegenüber, ferner die Verminderung der verkäuflichen Koksmenge. Diese und andere technische und wirtschaftliche Fragen alsbald zu prüfen, bitte ich eine Kommission zu beauftragen, denn es erscheint dringlich, daß die Gasindustrie namentlich auch die mittleren und kleineren Werke baldmöglichst wissen, welche Maßnahmen in der Richtung der zukünftigen Entwicklung liegen und welche nur als Notstandsmaßnahmen aufzufassen und in die Berechnungen aufzunehmen sind.

Keinesfalls aber ist die Gaskohlennot der Gaswerke zu mildern, solange nicht mit der Systemlosigkeit der Kohlenverteilung gebrochen wird. Systemlos ist es aber, wenn Kokereien mehr Koks erzeugen als unbedingt als Schmelzkoks gebraucht wird. Systemlos ist aber auch jede Verteilung, die von dem Prinzip ausgeht: Kohle ist Kohle. Daß dieses Prinzip herrscht, zeigt die Tatsache, daß viele Gaswerke mit Erstaunen feststellen konnten, daß da und dort Kohlen, die eigentlich dem Elektrizitätswerk geliefert wurden, mindestens ebenso gute, wenn nicht bessere Entgasungsergebnisse lieferten als die dem Gaswerk gelieferten Kohlen. Daß es sich dabei nicht um Zufälligkeiten handelt, beweist die Tatsache, daß die Ursprungsangabe der Kohle systematisch verwischt wird.

Bei den Verhandlungen über das Reichskohlengesetz hat unser Verein unter anderem zwei Forderungen für die Kohlen-

wirtschaft in einer Eingabe aufgestellt, die wir als wichtige Richtlinien für die Sozialisierung der Kohle erklärten. Erstens Erhaltung bzw. Wiedereinführung der Herkunftsbezeichnung nach
Grüben, tunlichst nach Flötzen, und zweitens Handel der Kohle
nach Reinheitsgrad und Verbrauchswert. Beide Forderungen
wurden nicht einmal der Diskussion für wert gehalten, so einseitig hat man die Sozialisierung der Brennstoffwirtschaft vom
Gesichtspunkt der Syndikatsstatutenbildung aus aufgefaßt. Als
»ceterum censeo« müssen daher die Forderungen der Herkunftsbezeichnung und der Reinheitsgarantie immer
und immer wieder aufgestellt werden.

## Diskussion.

Der Vorsitzende dankte Herrn Dr. B u n t e für seine
wertvollen Ausführungen und eröffnete die Besprechung.

Herr Prof. S t r a c h e (Wien) führte in einem längeren,
an anderer Stelle ausführlicher wiedergegebenen Vortrag
aus: Der Vorredner habe in sehr anschaulicher Weise dargetan, welche Vorteile die Versorgung eines Teiles des Kokses
biete. Er habe schon auf der Versammlung in Frankfurt
1909, bei der Festsetzung der Heizwertnorm 5000 bis 5200,
dafür gesprochen, der Gasindustrie die Möglichkeit offen zu
lassen, den Weg auch zur restlosen Vergasung zu nehmen.
Bei der restlosen Vergasung werde das Heißblasegas aus-
genutzt und zur Destillation der Kohle herangezogen. Heizwert des Heißblasegases und Wärmeinhalt des Wassergases
genügten, um die Kohle zu destillieren, und der Unterfeuerungskoks könne erspart werden. Im Doppelgasprozeß sei dies
praktisch durchgeführt. Man sei überdies nicht auf Kohlen
beschränkt, die einen guten Koks geben, wenn der Verko-
kungsrückstand im gleichen Aufbau zu Wassergas verblasen
werde. Man erhalte weiteren Spielraum in der Wahl der Kohlen
zur Gasbereitung, ja schlechter backende Kohlen zeigten sich
sogar besser geeignet. Im Doppelgas- oder Trigasverfahren[1]
erhalte man sogar aus Braunkohlen ein Gas von 3200 WE/cbm.
Herr Dr. B u n t e habe 4000 WE/cbm als einen kritischen
Punkt bezeichnet, er könne nicht erkennen, ob Zurückschlagen

---

[1] Siehe ds. Journ. 1919, S. 261.

der Brenner oder wegen zu große Verbrennungsgeschwindig-
keit oder was sonst befürchtet werde; man habe aber im Kriege
auch diese Schwierigkeiten überwunden, wie ein praktisches
Beispiel zeige. Die Stadt Graz wurde durch Kohlenmangel
gezwungen, mit einer vorhandenen Doppelgasanlage[1]) die Versorgung notdürftig aufrecht zu erhalten, und mit kleinen
Änderungen an den Brennern sei dies gelungen. Graz baue
zurzeit eine Doppelgasanlage von 1000 cbm Stundenleistung
und gebe zurzeit ein Gas mit 60% Doppelgas und 40% Steinkohlengas ab. Auch Antwerpen werde mit einem Gas von weniger als 4000 WE versorgt.

Die Druckerhöhung sei, wie sie sich in Graz erwiesen habe,
nicht unbedingt nötig. Mit 200 mm Druck könne man aber
bei Doppelgas die theoretische Luftmenge ansaugen, also
zu einer Preßgasbeleuchtung kommen, die bei Steinkohlengas 1000 mm erfordere. Besonders für kleinere Werke, für
die sich ein Doppelbetrieb von Steinkohlengas- und Wassergasanlage nicht lohne, empfehle er die restlose Vergasung
und die Erzeugung eines Gases von 3200 bis 3500 WE. Er
empfehle daher auch jetzt wieder die Festsetzung eines Nor-
malheizwertes nicht zu starr vorzunehmen und der Entwickelung zur restlosen Vergasung Rechnung zu tragen.

Der Vorsitzende, Herr Direktor G ö t z e , Bremen,
machte darauf aufmerksam, daß am Nachmittag der Sonderausschuß für den Betrieb von Gaswerken unter Zuziehung
einer großen Anzahl von Spezialsachverständigen eine Sitzung
halten werde, die sich mit den aufgeworfenen Fragen, besonders
auch mit der Heizwertnorm beschäftigen werde. Es sei daher zu
überlegen, ob es zweckmäßig sei, den von Herrn Dr. B u n t e
angeregten Sonderausschuß schon fest zu wählen oder ob es
nicht besser sei, am folgenden Tag die Vorschläge des Sonderausschusses für den Betrieb von Gaswerken entgegenzunehmen.
Vielleicht werde die in Aussicht genommene Besprechung im
Sonderausschuß auch einen kleinen Einfluß auf die nun zu
eröffnende Aussprache haben.

Herr Direktor K o r d t , Düsseldorf, hält den Vortrag des Generalsekretärs für durchaus zeitgemäß, denn er habe den Weg
gezeigt, wie man in späteren Jahren mit den Kohlen wirt-

[1]) Siehe ds. Journ. 1919, S. 539.

schaften könne. Er stimme mit dem Vorsitzenden überein, daß die Hauptaussprache im Ausschuß stattfinden müsse. Allerdings gehe dadurch Zeit verloren, und es lasse sich deshalb nicht vermeiden, schon jetzt über das Problem zu sprechen. Herr L e m p e l i u s habe in seinem Vortrag ein überaus trauriges Bild von der Kohlenwirtschaft gegeben, aber darin einen Lichtblick einfließen lassen, indem er sagte, das Ausland bezahle die Kohle noch teurer. Das sei vom kaufmännischen Standpunkt aus auch durchaus richtig. Wenn z. B. Holland 30 bis 40 Gulden = 51 bis 68 Goldmark bezahle, so stelle sich die Kohle nach dem Stande unserer Valuta auf 255 bis 340 Papiermark, während wir schon etwa 90 Papiermark bezahlen. Bei dem kaufmännischen Zug-um-Zug-Geschäft sei diese Rechnung durchaus richtig. Trotzdem sei dieser Zustand vom volkswirtschaftlichen Standpunkt aus betrachtet durchaus betrübend, denn, wenn sich unsere Valuta um das Doppelte verschlechtern würde, so würde sich bei unseren Exportartikeln die Zug- und Zugrechnung noch günstiger stellen, d. h. der Preisunterschied für deutsche Kohle würde im Inland noch günstiger gegenüber dem Ausland ausfallen. Trotzdem würde es uns bei einer Verschlechterung der Valuta noch schlechter gehen.

Die Erklärung des scheinbaren Widerspruchs, daß es uns wirtschaftlich schlechter geht, obwohl wir einen Hauptverbrauchsartikel, die Kohle, billiger haben als das Ausland, sei sehr einfach: Deutschland könne sein Volk landwirtschaftlich nicht ernähren, es müsse fabrizieren und exportieren und ist daher gezwungen, eine große Anzahl Rohmaterialien und Lebensmittel zu importieren. Bei allen diesen Importen wirke die Valutaverschlechterung ungünstig. Solange wir also dem Goldwert nach mehr importieren als bei uns erzeugte Waren ausführen, solange drücke uns die schlechte Valuta wirtschaftlich nieder. Solange es uns also nicht gelingt, durch emsige Herstellung von Exportwaren unsere Valuta zu verbessern, so lange seien billigere Kohlen durch Valutarechnung kein Trost für uns.

Herr Direktor G ö h r u m (Stuttgart): Die Ausführungen des Herrn Dr. B u n t e hätten gezeigt, wie außerordentlich stark die Gasverbraucher durch die Kohlenmisere schon belastet seien. Wenn man annehme, daß der Heizwert 4300 WE/cbm tatsächlich in den meisten Fällen bereits durchgeführt sei, wenn man weiter in Rücksicht ziehe, wie stark die Einschränkungen bereits seien und daß dazu noch die Sperrzeiten gekommen seien, so müsse man zugeben, daß man bereits an der Grenze dessen sei, was dem Verbraucher zugemutet werden dürfe. Die Gaswerksleiter hätten nicht nur als Vertrauensleute für die Kohlenverteilung zu arbeiten um den Kohlenverbrauch einzuschränken, sondern auch als Gasdirektoren dafür zu sorgen, daß die Verbraucher nicht zu stark geschädigt würden. In dieser Richtung seien die Elektrotechniker vorbildlich. Aus den Ausführungen des Herrn Dr. B u n t e dürfe nicht geschlossen werden, daß durch Anwendung des Wassergases noch weiterhin Kohle erspart werden könne. Einer solchen Ausdeutung müsse aufs schärfste entgegengetreten werden. Herr Dr. B u n t e habe es zweifellos ausgesprochen, daß wir bereits diese niederen Heizwerte haben und daß es sich nur darum handeln, könne zu überlegen, ob man s p ä t e r — in einigen Jahrzehnten vielleicht wieder zu einem Heizwert von 5200 zurückkehren wolle oder ob man bei dem Heizwert 4300 bleiben wolle.

An und für sich alteriere ihn der Umstand, daß eine Verringerung der Koksmenge durch die erhöhte Erzeugung von Wassergas eintrete, im allgemeinen wenig, denn man habe schon vor dem Kriege darauf hingearbeitet, daß der feste Brennstoff an Bedeutung verliere und durch gasförmigen Brennstoff ersetzt werden müsse. Das sei wenigstens durchweg die Absicht der großen Städte gewesen.

Vor allem müsse, nachdem durch die Ausführungen von Herrn Direktor L e m p e l i u s , wie von Herrn Dr. B u n t e die kolossale Kohlenknappheit dargetan sei, der feste Wille bestehen, nicht wieder unter die Räder zu kommen. Im Jahre 1917, als die höchste Kohlenförderung während des Krieges erreicht wurde, hätten die Gasfachleute in bewunderungswürdiger Opferwilligkeit ihre Verbraucher im Stich gelassen und eingeschränkt, um das Vaterland zu retten. Den Elektrotechnikern sei das nicht eingefallen. (Zuruf:

sehr richtig!) Wie damals, so heute wieder. Bei allen Verhandlungen im Reichswirtschaftsamt und beim Kohlenkommissar erklärten sie: »Wir haben nicht die Möglichkeit, unsere Abonnenten in der Weise zu beaufsichtigen, wie das bei den Gaswerken geschieht.« Die Elektriker hätten vollkommen recht. Es sei zwar, wie die Gaswerke gezeigt hätten, technisch denkbar und durchführbar, aber es erfordere einen ganz kolossalen Beamtenapparat, sei unendlich teuer und verärgere die Verbraucher in einem solchen Maß, daß wir heute an der Grenze dessen angekommen seien, was überhaupt möglich sei. In Versammlungen sei es bereits als Pflicht der Stadtverwaltungen und Gaswerke bezeichnet worden, für so viel Kohlen zu sorgen, daß wenigstens von einer Gasversorgung gesprochen werden könne. Dieser Standpunkt des Publikums sei durchaus richtig. Sache des Hauptvereins müsse es sein, auszusprechen, daß es nicht weiter möglich sei, die Gasverbraucher noch weiter in einer Weise einzuschränken, die als Schikane bezeichnet werden müsse. Auf der Versammlung des Mittelrheinischen Vereins sei ausgesprochen worden, daß die Vertrauensleute nicht mehr in der Lage seien, sich hinter die Vorschriften des Reichskohlenkommissars zu stellen, wenn die Sache so weiter gehe. Heute, wo es scharf auf scharf gehe, sei es ein Unding, daß der Gasdirektor zugleich als Vertrauensmann nicht in der Lage sei, die Interessen seiner Verbraucher in dem Maß wahrzunehmen, wie dies notwendig sei. Der Reichskohlenkommissar müsse seine Anordnungen so treffen, daß man mit gutem Gewissen den Verbrauchern erklären könne: Die Einschränkung ist absolut notwendig, wir haben keine Kohle. Der Abnehmer von elektrischem Licht und elektrischer Kraft dürfe nicht anders gestellt sein als der Abnehmer von Gas.

Voraussetzung sei, daß eben in Berlin schon eine »Planwirtschaft« herrsche. Was wir haben, sei eine Mißwirtschaft schlimmster Art. Wenn man die Kohlen, die den Kokereien zugeführt werden, nicht erhalten könne, so liege es eben daran, daß die Kokereien die Kohlen nicht herausgeben. Das sei genau die gleiche Erscheinung, wie, daß die Hüttenzechen die guten Gaskohlen ihren Öfen zuführen, die weniger guten nach auswärts schicken. Diese Tatsachen beweisen, daß es nicht am guten Willen, sondern an der Machtlosigkeit der obersten Reichsverteilungsstelle liege und der dadurch bedingten Unmöglichkeit einer korrekten Verteilung.

Das Mißtrauen werde erst schwinden, wenn festgestellt werde, »wie viel Kohle können wir für 1919/20 erwarten«, und diese auf die wichtigen Betriebe rationiert verteilt werden, aber nicht hinter verschlossenen Türen, sondern der Schlüssel der Reichsrationierung müsse bekannt gegeben werden. Dann werde es auch den Vertrauensleuten möglich sein, die Verbraucher etwas zu beruhigen.

Die ausgeführte Tatsache, daß man den anerkannt unrationellen Verbrauch von Koks in Lokomotiven nicht ändern könne, sei ihm nicht klar. Er sehe nicht ein, warum dann die Kohle, die die Kokereien verarbeiten, nicht den Gaswerken geliefert werden könnten, um den Koks da zu erzeuger, wo auch das Gas nötig ist und diesen viel pöröseren und geeigneteren Koks den Lokomotiven zuzuführen.

Er bitte energisch aufzutreten und sich nicht damit einverstanden zu erklären, daß schon wieder den Gaswerken dekretiert werde: Ihr bekommt nur 50% der angenommenen Zuweisung von 1917/18. Die kolossale Zunahme der Einwohnerzahl in den Städten neben dem Rückgang der Gasqualität habe in Baden bei genauer Berechnung des dringendsten Bedarfs gezeigt, daß die Zuweisung von 1917/18 das Minimum dessen ist, womit man auskommen kann. Er bitte auch den Vertreter der Gaswerke beim Reichskohlenkommissar, nach der Richtung zu wirken, daß nicht immer bei den Gaswerken mit dem Sparen angefangen wird. Man müsse endlich einmal sagen: Es geht nicht mehr. (Beifall.)

Herr Direktor T r e m u s , Lichtenberg: Es sei wohl niemand, der nicht beiden Herren zustimmte, die die wichtigsten Lebensfragen der Gaswerke in so sachgemäßer Art vorgeführt hätten. Aber Herr L e m p e l i u s habe zwei Seelen in seiner Brust, er sei einmal Vertreter des Reichskohlenkommissars, der alle Verbraucher berücksichtigen müsse, und zum anderen Vorstand der Zentrale für Gasverwertung, die nur die Gaswerke in Rücksicht ziehen darf. Deshalb sage er auch: Wir sollen die wirtschaftliche Ausnutzung der Kohlen nicht in den Vordergrund schieben.

Daran müsse man aber unbedingt festhalten: **Es darf keine Kohle unentgast verbraucht werden.** Auf diesem Standpunkt müsse man stehen, sonst gehe die Gasindustrie zugrunde. Herr **Lempelius** habe mitgeteilt, daß der Koks für Lokomotiven 30% der Brennstoffbelieferung der Eisenbahn ausmache. Er müsse wie Herr **Göhrum** fragen: Warum sollen **wir** diesen Koks nicht liefern? das verstehe er nicht, der Koks bedürfe viel mehr Raum als die Kohle, also würden die Transportschwierigkeiten dadurch etwas behoben. Es sei gesagt, man könne nicht jede Kohle für die Gasanstalten gebrauchen. Das sei richtig, aber man könne eine Menge Kohlen gebrauchen, die man früher nicht verwendet habe, man müsse nur das Ofensystem nach den Kohlen einrichten.

Herr Dr. **Bunte** habe in dankenswerter Weise darauf hingewiesen, daß ein Teil des Kokereibetriebes zugunsten der Gaswerke stillgelegt werden sollte, daß dies aber bei der Zusammensetzung des Reichskohlenrats sehr schwer durchzusetzen sein werde. Die Lage werde sich aber ändern, wenn man im Reichskohlenrat erkläre, man sei bereit, die Kokereien für die Stillegung der Anlagen zu entschädigen. Ehe man teure Kohlen aus Amerika und England beziehe, könne man auch den Kokereien Entschädigungen geben, und man werde dann Kohlen bekommen, um sie an der Stelle zu entgasen, wo Gas und Koks gebraucht werden. Es seien Behelfsmittel in Vorschlag gebracht. Die Konsumenten würden sich aber entschieden wehren, daß man im Heizwert noch weiter heruntergehe, etwa so weit, wie Herr Prof. **Strache** vorschlug.

Die Vereinigung der Elektrizitätswerke arbeite ganz anders. Sowohl beim Reichskohlenkommissar als bei der Zusammenkunft der Vertreter in Nürnberg erklärten die Elektrizitätswerke einfach: »Wir können die Beleuchtung nicht rationieren, unsere Bücher sind dazu nicht eingerichtet.« Die Gaswerke aber hätten alle in bereitwilligster Weise er-

klärt: »Wir sind so eingerichtet«, und zwar so großartig,
daß jetzt sogar die Automaten rationiert werden müßten,
so daß man den Ärmsten der Armen treffe.

Deshalb müsse man sich energisch gegen die Auffassung
wehren, als ob hier in aller Öffentlichkeit anerkannt werde,
die Kohlenlage könne nicht geändert werden, tatsächlich
könne sie geändert werden, wenn richtig zugemessen wird,
und deshalb bedauere er, daß der Vortrag hier zuerst in die
Öffentlichkeit kam. Er hätte es für besser gehalten, wenn verfahren worden wäre wie bei der Vereinigung der Elektrizitätswerke, wo der Vorsitzende nach einem sehr wichtigen Vortrag über die Verstaatlichung der Elektrizitätswerke bat,
nicht zu der Sache zu sprechen, er werde die Lage schildern,
bitte aber von einer allgemeinen Debatte abzusehen. Nach
dem Gang der Dinge müsse befürchtet werden, daß an bestimmten Stellen der falsche Schluß gezogen werde, als könne die
Gasindustrie durch besondere Maßnahmen noch weiter an
Kohlen sparen.

Die Erzeugung von Wassergas sei empfohlen worden;
man solle doch mit dem Wassergaszusatz nicht zu weit gehen,
wenn man aus dem Koks der Gaswerke Wassergas fabriziere.

Dann sei gesagt worden, daß das Gas, wenn man mit dem
Heizwert auf einer niedrigeren Stufe bleibe, nicht mehr als
12% tote Bestandteile haben solle. Dadurch werde die Erzeugung von Wassergas erzwungen, denn Werke, die kein
Wassergas fabrizieren, müßten bei 12% tote Gase 4700 bis
5000 WE/cbm erhalten, anders sei es gar nicht möglich.
Es erscheine ihm daher nicht richtig, als Richtschnur für die
deutschen Gaswerke anzunehmen, daß sie Wassergas machen
und die brennbare Substanz des Koks für die Städte, die sie
dringend brauchten, noch weiter herunterzusetzen. Vor allem
müsse er sich aber dagegen wenden, daß gesagt werde, die
Gaswerke könnten durch die besprochenen Maßnahmen
Kohlen ersparen. Dagegen protestiere er im Namen aller aufs
lebhafteste. (Lebhafter Beifall.) Wir müssen Kohlen haben,
und alles was vorgebracht ist, ist Behelfsmittel und bleibt
Behelfsmittel, und man könne unmöglich auf dem Standpunkt

stehen, daß die Erzeugung eines Gases von z. B. 4300 WE/cbm
ein dauernder Zustand werden soll. (Beifall.)

Herr Direktor R e i n h a r d , Hildesheim, weist darauf
hin, daß er bereits gelegentlich der Einladung der Zentrale für
Gasverwertung zur Besprechung über Mittel und Wegf
weitere Einschränkungen erreicht werden könnten, daraur
hingewiesen habe, daß die Gaswerksleute nicht mehr in der
Lage seien, dem Reichskohlenkommissar zu helfen, sondern der
Reichskohlenkommissar nunmehr den Gaswerken helfen müsse,
die ihrerseits bereits das irgend mögliche getan hätten. Er
müsse auch an diesem Standpunkt auch angesichts der beiden
Vorträge festhalten. Herr L e m p e l i u s habe berichtet,
daß die Verhältnisse der Kohlenbelieferung, soweit die Gesamtheit der Kohlen in Frage komme, sich in absehbarer
Zeit kaum ausschlaggebend bessern werde. Anderseits werde
darauf hingewiesen — und das sei ihm neu — daß der Prozentsatz an Gaskohlen nicht gesteigert werden könne, sondern
durch den Abgang des Saarkohlengebiets und dem eventuellen
Abgang Oberschlesiens eher herabsinken werde. Wenn das
so liege, so sei doch ein niederer Heizwert auf die Dauer nicht
von der Hand zu weisen, wenn man durch vermehrte Was-
sergasversorgung erreichen könne, daß den Verbrauchern
tatsächlich mehr Gas und mehr Wärmeeinheiten zugeführt
werden können. Auch er müsse aber davor warnen, daß der
Schluß gezogen werde, daß dann den Gasanstalten noch weniger
Kohlen geliefert werden könnten. Nur wenn der Nutzen dieser
Änderung, den Gaswerken und ihren Verbrauchern zugute
komme, könne er sich mit einer dauernden Herabsetzung
des Heizwertes einverstanden erklären, sonst nicht. Auch
könne weiterer Wassergaszusatz nur für diejenigen Werke
in Frage kommen, die etwa noch nicht bei dem von Dr. B u n t e
angeführten Heizwert angelangt seien.

Er möchte übrigens eine Anregung von Herrn K ö r
t i n g im Ausschuß aufgreifen, daß die Vorträge im voraus
den Teilnehmern gedruckt zugestellt werden möchten, damit
man sich eine Stellungnahme überlegen könne. Auch würde
es sich vielleicht empfohlen haben, die Diskussion des Vor-
trags auf den folgenden Tag zu verschieben und vorher die

Klärung der Ansichten in der Sitzung des Sonderausschusses für den Betrieb von Gaswerken erfolgen zu lassen.

Vorsitzender Herr Direktor G ö t z e , Bremen, wiederholt, daß am Nachmittag im engeren Kreise eine Aussprache stattfinden soll. Er halte es mit den anderen Herren nicht für richtig, die Diskussion über dieses Thema zu beschränken oder sie abzuschneiden. Allerdings halte er es auch nicht für zweckmäßig, ausgesprochene Tatsachen, Vermutungen oder Annahmen oder vielleicht auch nicht ganz richtig verstandene Ausführungen der Vorredner in öffentlicher Besprechung besonders zu unterstreichen.

Herr Direktor W e s t p h a l , Leipzig: Ein Rückblick auf die Zeit vor Gründung der Zentrale für Gasverwertung zeige, daß die Beachtung und Wertschätzung der Gaswerke ganz wesentlich gehoben und gefördert worden ist. Herr Direktor L e m p e l i u s habe es in reger, stetiger Arbeit verstanden, die Bedeutung der Gaswerke bei der Allgemeinheit und den Behörden die gebührende Beachtung zu verschaffen. Während früher selbst Männer der Wissenschaft der Auffassung waren, als ob es kaum noch Zweck habe, im Zeitalter der Elektrizität die Gasversorgungsfrage zu behandeln, da man nicht wisse, wie lange die Gaswerke noch lebensfähig und existenzberechtigt wären, werde heute die Kohlenversorgung der Gaswerke unmittelbar hinter den Eisenbahnen an erster Stelle genannt. Der Herr Reichskohlenkommissar habe die große volkswirtschaftliche Bedeutung der Gaswerke erkannt und wollte dem dringenden Bedürfnis an Kohlen für die Gaswerke Rechnung tragen. Wenn das der Fall sei, warum geschehe es dann aber nicht ? Herr Dr. B u n t e habe gezeigt, wie nötig es sei, alle entgasbaren Kohlen durch die Gaswerke zu veredeln und erst durch die Öfen der Gaswerke als Brennstoff Koks der Öffentlichkeit zuzuführen. An diesem Grundsatz müsse unbedingt festgehalten werden. Es sei nicht richtig, wenn heute noch Kohlen, ohne vorher entgast zu werden, verbrannt werden, es sei nicht richtig, wenn Gaskohlen in den Zechenkokereien zu Hausbrand verarbeitet würden, während die Gaswerke für die Entgasung nicht ausreichend beliefert werden. Hier müsse unbedingt eingesetzt werden,

und wenn dem Herrn Reichskohlenkommissar die Macht
fehle, seinen Willen durchzuführen, dann müsse man ihn unterstützen, in dem man die Allgemeinheit in genügender Weise
aufklärt. Man müsse der Allgemeinheit klar sagen, daß ihr
Unwille über die hohen Gaspreise berechtigt sei. Die Gaspreise könnten herabgesetzt, die Gaseinschränkungen aufgehoben werden, wenn den Gaswerken die vorhandenen Gaskohlen
zugeführt und nicht in den Kökereien entgast würden. Wäre
das nicht der Fall, so würden die Städte, nicht nur Koks für
Hausbrandzwecke haben, sondern vor allem auch ausreichend
Gas für Koch- und Beleuchtungszwecke.

Die wiederholt gebrauchte Ausrede, daß die Kokereien
die Teeröle (Benzol usw.) in größere Mengen aus dem Gas
gewinnen als die Gaswerke, seien Kinkerlitzchen gegenüber
der g e w a l t i g e n Schädigung, die die Industrie und Volkswirtschaft durch die Gassperrstunden erlitten. Er fasse zusammen: 1. Die Sonderinteressen der Zechen und Kokereien
müßten im Interesse der Allgemeinheit, die aus den Gaswerken versorgt wird, zurückgestellt werden. 2. Aller Koks,
soweit er nicht zu Hüttenzwecken gebraucht werde, müsse
in erster Linie in den Gaswerken hergestellt werden. 3. Um
das zu erreichen, müsse der Herr Reichskohlenkommissar
die Erkenntnis der Wichtigkeit der Gasversorgung für die Allgemeinheit derart bekunden, daß nun endlich die Einschränkung
der Kokereien — soweit sie kein Gas liefern — durchgeführt
und die bessere Kohlenbelieferung der Gaswerke in die Tat
umgesetzt würde. (Beifall.)

Herr Direktor P e r m i e n , Rostock: Man habe wieder
von Einschränkungen gehört, warum aber suche man das Übel
nicht technisch zu lösen. Man spreche von Ersatzstoffen,
Holz, Torf, Braunkohle und anderem. Diese Ersatzstoffe
gehörten in die Industrie, in den Hausbrand, aber nicht in
den Gasofen. Die Industrie verbrenne noch eine Menge
Kohlen, die entgast und durch andere Brennstoffe viel eher
als im Gasofen ersetzt werden könnten. Man sage, jetzt
könne man die ökonomische Verwendung der Kohle nicht durchführen. Wann solle sie denn ausgeführt werden, etwa wenn
wir wieder reichlich Kohlen haben? Es werde endlich Zeit,

an die Frage heran zugehen, die man in 5 Kriegsjahren nicht
gelöst habe. Die Industrie brauche ganz gewiß Brennstoffe,
aber brauche sie gerade Kohlen? Man müsse so einteilen,
wie es technisch richtig sei, dann müßten Kohlen genug durch
die Gaswerke gehen. Man solle sich nicht immer mit Einschränkungen zu retten versuchen. Er bitte daher dringend,
daß auch die heutige Versammlung Wert darauf legt, daß
die entgasbaren Kohlen zunächst den Gaswerken zugeführt
werden, und daß für die Ortskohlenstellen die Möglichkeit
geschaffen werde, einzugreifen wo Not ist und die entgasbaren Kohlen den Gaswerken zuzuführen und den Koks
abzugeben.

Herr Oberingenieur S c h ä f e r , Dessau: Was Herr
Direktor L e m p e l i u s über die Kohlenlage, über die För-
derungs- und Beförderungsverhältnisse mitgeteilt habe, sei
niederschmetternd gewesen. Einen Ausblick in die Zukunft
daran zu knüpfen, habe er anscheinend nicht den Mut gefunden.
Er persönlich wage noch auf eine Besserung zu hoffen, dann
würden auch die Gaswerke wieder besser beliefert. Könne man
aber diese Zuversicht nicht aufbringen, dann seien die heutigen
Erörterungen überhaupt zwecklos, denn dann müßten viele
Millionen Volksgenossen verhungern, ins Ausland oder zum
mindesten von den Städten aufs Land abwandern, und die
Sorge um die Beschaffung von Gas dadurch beheben, daß
dann eben viel weniger Gas verlangt wird.

Die Folgerungen von Herrn Dr. B u n t e möchte er
sich nicht auf der ganzen Linie zu eigen machen. Auch in
Dessau habe man nach allen Richtungen darüber Erwägungen
und Berechnungen angestellt. Man sei der Meinung, daß die
Herabsetzung des Heizwerts bei weitem nicht so große Vorteile bringe, als sie auf rein theoretischer Grundlage berechnet
seien. Auch die Unkosten des Übergangs zu dieser Gasherstel-
lung seien berechnet worden und würden so außerordentlich
hoch, daß sie die vermeintlichen Vorteile aufwiegen würden.
Man sei in Dessau auch der Meinung, daß man nicht so ohne
weiteres in der heutigen Versammlung schon eine Entscheidung darüber herbeiführen solle und könne, ob man zum 5000
WE-Gas zurückkehren oder dauernd auf 4300 WE übergehen

sollte. Ehe ein so folgenschwerer Schritt getan werde, müsse das erst im engeren Kreise einer Kommission gründlich erwogen werden.

Er habe seit 2½ Jahrzehnten den Anregungen, das Gas durch Wassergas zu verdünnen, allezeit ablehnend gegenüber gestanden. Er habe diesen Vorschlägen gegenüber stets das Gefühl gehabt, das der Weintrinker dem Weinpantscher entgegenbringe. Es scheine ihm nicht gut, für alle Zeit das Verfahren fortzusetzen, das man unter dem Druck der Not aufgenommen habe, nämlich stark verdünntes Gas zu liefern. Er glaube, daß es nichts Besseres gebe, um die Zufriedenheit der Abnehmer wieder zu erringen, als dasjenige gute Gas wieder zu liefern, das vor Ausbruch des Krieges allenthalben geliefert wurde.

Wenn aber wirklich die Gaskohlen knapp seien, dann gebe es ein Gebiet, auf dem viel für die ganze Zukunft gespart werden könne, ohne daß es uns Gasfachleuten besonders weh tue, und das sei, auf die Straßenbeleuchtung mit Gas zu verzichten. Es erscheine ihm künftig nicht angängig, hochwertige Gaskohlen zu verarbeiten, um die Straßen zu beleuchten. Der Wechsel würde immerhin für manche Städte 6, 8, 10 und noch mehr vom Hundert Gasersparnis und Gaskohlenersparnis für andere Zwecke bedeuten, und diese Ersparnis wäre sicherer als die heute aus theoretischen Tabellen berechnete und auf theoretischen Erwägungen beruhende. Alle übrigen Bedenken seien besser im engeren Kreise der Kommission zu behandeln.

Der Vorsitzende schließt die Aussprache mit Dank an die Vortragenden und Diskussionsredner und gibt Herrn Dr. Bunte das Schlußwort.

Herr Dr. Bunte führt aus: Er habe das Gefühl, daß seine Darlegungen ziemlich erheblich mißverstanden und abgelehnt worden seien. Er sei darüber erstaunt, denn, wenn die Gasindustrie im Drange der Verhältnisse auseinanderflattere und richtungslos werde, so halte er es nicht nur für angebracht, sondern für Pflicht, den Versuch zu machen den Bestrebungen wieder eine gewisse Richtung zu geben. Vor seinem Vortrage habe er einen Fragebogen ausgesandt, in dem er mit Absicht in extremer Weise einen Heizwert von 4300 WE/cbm zur Diskussion gestellt habe. Man werde wohl nicht bestreiten können, daß er sich im Vortrag keineswegs auf diesen Grenzwert 4300 festgelegt habe. Das Wort Kohlenersparnis sei in dem Fragebogen allerdings in unglücklicher Weise angewandt worden und könne vielleicht auch aus den benutzten Tabellen herausgelesen werden. Er habe aber ausdrücklich betont, daß man erstens bereits zurzeit bedauerlicherweise bei einem Heizwert von 4300 WE/cbm stehe, und daß es sich nur um Richtlinien für die Zukunft handle, und zweitens mehrfach betont, daß eine Ersparnis an Gaskohlen naturgemäß nur den Gaswerken selbst zukommen müsse. Der Hauptzweck der Anregung sei eben, der Gaserzeugung wieder freie Bahn zu schaffen, um so bald als möglich wieder Gas in der erforderlichen Menge abgeben zu können. Für jedes einzelne Werk und für die Gesamtheit müsse die Zentrale für Gasverwertung wieder arbeiten und Abnehmer werben können, während man sich zurzeit in der Lage befinde, Angst vor jedem haben zu müssen, der Gas haben wolle.

Wenn die Versammlung der Meinung sei, daß Gaskohle in absehbarer Zeit wieder vollauf in genügender Menge zur Verfügung stehe, dann allerdings sei die Entscheidung, daß man wieder zu dem früheren Heizwert 5000 bis 5200 WE/cbm zurückkehren könne, das gegebene und sein Vortrag — wie angedeutet worden sei — nicht angebracht gewesen.

Seiner Auffassung nach habe die Diskussion zunächst zu prüfen gehabt, ob die nötigen Gaskohlen in absehbarer Zeit wieder zur Verfügung stehen werden, in zweiter Linie, falls sie nicht vorhanden sind, ob man sich jahrelang behelfen oder die Konsequenz ziehen wolle, und wenn man dies für zweckmäßig halte, wäre drittens zu überlegen, auf welche Linie man sich wieder einigen könne. Er glaube, der Beweis, daß Mangel an Gaskohlen bestehe und nicht nur heute bestehe, sondern der Natur der Dinge nach auch auf absehbare Zeit bestehen bleibe, sei wohl leider erbracht und nicht widerlegt. (Beifall.)

# Die derzeitige Lage und künftige Entwicklung auf dem Ammoniakmarkt.

Von Dr. B u e b ,. Ludwigshafen.

Im Kriege mußte die gesamte Stickstoffproduktion Deutschlands in den Dienst der Heeresverwaltung gestellt werden. Die Munitionsfertigung gebrauchte als wichtigstes Rohprodukt Salpetersäure, die bisher aus eingeführtem Chilesalpeter hergestellt worden war. Der Chilesalpeter fiel weg, und an seine Stelle trat der künstliche Salpeter, welcher aus reinem Ammoniak in Deutschland selbst erzeugt wurde.

Da die Produktion der neugeschaffenen Ammoniakfabriken, welche das Ammoniak aus dem Stickstoff der Luft herstellen, noch nicht genügte, ging auch an die Kokereien und Gasanstalten von der Heeresverwaltung aus die Forderung, ihre Fabrikation möglichst auf konzentriertes Ammoniakwasser umzustellen, welches dann an zentralen Stellen zu reinem Ammoniak verarbeitet wurde.

Die Gasanstalten haben dieser Forderung in weitgehendem Maße entsprochen; ein Munitionsmangel infolge Fehlens von Ammoniak ist im ganzen Laufe des Krieges niemals eingetreten.

Nach Beendigung des Krieges wurden die großen für die Munitionsfertigung benötigten Ammoniakmengen wieder frei für ihren ursprünglichen Zweck, die Herstellung künstlicher Düngemittel für die Landwirtschaft.

Mengenmäßig ist während des Krieges eine außerordentliche Verschiebung in der Stickstoffproduktion eingetreten. Während vor dem Kriege die deutsche Stickstoffproduktion insgesamt rund 100000 t Reinstickstoff betrug, sind im Kriege neue Produktionsstätten von Stickstoff entstanden, welche bei Volleistung in der Lage sind, das Mehrfache der Friedensproduktion zu erzeugen.

Der Anteil der Gasanstalten an der deutschen Stickstoffproduktion, der vor dem Kriege noch zirka 18% betrug, ist infolge der gesteigerten Produktion auf 5% gesunken. Zu den alten Quellen von Stickstoff aus Kokereien und Gasanstalten sind neue hinzugekommen, welche den Stickstoff der Luft als Ausgangsmaterial benutzen. Im Kriege entstanden die beiden großen Fabriken der Badischen Anilin- und Sodafabrik in Oppau und Merseburg nach dem Haber-Bosch-Verfahren. Auf dem Wege der Hochdrucksynthese wird aus Luftstickstoff und dem Wasserstoff des Wassers reines Ammoniak hergestellt.

Es entstanden neue große Kalkstickstoff-Fabriken, die mit Hilfe der elektrischen Energie aus Koks und Kalk zunächst Kalzium-Karbid und durch Behandlung des feingemahlenen Karbids mit Stickstoff Kalkstickstoff herstellen.

Bei Höchstleistung wird die Erzeugung Deutschlands in Tonnen reinem Stickstoff betragen:

300000 t nach dem Haber-Bosch-Verfahren,
100000 t Kalkstickstoff,
100000 t aus Kokereien und Gasanstalten.
--------
500000 t.

Hiervon ist die Produktion aus den Gebieten abzuziehen, die mit der Abtretung deutschen Gebietes Deutschland verloren gehen werden.

Bis zum Oktober 1918 war die Stickstoffproduktion Deutschlands in erfreulichem Aufstieg begriffen. Sie betrug über 25000 t Reinstickstoff im Monat. Bei glücklichem Ende des Krieges konnte erhofft werden, daß die Höchstproduktion von 500000 t innerhalb Jahresfrist erreicht werden würde. Der unglückliche Ausgang des Krieges und die Revolution änderten das Bild vollständig. An Stelle des Produktionsfortschrittes traten ungeahnte Rückgänge der bereits bestehenden Produktion ein. Wenn auch der Tiefstand überwunden ist, so geht es doch nur langsam vorwärts.

Bis zum Beginn des Weltkrieges bestand insofern ein Überfluß an künstlichem Stickstoff, als es schwierig war, für die erzeugten Mengen Absatz zu finden. Eine Überproduktion in dem Sinne, wie man es von vielen anderen Produkten behaupten konnte, war das nicht, aber der Bedarf hinkte der vorauseilenden Produktion nur langsam und etwas widerwillig nach. Dazu trat ein heftiger Konkurrenzkampf: Die Produzenten von Chilesalpeter stritten mit den Produzenten von schwefelsaurem Ammoniak und Kalkstickstoff um die Güte ihrer Ware.

Der Weltkrieg änderte das Bild. Der Landwirtschaft fehlte der Düngestickstoff. Der Ernteertrag ging zurück. Dieser Rückgang wirkte stärker belehrend als der in den Friedensjahren durch Verwendung des künstlichen Düngestickstoffs erzeugte Mehrertrag und die starke Propaganda. Es trat Stickstoffhunger ein, der immer größer wurde in dem Maße, wie die Lebensmittel knapper und teurer wurden. Der Streit über den verschiedenen Düngewert von Chilesalpeter, schwefelsaurem Ammoniak oder Kalkstickstoff verstummte. Der Landwirt nahm den künstlichen Stickstoff in jeder Form, bezahlte gern und ist heute bereit, das Mehrfache an Stickstoff aufzunehmen, wie vor dem Kriege.

Hier zeigte sich der Krieg wirklich einmal als großer Lehrmeister. Die Wichtigkeit der künstlichen Stickstoffdüngung wird jetzt besser begriffen als früher. Der durch den Krieg geschaffene Notstand hat schneller als die jahrelange Propagandaarbeit der Stickstoffproduzenten für die Anwendung der künstlichen Stickstoffdüngemittel gesprochen. Während früher fast nur der Großgrundbesitzer den Wert des Stickstoffs erkannt hatte, ist diese Erkenntnis jetzt tief bis in die Bauernkreise gedrungen. Infolgedessen muß mit einem gewaltig erhöhten Stickstoffbedarf in der Zukunft gerechnet werden. Die Erntevermehrung durch eine Tonne Stickstoff, welche in Form von künstlichem Dünger in den Ackerboden gebracht wird, beträgt:

| | | | |
|---|---|---|---|
| zirka | 18 t Weizenkörner | zirka | 40 t Weizenstroh, |
| » | 24 t Gerstenkörner | » | 30 t Gerstenstroh, |
| » | 24 t Haferkörner | » | 34 t Haferstroh, |
| » | 120 t Kartoffeln | » | 40 t Kartoffelkraut |
| » | 150 t Zuckerrüben | » | 100 t Zuckerrübenblätter, |
| » | 240 t Futterrüben | » | 75 t Futterrübenblätter. |

Vor dem Kriege hat Deutschland für M. 3 Milliarden jährlich an Nahrungs- und Futtermitteln bezogen. Das verarmte Deutschland hat heute keine Zahlungsmittel mehr, aus dem Ausland sich Nahrung zu beschaffen. Will es nicht verhungern, muß es selbst produzieren. Wenn die im Kriege geschaffenen Stickstoff-Fabriken in Vollproduktion kommen, wird der Ernteertrag durch die dann zur Verfügung stehenden 500000 t Reinstickstoff so gesteigert werden, daß dann jede Einfuhr von Nahrungs- und Futtermitteln überflüssig gemacht, ja sogar eine Ausfuhr besonders hochwertiger Produkte, wie Zucker, noch ermöglicht werden wird.

### Syndikat.

Der Staat, welcher alle Hilfsquellen der deutschen Volkswirtschaft zusammenfassen muß, um lebensfähig zu bleiben, konnte an der Stickstoffwirtschaft nicht vorübergehen. Er mußte Einfluß nehmen, um zu verhüten, daß Mißbrauch getrieben wird mit einem der wertvollsten Wirtschaftsgüter, dem Stickstoff. Der Ruf des Staates nach Sammlung in der Stickstoffindustrie fand williges Gehör. Die fünf großen Stickstoff-Produzenten:

die Badische Anilin- und Soda-Fabrik,
die Deutsche Ammoniak-Verkaufs-Vereinigung,
die Bayerischen Stickstoffwerke mit Reichswerken,
die Wirtschaftliche Vereinigung deutscher Gaswerke,
die Oberschlesischen Kokswerke

traten am 8. Mai unter maßgebender Beteiligung des Staates zu dem Stickstoff-Syndikat G. m. b. H. zusammen. Der Zweck des Syndikats ist nicht, Gewinn zu erzielen, sondern im wesentlichen, die Produktion zu steigern, preisausgleichend zu wirken und die Verteilung des Stickstoffs möglichst gerecht vorzunehmen. Die Verkaufspreise der einzelnen Stickstoffprodukte werden unter Mitwirkung und Mitprüfung der Behörden auf Grund der ermittelten Produktionskosten festgesetzt.

Da das Stickstoff-Syndikat dem allgemeinen Interesse dient, war es wünschenswert, daß alle Stickstoffproduzenten im Syndikat vereinigt wurden. Auf die Outsider, die aus Sonderinteressen dem Syndikat nicht beigetreten sind, übt die noch zu diesem Zweck bestehende Überwachungsstelle für Ammoniakdünger und phosphorsäurehaltige Düngemittel durch Zuweisung geringerer Umlagen einen Druck aus.

### Düngestickstoff-Ausschuß.

Da das Stickstoff-Syndikat den Zusammenschluß der Produzenten repräsentiert, war es zweckmäßig, eine Stelle zu schaffen, welche im wesentlichen auch die Interessen der Konsumenten und des Handels wahrnimmt. So kam am 5. Juni 1919 unter der Führung des Reichswirtschaftsministeriums die Gründung des Düngestickstoffausschusses zustande, in dem vertreten sind:

Das Reichswirtschaftsministerium — das Reichsschatzministerium — das Reichsernährungsministerium — die Länder — das Stickstoffsyndikat — die deutsche Landwirtschaft in ihren verschiedenen Verbänden — der Handel — die Phosphatfabriken und die Arbeitnehmer.

Der Stickstoffausschuß tritt von Zeit zu Zeit unter dem Vorsitz des Reichswirtschaftsministeriums zusammen; seine Aufgaben bestehen in der Festsetzung der Verkaufspreise und der Umlage, Festsetzung der Lieferungsbedingungen, Festsetzung der Verteilung der Produktion an Landwirtschaft und Handel, Regelung der Ein- und Ausfuhr und Belehrung.

Der Stickstoff-Ausschuß repräsentiert im deutschen Wirtschaftsleben eine neue Erscheinung. Der Konsument und der Produzent sind zusammengetreten, tauschen ihre Sorgen gegeneinander aus und versuchen, sich gegenseitig zu helfen. An Stelle des Kampfes um die Preise ist Verständigung getreten. Beide Teile fahren dabei gut. Die Landwirtschaft hat erkannt, daß sie selbst am meisten geschädigt wird, wenn die deutsche Stickstoffindustrie notleidend wird. Sie bewilligt deshalb auch die erhöhten Preise, welche die steigenden Löhne und Materialien mit sich bringen. Der Produzent verzichtet auf jeden übermäßigen Gewinn, und letzten Endes bekommt die deutsche Landwirtschaft ihren Stickstoffdünger dreimal so billig, als wenn sie ihn bei der heutigen Valuta aus dem Auslande beziehen müßte.

### Spezielle Verhältnisse der Gasanstalten.

Wie oben ausgeführt, ist die Produktion der Gasanstalten in der Stickstoffwirtschaft nur noch ein kleiner Bruchteil. Für die Gasanstalten ist es aber dennoch wichtig zu wissen, welche Stickstoffprodukte sie in Zukunft zweckmäßig herstellen sollen. Entscheidend hierfür ist die Ausnutzung der bestehenden Apparatur. Deutschland ist zu arm geworden, um sich den Luxus leisten zu können, technische Einrichtungen, die noch nicht verbraucht sind, durch neue zu ersetzen. Infolgedessen werden die Gaswerke, die ja größtenteils auf schwefelsaures Ammoniak eingerichtet sind, dieses Produkt im wesentlichen weiter herstellen. Nebenbei wird so viel konzentriertes Ammoniakwasser erzeugt werden können, wie die Ammoniak-Soda-Industrie abnehmen kann, zumal diese Industrie auch auf die im konzentrierten Wasser enthaltene Kohlensäure Wert legt. Die Herstellung von Salmiakgeist und reinen Ammoniaksalzen wird auf die Dauer den Fabriken der Badischen Anilin- und Sodafabrik überlassen werden müssen, die chemisch reinen Salmiakgeist als Primärprodukt erzeugen und diesen erst sekundär nach dem neuen Gipsverfahren in schwefelsaures Ammoniak umwandeln.

Von großer Bedeutung für die Gasanstalten ist naturgemäß die Sicherstellung der Schwefelsäure, die sie für ihre Fabrikation gebrauchen. Zurzeit herrscht großer Mangel an Schwefelsäure, hervorgerufen durch den Wegfall der Einfuhr von ausländischem Schwefelkies. Abhilfe ist aber möglich, wenn die deutsche Produktion an Schwefelkies wieder auf die im Kriege schon erreichte Höhe gebracht wird und wenn vor allen Dingen die Kokereien dazu übergehen, die Schwefelreinigung einzuführen und damit die 70000 bis 80000 t Schwefel, welche jetzt verloren gehen, gewinnen. Der Schwefel ist im Preise so gestiegen, daß die Gasanstalten mehr als bisher auf Erhalt hochwertiger ausgenutzter Gasreinigungsmassen Wert legen müssen. Vorhergehende Zyanreinigung und Einführung von Luft vor der Reinigung geben die Möglichkeit, eine ausgenutzte Masse mit einem Schwefelgehalt bis zu 50% zu erzeugen, die ohne weiteres in den modernen Verbrennungsöfen zu Schwefelsäure verbrannt werden kann.

Sollte aber wider Erwarten die Schwefelsäureknappheit in Deutschland so groß werden, daß den Gasanstalten nicht mehr genügend Schwefelsäure zur Herstellung von schwefelsaurem Ammoniak zur Verfügung steht, so bleibt immer noch ein Ausweg. Versuche, welche in Ludwigshafen vorgenommen sind, haben ergeben, daß man das konzentrierte Ammoniakwasser auch nach dem neuen Verfahren der Badischen Anilin- und Soda-Fabrik mittels Gips in schwefelsaures Ammoniak umwandeln kann. Die Umwandlung müßte aber an einer zentralen Stelle geschehen, da die Produktion der einzelnen auch noch so großen Gasanstalten nicht genügt, um dieses Verfahren wirtschaftlich auszuüben.

Im allgemeinen können die Gaswerke bezüglich der Stickstoffwirtschaft beruhigt in die Zukunft blicken. Für die nächsten Jahre ist der Absatz der Stickstoffprodukte gesichert. Die Verkaufspreise werden unter Mitwirkung der Gasanstalten im Stickstoff-Syndikat und Stickstoff-Ausschuß festgesetzt. Tritt die Gasindustrie nur geschlossen in der Stickstoffwirtschaft auf, so wird sie auch die gleichen Vorteile genießen wie die in der D. A. V. V. vereinigten Kokereien und wird dabei auch ihr eigenes Interesse und das der Allgemeinheit wahren. (Beifall.)

An den Vortrag schloß sich nachstehende Besprechung:

Herr Direktor Sacolowsky, Zwickau: Meine Herren! Von der Bildung des Stickstoffsyndikats sind wir zuerst durch die Wirtschaftliche Vereinigung deutscher Gaswerke unterrichtet worden, und wenn diese Mitteilung, die uns die Wirtschaftliche Vereinigung gemacht hat, auch zum Teil von etwas anderen Gesichtspunkten ausgeht, als die Gesichtspunkte sind, von denen aus Herr Dr. Bueb uns eben die Syndikatsbildung bzw. den Beitritt dazu empfohlen hat, so ist der allgemeine Eindruck, den ich von der ganzen Sache schon nach Kenntnisnahme der Mitteilung durch die Wirtschaftliche Vereinigung gewonnen habe, doch hierdurch nicht im wesentlichen beeinflußt worden, und ich möchte mir erlauben, Ihnen nun mitzuteilen, welche Gedanken ich mir bei dieser ganzen Sache gemacht habe.

Aus dem Schreiben der Wirtschaftlichen Vereinigung ist ersichtlich, daß die auf deutschen Gaswerken gewonnenen Stickstoffmengen nur 2 bis 3% der Gesamtherstellung von stickstoffhaltigen Düngemitteln in Deutschland betragen. Ferner wird zum Ausdruck gebracht, daß in nächster Zeit eine Überproduktion an schwefelsaurem Ammoniak zu erwarten ist und daß einem Preissturz durch Bildung des Syndikats vorgebeugt werden soll. Der Absatz soll nach Möglichkeit erhöht und die Stickstofferzeugung mit der Aufnahmefähigkeit des Marktes in Einklang gebracht werden.

Der letzterwähnte Passus kann nur so verstanden werden, daß, um eine Überproduktion zu vermeiden, der Betrieb verschiedener Stickstoffanlagen stillgelegt bzw. eingeschränkt werden soll. Die Vermutung liegt nahe, daß die durch solche Maßnahmen betroffenen Werke durch eine Umlage entschädigt werden sollen, was wiederum gleichbedeutend mit einer Preissteigerung des Düngemittels wäre.

Aus dem erwähnten Schreiben der Wirtschaftlichen Vereinigung geht auch hervor, daß die Lage der Stickstoffindustrie nicht günstig ist, und daß damit gerechnet werden muß, daß auch vom Auslande versucht werden wird, Düngemittel nach Deutschland zu verkaufen, eventuell zu billigeren Preisen, als die deutschen Fabrikate verkauft werden können. Und diese Mutmaßung wird durch die heutigen Ausführungen des Herrn Dr. B u e b bestätigt, wenn er sagt, daß wir mit einer weiteren ganz erheblichen Steigerung der Stickstoffdüngemittelpreise zu rechnen haben werden, und daß die Landwirtschaft sich natürlich, ob sie will oder muß, damit einverstanden erklären wird. Wenn also diese Angabe als richtig angenommen wird, ist nicht verständlich, warum das Reich von einem Industriezweige, der um seine Existenz schwer zu kämpfen hat, Abgaben erheben will, zumal die künstliche Erhöhung der Stickstoffpreise die Herstellungskosten der aus der Landwirtschaft bezogenen Lebensmittel verteuern wird. Das Reichswirtschaftsministerium setzt sich hierdurch in Widerspruch mit den Maßnahmen, die es trifft, um die Lebensmittelpreise zu senken. Es mutet den Gemeinden zu, große Beträge zur Herabsetzung der Lebensmittelpreise zu opfern, und könnte das angestrebte Ziel leichter erreichen, wenn es die Herstellungskosten der Lebensmittel verringern hälfe, in diesem Falle dadurch, daß es den Landwirten billigere Düngemittel verschafft. Von diesem Gesichtspunkte aus betrachtet ist die Bildung eines Stickstoffsyndikats im Interesse der Allgemeinheit nicht erwünscht.

Die Bildung des Syndikats dient aber auch nicht den Interessen der Gaswerke und der als Besitzer der Gaswerke in den meisten Fällen in Betracht kommenden Städte und der Landwirtschaft. Durch die Zentralisierung des Verkaufs wird der Absatz in den meisten Fällen erschwert, und es wird, genau wie bei der Kohlenverteilung, das an und für sich knappe Wagenmaterial in unnötiger Weise beansprucht werden. Man sollte die einzelnen Werke verpflichten, an ihre bisherigen Abnehmer direkt zu liefern. Dadurch würde die Landwirtschaft schneller und billiger bedient werden. Ferner sollte man es den Kommunalverwaltungen gestatten, die schwierige Lebensmittelversorgung ihrer Städte dadurch zu erleichtern, daß sie Lieferverträge auf Lebensmittel gegen Ammoniaklieferungen abschließen könnten — was jetzt bekanntlich verboten ist.

Der Nahrungsmittelmangel ist in Sachsen immer noch sehr empfindlich, und es wird von den dortigen Landwirten nicht verstanden, daß Düngemittel, die im Lande erzeugt werden, nach auswärts versandt werden müssen. Als bezeichnendes Beispiel, wie erbitternd derartige Maßnahmen wirken, sei erwähnt, daß die Gasanstaltsarbeiter des von mir geleiteten Werkes sich dem Ammoniakversand nach auswärts widersetzen und ich aus diesem Grunde schon Betriebsstörungen habe befürchten müssen.

Um aber auf die Bildung des Stickstoffsyndikats zurückzukommen, dem die Gaswerke jetzt gezwungen beitreten sollen, so kann ich auch deshalb in dem Beitritt keinen Vorteil für die Gaswerke sehen, weil die Gewinne aus der Ammoniakherstellung schon im Frieden verhältnismäßig gering waren und sich in den Kriegsjahren wohl gänzlich in das Gegenteil verwandelt haben. Meines Erachtens könnten sämtliche

Gaswerke das Opfer bringen, auf Einnahmen aus der Ammoniak-
fabrikation zu verzichten, wenn sie dadurch zum kleinen Teil
zur Senkung der Lebensmittelpreise beitragen.

Anders dürfte es sich allerdings mit den Stickstoffwerken
der Badischen Anilin- und Sodafabrik verhalten, die bei ihrer
hohen Produktion von 300 000 t Stickstoff den größten Wert
darauf legen muß, hohe Preise zu erzielen. Die Vermutung liegt
daher nahe, daß die Syndikatsbildung auf Betreiben der Badischen Anilin- und Sodafabrik erfolgte, zumal der bisherige
Reichskommissar für die Stickstoffwirtschaft, Herr Dr. Bueb,
jetzt für die Badische Anilin- und Sodafabrik zeichnet.

Dieses hervorragende Unternehmen, dessen Verdienste
uneingeschränkt anerkannt werden sollen, wird infolge seiner
Größe in dem Syndikat bestimmend sein, was auch schon in
dem Gesellschaftsvertrag zum Ausdruck kommt, der drei
Vertreter der Badischen Anilin- und Sodafabrik vorsieht.
Die Erzeugung der gesamten deutschen Gaswerke ist gegenüber der Stickstofferzeugung der Badischen Anilin- und Sodafabrik so unbedeutend, daß man sich zunächst darüber wun-
dert, wenn den Gaswerken trotzdem ein Platz in der Verwaltung des Syndikats eingeräumt wird. Es liegt aber der Gedanke nahe, daß dieses Zugeständnis wohl überlegt ist und daß
die Badische Anilin- und Sodafabrik hierdurch gewisse Vorteile für sich zu erzielen hofft. Als zielbewußtes und großzü-
giges Unternehmen wird und muß sie in erster Linie darauf
bedacht sein, ihre Stickstoffwerke, die infolge des Krieges
ungeahnte Dimensionen angenommen haben dürften, entweder
wie bisher wirtschaftlich weiterzuführen oder sie für die Sozialisierung reif zu erklären. Für beides ist erforderlich,
daß hohe Gewinne nachgewiesen werden, und hierzu wiederum
dient die Syndikatsbildung. Damit nun aber die zweifellos
vorhandenen Sonderinteressen der Badischen Anilin- und
Sodafabrik nicht im Vordergrunde erscheinen, werden die
deutschen Gaswerke im Verwaltungsrat und zwangsweise
am Syndikat beteiligt, und der Verwaltungsrat, der zum
überwiegenden Teile aus Vertretern der Badischen Anilin- und
Sodafabrik besteht, kann sich stets darauf beziehen, daß er
ja die Interessen der gesamten deutschen Gaswerke vertrete.

Auf diese Weise dürfte es der Badischen Anilin- und Sodafabrik möglich sein, Regierungsmaßnahmen zu veranlassen,
die ihr in erster Linie zugute kommen werden, an denen aber
die deutschen Gaswerke und die Landwirtschaft ein Interesse
nicht haben.

Ich empfehle, die Syndikatsbildung aus diesen von mir
soeben geschilderten Gesichtspunkten zu betrachten und in
einflußreichen Kreisen und eventuell auch in der Presse dahin
zu wirken, daß die Stickstoffsyndikatsbildung wieder beseitigt wird:

Herr Dr. B u e b hat vorhin selbst gesagt, daß die
Zwangswirtschaft z. B. beim Zucker bis jetzt lediglich be-
wirkt hat, daß die Zuckerproduktion zurückgegangen ist.
Und meiner Ansicht nach wird es durch die jetzigen Maßnahmen der Stickstoffsyndikatsbildung den Landwirten erschwert, Düngemittel in genügendem Umfange zu bekommen.
Es ist aber für uns die Hauptsache, die Landwirtschaft möglichst billig und reichlich mit Düngemitteln und mit ihren
sonstigen Betriebsstoffen zu versorgen, damit endlich einmal
die hohen Preise etwas abgebaut werden können, was zur
Folge haben wird, daß auch die Löhne heruntergehen und wir
uns allgemein wieder besser stehen werden als zurzeit.

Herr Direktor L e m p e l i u s : Meine Herren! Als
ich die Ausführungen des Herrn Dr. B u e b hörte, hat mich
wirklich ein Gefühl des Neides beschlichen. In seinen Ausführungen trat er selbst ganz zurück; von seinen eigenen Leistungen und von seiner eigenen Tätigkeit haben wir nichts
vernommen. Erst Herr S a c o l o w s k y ging darauf ein,
insofern er hervorhob, daß Herr Dr. B u e b während des Krieges Reichskommissar für die Stickstoffbewirtschaftung war.

Meine Herren! Ich möchte infolgedessen diese Unklarheit, die sich in den Ausführungen des Herrn Dr. B u e b
geltend gemacht hat, etwas beheben. Was er uns über den
zahlenmäßigen Erfolg seiner Tätigkeit berichtete — denn
sie ist es doch im Grunde gewesen, die diese Ergebnisse gezeitigt hat — seine planmäßige Leitung der deutschen Stickstoffwirtschaft als Reichskommissar für den Stickstoff hat
es doch zum großen Teil zuwege gebracht, daß jetzt diese Zahlen

genannt werden können, die er uns anführte: daß wir in der
Lage sein werden, den ganzen Stickstoffbedarf Deutschlands
zu decken, so daß wir — und das war mir neu — imstande
sind, auch unseren Nahrungsmittelbedarf ganz auf unserem
eigenen Boden wachsen zu lassen. Meine Herren! Ich glaube,
dies hier noch klarstellen zu müssen. Denn Herr Dr. B u e b
steht uns nahe; Herr Dr. B u e b ist ein hochverdientes Mitglied des Gasfaches, das wissen wir alle, wir haben ihm deshalb
seinerzeit die Bunsen-Pettenkofer-Ehrentafel zugesprochen.
Wir dürfen einen gewissen Stolz darüber empfinden, daß
diese Persönlichkeit, die wir in vollem Sinne als die unsrige
betrachten können, durch ihre planmäßige Kriegswirtschaft
die Ergebnisse gezeitigt hat, die sie jetzt kurz berühren konnte.

Meine Herren! Was der Herr Kollege S a c o l o w s k y
gesagt hat, demgegenüber könnte man doch vielleicht eines
geltend machen: Diese Ergebnisse, die für uns so wichtig
sind, daß man sie gar nicht genug hervorheben, daß man sie
gar nicht überschätzen kann, sind doch durch eine planmäßige
Wirtschaft erzielt worden, durch eine Initiative, die sich eben
doch in der Regel nur findet oder wenigstens bisher nach unseren
Erfahrungen überwiegend da gefunden hat, wo große Unternehmungen zielbewußt geleitet werden. Ein solcher zielbewußt
arbeitender Zweig unserer Wirtschaft, der ebenfalls berufen
ist, uns über Schwierigkeiten hinwegzuhelfen, über die Schwierigkeiten, die uns besonders in finanzieller und in finanzpoliti-
scher Richtung bedrohen und denen wir fast zu erliegen drohen,
ist die Chemie, die chemische Wissenschaft, in der wir allen
Ländern der Erde voraus sind. Und, meine Herren, mit an
der Spitze dieses chemischen Zweiges, vielleicht überhaupt
an erster Stelle, steht die Badische Anilin- und Sodafabrik.

Meine Herren! Ich glaube, jetzt ist die Zeit für Experimente
nicht; jetzt müssen wir zunächst — und insofern hat auch die
ganze Sozialisierung etwas Wasser in ihren Wein getan — die
wirtschaftlichen Kräfte, die den Krieg nicht allein überstanden,
sondern die sich im Kriege zu einer Bedeutung entwickelt
haben, die — und das ist das Schöne an dem, was Herr Dr.
B u e b uns vorführen konnte — uns im Frieden retten kann,
unterstützen und uns freuen, wenn sich diese Kräfte weiter

entfalten. Wir müssen allerdings sehen, auf diese Initiative
Einfluß zu gewinnen. Und so fasse ich auch die Organisation
auf, wie sie getroffen ist. Die Badische Anilin- und Sodafabrik,
Herr Dr. B u e b und die anderen Mitglieder des Stickstoff-
konzerns, sie haben den Gaswerken Sitz und Stimme gewährt,
damit die Gaswerke an ihrem Teil mit raten und taten
können zum Besten des Ganzen!

Nun, meine Herren, waren gewiß alle die Zahlen, die Herr
Dr. B u e b gebracht hat, außerordentlich erfreulich. Wenn es
auch nicht ganz zur Sache gehört, so habe ich doch noch die
Bitte, eine kleine Aufklärung zu geben. Es ist immer gesagt
worden, daß es der Stickstoff allein nicht tut, sondern daß
dazu auch noch manche andere Stoffe nötig sind, insbesondere
die Phosphate, daß eine Düngung mit Stickstoff allein in
vielen Fällen oder in der Mehrzahl der Fälle nicht zum Ziele
führt, sondern zum Aufbau der Pflanze in einem gewissen
Verhältnisse auch die Phosphate erforderlich sind. Von den
Phosphaten haben wir nichts gehört; Herr Dr. B u e b könnte
also vielleicht, wenn er die Freundlichkeit haben will, das Bild
dahin ergänzen, daß in der Tat die von ihm gebrachten Zahlen
stimmen und die Stickstoffmengen geeignet sind, uns die
landwirtschaftlichen Erzeugnisse in dem Umfange zur Verfügung zu stellen, wie er anführte, sowie daß die Schwierigkeit,
die bei den Phosphaten doch wohl vorhanden ist, überwunden
ist, so daß in der Tat die Ergebnisse, die er uns vorführen konnte,
gesichert sind.

Herr Direktor Dr. S c h ü t t e , Bremen: Meine Herren!
Ich wollte auf die Ausführungen des Herrn Kollegen Lempelius
zurückkommen, muß aber zunächst die Frage des Beitritts
zum Syndikat behandeln, weil diese Frage gerade die Gasfachleute besonders interessiert.

Ich teile nicht die Bedenken des Herrn Kollegen S a c o -
l o w s k y . Der Stickstoff spielt in der ganzen deutschen
Wirtschaft eine ganz enorme Rolle, und zwar gerade durch
die großen Erfolge der chemischen Industrie im Kriege und
vor dem Kriege nach den Patenten von H a b e r. Wenn sich
nun verwirklichen sollte, was uns Herr Dr. B u e b ausgeführt hat, daß wir tatsächlich in der Lage wären, allein

unsere ganze Landwirtschaft mit Stickstoff zu versehen
und dadurch unsere ganzen Futtermittel, die wir bisher vom
Auslande hereinholen mußten, selbst zu produzieren, dann
würde der deutschen Wirtschaft dadurch ganz außerordentlich
gedient sein, und es würde der Preis, den der Stickstoff im Lande
hat, für unsere Allgemeinwirtschaft gar keine Rolle spielen.
Und darauf kommt es an; man darf die Sache nicht einseitig
nur vom eigenen Gesichtspunkt aus betrachten.

Nun glaube ich allerdings, daß Herr Direktor B u e b
bis zu einem gewissen Grade etwas zu rosig gesehen hat. Der
Stickstoffhunger ist ja jedem bekannt, der überhaupt in der
Lage ist, schwefelsaures Ammoniak zu produzieren, und wir
wissen, wie sehr die Landwirtschaft und der Kleinbauer hinter
dem Stickstoff her ist. Der jetzige große Bedarf hat aber
zweierlei Ursachen. Wir haben während des ganzen Krieges
unter einem außerordentlichen Düngermangel gelitten, und
zwar nicht bloß an Stickstoffdünger, sondern es hat auch während des Krieges an Phosphaten gefehlt; außerdem aber hat
der Stalldünger selbstverständlich nicht mehr den Stickstoff-
und den Phosphorsäuregehalt, wie er ihn im Frieden gehabt
hat, weil die ganze Viehfütterung mit den Kraftfuttermitteln
während des Krieges ausgesetzt hat. Infolge dieses Mangels
an gutem Stalldünger ist natürlich momentan der Stickstoffbedarf der Landwirtschaft wesentlich höher, als er sein wird,
wenn sich erst die Verhältnisse in dieser Beziehung wieder
etwas ausgeglichen haben. Es wird also nach meiner Auffassung diese große Anforderung, die momentan an die Stickstoffindustrie gestellt wird, auf die Dauer nicht anhalten. Aber,
meine Herren, das würde auch noch nichts bedeuten; denn,
wenn ein Überschuß in der Produktion vorhanden ist, setzt
uns dieser Umstand instand, diese Überschußmengen mit
Nutzen an das Ausland zu verkaufen, dadurch unsere Valuta
zu heben und unsere wirtschaftlichen Verhältnisse zu bessern.

Ich glaube, daß wir allen Grund haben, die Stickstoffindustrie auch hier als Vertreter der Gaswerke zu unterstützen,
weil die Stickstoffindustrie ihre sämtlichen Materialien im
Inlande bezieht, zum größten Teil aus der Luft und dem Wasser
nimmt, also nichts aus dem Auslande braucht, weil sie deshalb

allein in der Lage ist, Werte im Lande aus Produkten des Ladnes
zu schaffen, die für die deutsche Volkswirtschaft von erheblichem Nutzen sein können.

Herr Direktor K o b b e r t , Königsberg: Meine Herren!
Die Ausführungen, die der Herr Kollege S a c o l o w s k y gemacht oder vielmehr angedeutet hat, sind ja in diesen Zeit-
läuften nicht neu und spielen sich leider auf allen Gebieten ab.
Sie können vielleicht bezeichnet werden als: der Hang, die
Dinge egozentrisch, also rein nach dem Gesichtskreis des
eigenen Ich, soweit dieses zunächst beteiligt ist, zu beurteilen.
Und das ist falsch. Die Versuchung läge sehr nahe, in die
vorige Debatte wieder zurückzugreifen, aber ich werde ihr,
wenn es auch sehr schwer ist, nicht unterliegen, und ich möchte
dem Herrn Kollegen S a c o l o w s k y nur eines sagen:
Wenn seine Andeutungen alle berechtigt wären, dann wären
sie für mich Grund genug, gerade das nicht zu tun, was er
glaubte, wünschen zu dürfen.

Ich bin Gasfachmann in einer spezifisch landwirtschaftlichen Umgebung und kann Ihnen sagen, daß ich es die ganze
Zeit, solange ich Gasfachmann bin, für einen sehr schwerwiegenden Widerspruch gehalten habe, daß wir unseren Düngestickstoff nicht ohne weiteres in die landwirtschaftliche Produktion
abfließen lassen durften. Und warum? Weil die Preisverhält-
nisse zwischen dem Haupthilfsmittel, der Schwefelsäure, und
dem fertigen Produkt nie günstig werden wollten. Einmal haben
wir einen Ansatz dazu erlebt, das war, wenn ich nicht irre,
im Jahre 1913, als angesichts der neuaufgekommenen Sulfat-
bereitung eine gewisse internationale Verständigung auf den
Stickstoffmarkt zustande kommen wollte — »wollte«, sage
ich; denn gerade, als sie in Wirksamkeit treten sollte und sich
schon ihre angenehmen Wirkungen zu zeigen begannen,
kam der Krieg, und die ganze Sache fiel zusammen. Ich sage
unter der Wirkung der Tatsachen, die Herr Dr. B u e b uns
angeführt hat: Erst jetzt — die Ammoniakwirtschaft der
Gasanstalten ist ja jetzt nahezu 50 Jahre alt — erst jetzt
nach diesen fünf Jahrzehnten kommen wir auf diesen grünen
Zweig, überhaupt daran denken zu können, auch unter den
heutigen Schwierigkeiten der Schwefelsäurebereitung das

Natürliche zu tun, nämlich unseren Stickstoff der Landwirtschaft zukommen zu lassen und gerade das auszuführen,
was Herr S a c o l o w s k y maßgebend sein lassen will,
und mit Recht maßgebend sein lassen will, jetzt nach so langer
Zeit auszuführen, nachdem uns eine ganz widernatürliche
Preisbildung daran gehindert hat.

Wir kommen auf diesen Standpunkt selbst dann, wenn
Herr S a c o l o w s k y mit seiner schwarzseherischen Meinung
recht hätte. Denn dann trifft auf seine Ausführungen das zu,
was sich ja auf so vielen Gebieten zeigt: Die größte Eigen-
sucht ist, wenn sie nur innerhalb der Landesgrenzen und innerhalb der Interessen des Vaterlandes sich betätigt, letzten
Endes die größte Weitherzigkeit und die größte Selbstlosig-
keit. Denn sie führt eben dahin, wo wir die Wirtschaft haben
wollen. Es liegt im Menschen, daß nur der Anreiz zum Gewinn und zum persönlichen Erfolge auch zum Gewinn der Allgemeinheit führt. Und dieser Gedanke ist im Stickstoffsyndikat restlos endlich einmal auch für unsere Gaswerke gelöst.
Für den egozentrisch urteilenden Menschen liegen hier anscheinend gewisse eigensüchtige Gründe vor. Aber man muß
zugeben: diese eigensüchtigen Gründe haben es zuwege gebracht,
einen Erfolg für die Allgemeinheit zu erzielen, wie wir ihn
auf diesem Gebiete noch nicht erlebt haben.

Vorsitzender Herr Direktor G ö t z e: Wenn sich niemand
mehr zum Wort meldet, erteile ich Herrn Dr. B u e b das
Schlußwort.

Herr Dr. B u e b, Ludwigshafen: Ich nehme an, daß
Herr S a c o l o w s k y seine Ausführungen gemacht hat, ehe
er meinen Vortrag gehört hat (Heiterkeit), denn ich habe ja
gerade nachgewiesen, daß, wenn wir den Stickstoff nicht in
diesem Ausmaße der Landwirtschaft zur Verfügung stellen
könnten, die Landwirtschaft den Stickstoff dreimal so teuer aus
dem Auslande beziehen müßte. Dadurch würden aber naturgemäß die Nahrungsmittel nicht verbilligt, sondern verteuert
werden. Es kommt heute also darauf an, der Landwirtschaft
heimischen Stickstoff in großen Mengen zur Verfügung zu
stellen. Und viel heimischen Stickstoff kann die Landwirtschaft

nur bekommen, wenn die deutsche Stickstoffindustrie am
Leben bleibt. Die Zeiten, wo Dividendengewinne in großer
Höhe gemacht wurden, sind endgültig vorüber. Kein Industrie-
unternehmen, mag es heißen, wie es will, wird in der Zukunft
Gewinne über ein ganz bescheidenes Maß hinaus mehr be-
sehen, und macht es darüber hinaus Gewinne, so wird ihm die
Steuerbehörde schon das Nötige hinterher sagen. (Heiter-
keit.)

Es ist mir merkwürdigerweise hier gewissermaßen ein
Vorwurf daraus gemacht worden, daß ich den Gasanstalten
die Möglichkeit gegeben habe, mit Sitz und Stimme in das
Syndikat einzutreten, obwohl ihre Produktion das nicht
fordern konnte. Als alter Gasfachmann war ich nicht ganz
unbeteiligt bei der Einräumung dieser Vorzugsrechte an die
deutschen Gasanstalten. Wir gingen aber im Syndikat von
der Ansicht aus, daß die zumeist im Kommunalbesitz sich
befindlichen Gasanstalten volle Berücksichtigung finden sollten.
Falls die Gasindustrie aber auf ihren Sitz und ihre Stimme
im Syndikat keinen besonderen Wert legt, könnte man das
ja leicht ändern. (Heiterkeit.)

Bezüglich des Phosphors möchte ich folgendes erwähnen:
Vor dem Kriege war allgemein in allen wissenschaftlichen
und landwirtschaftlichen Kreisen der alte Liebigsche Grundsatz verbreitet: Phosphor, Kali und Stickstoff müssen stets
in einem gewissen Verhältnis gegeben werden, um das Höchst-
wachstum der Pflanze zu erreichen. Auch hier haben die
Kriegszeiten Belehrung gegeben. Der Phosphorsäurevorrat
im Boden ist vielleicht größer, als angenommen war, jedenfalls
sind in dem jetzigen Erntejahr bei guter Stickstoffdüngung
volle Ernten erzielt worden auch da, wo in den letzten Jahren
keine oder nur sehr wenig Phosphorsäure gegeben werden
konnte. Vielleicht findet bei starker Stickstoffdüngung
durch die tiefer in dem Boden eindringenden Wurzeln eine
bessere Verwendung der unlöslichen Phosphorsäure im Boden statt.

Der Mangel an Phosphorsäure zwingt uns jedenfalls,
die Phosphorfrage von neuem zu studieren. Natürlich muß
alle verfügbare Phosphorsäure in phosphorarmen Boden ge-

bracht werden. Die phosphorreichen Böden aber werden sich noch eine Zeitlang ohne Phosphor behelfen müssen und können.

Die Eigenproduktion Deutschlands an Phosphorsäure ist nicht groß. Die im Kriege erschlossene Heimfabrikation an der Lahn ist nicht beachtlich. Die Möglichkeit, wenn keine Zahlungsmittel vorhanden sind, Phosphorsäure im Tauschwege gegen Stickstoff hereinzubekommen, ist theoretisch gegeben.

Wir wollen nicht allzu pessimistisch sein. Wenn unsere Arbeiter einigermaßen wieder in gleichmäßige Arbeitsleistung kommen und die Monate der Reparaturen und des Ersatzes schlechter Materialien durch gute überwunden sind, werden wir nicht nur die vergangene Stickstoffproduktion wieder erreichen, sondern darüber hinaus so viel Stickstoff produzieren können, wie die deutsche Landwirtschaft auch bei stärksten Ansprüchen gebrauchen wird.

Wir haben mit Hilfe unserer deutschen Gelehrten und unserer hochentwickelten deutschen Technik ein deutsches Chile mit deutschen Rohstoffen geschaffen. Aus dem Stickstoff der Luft, dem Wasserstoff des Wassers und dem Gips aus dem Harz werden wir nach Vollendung unserer Fabriken schwefelsaures Ammoniak in einem Ausmaße herstellen können, daß der gesamten chilenischen Salpeterproduktion vor dem Kriege entspricht. Und das, meine Herren, gibt uns tatsächlich eine Hoffnung in dieser schweren Zeit, die wir uns nicht nehmen lassen wollen. (Lebhafter Beifall.)

Vorsitzender Herr Götze: Meine Herren! Ich könnte den Eindruck der Darlegungen des Herrn Dr. Bueb nur abschwächen, wenn ich versuchen würde, ihnen mit Worten gerecht zu werden.

Unsern Dank!

# Arbeiterverhältnisse und Mittel zur Erhöhung der Arbeitsleistung.

Von Dipl.-Ing. Franz P. Tillmetz, Frankfurt a. M.

M. H.! Es herrscht wohl Einmütigkeit auch innerhalb der Arbeiterschaft darüber, daß wir uns aus der ungeheuren Zerrüttung, in die der Staat und das Wirtschaftsleben geraten sind, nur durch gewaltigste Anstrengung und das Zusammenfassen aller uns noch zur Verfügung stehender Kräfte herausschaffen können. Die Zersetzung ist tatsächlich so weit vorgeschritten, daß es begreiflich erscheint, daß manche kurzerhand das Alte austilgen und auf den Trümmern ganz neu aufbauen wollen. Nur größter Optimismus kann uns die Kraft verleihen, an die Lösung der Probleme, die die Zeit stellt, heranzugehen, er kann uns allein vor dem Zweifel bewahren, der die kraftvollst begonnene Arbeit bald lähmt. Gefahr ist im Verzuge, denn die Zahl derer, die zunächst nur zusammenreißen wollen, ist groß und schwillt weiter an. Die gewaltigen Erlebnisse des Krieges und dann der Revolution haben bei unserem Volke eine ungeheure geistige und körperliche Erschlaffung ausgelöst. Es bedarf wie niemals der Führer, die fähig sind, die sittlichen Eigenschaften, die die Leistungen der ersten Kriegsjahre schufen, wieder zu wekken und eine Katastrophe von größtem Ausmaße zu verhüten.

Unser Vorstand hielt es daher für zeitgemäß, daß auch einmal in unserem Kreise über Arbeiterfragen gesprochen wird, und ich habe es auf seinen Wunsch übernommen, »Über Arbeiterverhältnisse und Mittel zur Erhöhung der Arbeitsleistung« zu referieren. Ich bin mir bewußt, meine Herren, mit der Übernahme dieses Vortrages eine wenig dankbare und persönlich wenig befriedigende Arbeit übernommen zu haben, denn alles ist noch im Fluß, vieles ungeklärt, und außerdem sind die politischen Verhältnisse zurzeit derart, daß die bestgemeinten Vorschläge und Anregungen, wenn sie auch ohne Zweifel im Interesse der Arbeiterschaft liegen, aus politischen Gründen als Waffe gegen uns benutzt werden können.

Die Umfrage, die unser Verein zur Sammlung von Material für den Vortrag an 144 Werke und 18 Gesellschaften ergehen ließ, hat nur wenig positives Material ergeben, ganz abgesehen davon, daß etwa zwei Drittel der Werke überhaupt keine Antwort gaben!

Zu Punkt 1 der Umfrage: »Welche besonderen Mißstände hinsichtlich der Arbeiterverhältnisse in den Gas-, Wasser- und Elektrizitätswerken sind Ihnen bekannt geworden, deren Besprechung empfohlen wird?« ist von den Werken festgestellt worden: Unterernährung, verminderte Arbeitslust, allgemeine Interesselosigkeit, Überschreiten der Pausen, vorzeitiges Einstellen der Arbeit, Einfluß der Arbeiter auf Einstellung und Entlassung, Streiklust, unsinnige Lohnforderungen, Widersetzlichkeit, Arbeitsverweigerung, Nichtanerkennung des Vorgesetzten, Nichteinhalten des Tarifs, abnorm hoher Krankenstand, Verhetzung, Diebstähle, strikte Weigerung, Akkordarbeiten auszuführen, das unbedingte Festhalten an der 48stündigen Arbeitszeit, d. h. wird durch eine Betriebsstörung eine Überstunde nötig, so muß der Arbeiter am nächsten Tage diese Stunde wieder »abbummeln«, Reduzierung der Arbeitszeit Samstags auf nur 4 Stunden und endlich die von dem Deutschen Städtetag vorgeschlagenen Richtlinien zu Tarifverträgen, die als »ein Meisterstück zur Anreizung der Begehrlichkeit« bezeichnet wurden.

Zu diesem Punkt mag kurz erwähnt werden, daß diese Richtlinien zwar manche Schönheitsfehler aufweisen, daß es aber damals durchaus nötig war, den Gewerkschaftsführern durch Aufstellung von Richtlinien zu Hilfe zu kommen.

Die Antworten auf die Frage 2: »Wie stark ist die durchschnittliche Arbeitsleistung seit der Revolution in den einzelnen Betrieben und Abteilungen

gesunken?« fielen, von wenigen abgesehen, übereinstimmend aus:

Drei Werke sind in der glücklichen Lage, berichten zu
können, daß die Leistung bei den Schicht- und Stammarbei-
tern sich nicht vermindert hat. Alle übrigen Werke aber,
von zwei abgesehen, die der Frage ausweichen, stellen einen
erheblichen Rückgang von 20 bis 50% fest. Bei Transport
nach entfernten Arbeitsstellen ergaben sich bei einem Werk
Minderleistungen von über 50%, und endlich hat ein Betrieb mitgeteilt, daß die Abschaffung der Akkordarbeit bei
der Beförderung von Massengütern geradezu verheerend
auf die Leistung gewirkt hat. Feststellungen der letzten Zeit
über die Leistung bei der Kohlenförderung haben dort ergeben,
daß gegenüber dem Januar dieses Jahres, d. h. seit der zum
letzten Male ausgeführten Akkordarbeit, die Kosten sich
mehr wie verdoppelt haben. Dieser Rekord wird aber gänzlich
geschlagen von einem Werk, wo durch Abschaffung der Akkordarbeit die Kosten für die Kohlenförderung um das 6- bis 7-
fache, für Entleeren und Füllen der Reiniger sogar um das 10-
fache gestiegen sind.

Die Frage 3: »Welche Mittel sind angewandt oder
versucht worden, um die Arbeitsleistung wieder
zu verbessern und die Arbeiterschaft an erhöhter
Leistung zu interessieren? Und mit welchem Erfolge?« wurde in mehreren Zuschriften nicht beantwortet.
Manche versuchten durch Ermahnungen und Einwirkung
auf den Arbeiterausschuß, durch vorbildliches Wirken von
Meistern und Qualitätsarbeitern, andere wieder durch Aufklärung, durch Zuweisung besserer Verpflegung und Garten-
land, durch Beschaffung von Kleidern, Bewilligung hoher
Löhne, durch Versuche, Akkordlöhne einzuführen, durch
scharfe Kontrolle Besserung zu erzielen. Zum Teil waren Erfolge zu verzeichnen, zum Teil waren die Bemühungen ganz
zwecklos.

Die Frage 4 und 5: »Für welche Arbeiten sind bisher Prämien bezahlt worden? Und sind die bisher
eingeführt gewesenen Prämien auf Betreiben der

Arbeiterschaft wieder beseitigt worden und weshalb? (Hat sich diese Beseitigung der Prämien
für den Betrieb oder die Arbeiterschaft als ungünstig nachweisen lassen?)« wurde von einem kleinen Teil
der Werke beantwortet. In 11 Fällen wurden Akkord oder
Prämien abgeschafft. In 3 Fällen waren Nachteile nicht nach-
zuweisen, in einem Fall bedauerten die alten Arbeiter die
Abschaffung. Die anderen Werke schweigen sich über den
Effekt aus. Interessant ist, daß in einem Falle aus der Arbeiterschaft heraus Anregungen auf Einführung von Prämien
ergangen sind und in einem anderen Falle unter Mitwirkung
der Belegschaft Prämien und Akkordsätze geschaffen wurden.

· Auf das Problem, das in Punkt 6 angeschnitten wird:
»Ist in irgendeiner Form eine Gewinnbeteiligung
der Arbeiter und Angestellten durchgeführt oder
beabsichtigt? Und welche Form könnte dafür empfohlen werden?« haben sich nur wenige Werke geäußert.
In nur 4 Fällen wurde die Gewinnbeteiligung erwogen. Andere halten sie für schwierig oder unzweckmäßig. Wieder
andere halten die Gewinnbeteiligung nur für Privatunterneh-
men angebracht; im kommunalen Betriebe habe jeder Arbeiter
und Angestellte seine Pflicht für die Allgemeinheit zu erfüllen.

Zum letzten Punkt des Fragebogens: »Welche sonstigen
Vorschläge können gemacht werden, um die Arbeiterverhältnisse zu verbessern und die Arbeitsleistung zu erhöhen?« wird vorgeschlagen: Verbesserung
der Ernährung, moralische Einwirkung und Aufklärung,
straffe Zucht bei gerechter Behandlung, Vorträge über technische und allgemein bildende Probleme, Aufklärung über
die Betriebsvorgänge und deren Wirtschaftlichkeit, Seßhaft-
machung der Arbeiter durch Urlaub, Alterszulagen, Pen-
sionierung und Dienstwohnungen, Verbesserung der Kohlenzufuhr, Wiedereinführung der Akkordarbeit, Einführung der
Gewinnbeteiligung und endlich Ersatz der Handarbeit durch
maschinellen Betrieb, der trotz hoher Anschaffungskosten
infolge der gesunkenen Leistung eine gute Rentabilität erwarten läßt.

Zusammenfassend kann gesagt werden, daß aus den Zuschriften fast ohne Ausnahme eine große Sorge spricht, und daß alle von der Notwendigkeit überzeugt sind, daß etwas geschehen muß, um der Arbeiterschaft und wohl auch zum Teil den Angestellten Interesse und Arbeitsfreude wiederzugeben. Ferner geht aus der Umfrage hervor, daß die Arbeiterschaft zum weitaus größten Teil weit davon entfernt ist, den tiefen Ernst der Lage zu erkennen, sondern Forderung auf Forderung stellt, ohne sich irgendwelche Sorge zu machen, auf welche Weise die Wirtschaftlichkeit der Werke, die die absolute Vorbedingung des Aufstieges der Arbeiterschaft ist, wieder geschaffen werden kann.

Feststehend, soweit wenigstens in einer Zeit, wo »alles fließt«, von feststehend gesprochen werden kann, ist, daß der Weltkrieg bei uns den Übergang der politischen Macht an die Arbeiterschaft gebracht hat, und daß die Folge dieser Machtverschiebung die Sozialisierung ist.

Wenn man nun die Zeitschriften und Tageszeitungen auf Sozialisierungsfragen hin verfolgt, so breitet sich vor dem geistigen Auge eine fast unübersehbare Flut von alten und mehr oder weniger neuen Ideen der Weltverbesserung, von Ratschlägen über durchzuführende Organisationen, von Gesetzentwürfen und vieles andere mehr aus. Absolut unklar sind oft die Begriffe, und das Tempo der Entwicklung ist so groß, daß das, was gestern von Bedeutung war, heute schon von anderen Ideen überholt scheint. Von allem Rankenwerk befreit, bleibt aber doch stets die Erkenntnis, daß etwas geleistet und gearbeitet werden muß. Über das Wie aber scheiden sich die Geister, auf der einen Seite Ideologen, die das Zeitalter angebrochen wähnen, der hochwertige Mensch ohne Egoismus und voll von Gemeinschaftsgefühlen sei bereits da, auf der anderen Seite Skeptiker, die einsehen, daß wir von diesem Idealzustand unendlich weit entfernt sind, und daß es ohne Zwang und Autorität nicht abgeht.

Als Beispiel für die erste Art möchte ich F. Laufkötter zitieren, der unter dem Titel »Sozialistische Betriebsorganisation« im »Vorwärts« u. a. folgendes schreibt:

»Eine sozialistische Betriebsorganisation stellt an alle Beteiligten sehr hohe Anforderungen. Da sie im Dienste der Allgemeinheit arbeitet, muß sie stets bestrebt sein, ihre Leistungsfähigkeit aufs Höchste zu steigern. Daher müssen sich alle Mitarbeiter ihrer hohen Verantwortung gegenüber dem allgemeinen Wohl immerdar bewußt sein. Sie müssen viel mehr Gemeinsinn, Pflichtgefühl, Treue und Eifer an den Tag legen, als wenn sie in einem kapitalistischen Betrieb tätig wären. Der Sinn für den inneren Wert der Arbeit darf niemals durch die materiellen Interessen erstickt werden. Es darf niemals vergessen werden, daß über die pflichtgemäße Leistung hinaus gearbeitet werden muß. Auch muß der Geist der Solidarität, der ausgleichenden Gerechtigkeit und der Menschenliebe im Betrieb herrschen. Kurz und gut, ein sozialistischer Betrieb soll nicht nur in technischer, sondern auch in sozialer Beziehung ein Musterbetrieb sein, was nur dadurch zu erreichen ist, daß alle Beteiligten mehr als ihre Pflicht tun. Eine jede solche Betrieborganisation, die eine Gesinnungs- und Willensgemeinschaft ist von Tatsozialisten, wird sicherlich reichen Segen verbreiten und vorbildlich wirken. Sie wird für den Sozialismus mehr Propaganda machen als 1000 Reden und Schriften.«

Jedes dieser Worte kann unterschrieben werden, und es wäre, wenn der breiten Masse nur ein kleiner Bruchteil dieses hohen sittlichen Pflichtgefühls eigen wäre, ein geringes, uns auf alte machtvolle Höhen hinaufzuarbeiten.

Im Gegensatz hierzu kommen Einsichtige zu dem Ergebnis, daß bis auf weiteres Anreiz und Ansporn nur durch Überverdienst zu erreichen ist, und daß demgemäß Akkordlohn und Prämien mit gewissen Kautelen noch nötig sind, die den Fleißigen und Tüchtigen besser bezahlen, als den Untüchtigen und minder Fleißigen.

Sehr zu bedauern ist das besonders in neuester Zeit bei Tarifverhandlungen hervorgetretene Bestreben, eine möglichste Gleichheit in der Entlohnung herbeizuführen ohne jede Rücksicht auf Fleiß, Leistung und Erfahrung. Es ist

aber ein Gebot der Gerechtigkeit, daß der gelernte tüchtige
Arbeiter entschieden besser bezahlt wird, als der weniger tüchtige oder ungelernte Arbeiter. Leider sind in unseren Betrieben in der Regel die ungelernten Arbeiter in der Überzahl,
so daß die Qualitätsarbeiter darunter leiden müssen. Wir
dürfen aber als Leiter der Werke diese Ungerechtigkeit im
Interesse unserer Betriebe und unserer Qualitätsarbeiter
nicht mitmachen.

Viel geschadet hat die Einführung der sogenannten
»sozialen Löhne«, bei denen je nach dem Familienstand,
ob ledig oder verheiratet, und nach der Kinderzahl entlohnt
wird. Wenn auch zugegeben werden muß, daß der verheiratete
Arbeiter mit großer Kinderzahl mehr verbraucht und daher
mehr verdienen will als der ledige Arbeiter, so darf doch
nicht vergessen werden, daß das Arbeitsniveau vollkommen
verdorben wird, wenn z. B. ein sehr tüchtiger und fleißiger
Arbeiter, dem zu seinem Leidwesen das Schicksal keine Kinder beschert hat, bei der Lohnauszahlung um 20 oder 30%
weniger ausgezahlt erhält, als ein anderer Arbeiter, der bequem
ist und den städtischen Betrieb mehr als Versorgungsanstalt
ansieht, aus dem er nicht leicht entfernt werden kann, und der
für seine zahlreichen Kinder, wie leider durch Beispiele aus
der Praxis erwiesen ist, in ganz ungenügender Weise sorgt.
Wenn solche Fälle auch nicht die Regel darstellen, sie kommen
doch vor, und sie drücken das Arbeitsniveau stark herunter.
Der kinderlose, tüchtige Arbeiter wird sich bald an der Arbeitsleistung seines Kollegen einen Maßstab nehmen, er wird
vielleicht glauben, 20 bis 30 % weniger leisten zu sollen,
weil er so viel weniger bezahlt erhält. Wenn man auf die sozialen Verhältnisse und Familie Rücksicht nehmen und dafür
besondere Zulagen gewähren will, so geschieht dies durch den
Staat oder die Stadtverwaltung besser in Form von monatlichen Beiträgen, die aber niemals zugleich mit der Lohnzahlung
ausgezahlt werden dürfen. Wenn man in der Lage ist, den
Arbeitern Wohnungen zur Verfügung zu stellen, so würde
ich es für richtiger halten, die sozialen Verhältnisse hierbei
zu berücksichtigen dadurch, daß man z. B. die Mietwerte der
Wohnungen für jeden Arbeiter gleich hoch bewertet, ohne Rück-

sicht, daß er als Lediger nur 1 Zimmer, als Verheirateter 2
bis 3 Zimmer und mit großer Kinderzahl eine entsprechend
größere Wohnung erhält. Also Lohnzahlungen nicht nach
Privatverhältnissen, sondern nur nach Leistung und Verdienst!

Da mit apodiktischer Gewißheit behauptet werden kann,
daß wir es auf absehbare Zeiten hinaus nur mit Menschen
mit ihren Fehlern und Schwächen zu tun haben, so werden
Akkord, Prämien, Gewinn- und Geschäftsbeteiligung in
erster Linie berufen sein, die Wiedergewinnung der Leistungsfähigkeit und Arbeitsfreude durchzusetzen.

In folgendem wollen wir zunächst untersuchen, inwie-
fern Grundlagen vorhanden sind, auf denen weitergebaut
werden kann:

Was speziell die Gewinnbeteiligung der Arbeiter
in Deutschland anbelangt, so existiert darüber eine umfang-
reiche Literatur. Die ganze Bewegung hat, wie Dr. Hermann
Beck in seinen Vorträgen: »Sozialisierung als organisato-
rische Aufgabe« richtig sagt, zwei Wurzeln,

»eine sozial-ethische, nämlich dem Arbeiter einen
gerechten Lohn zukommen zu lassen, und eine betriebs-
wirtschaftliche, die Arbeitsleistung durch Interessierung
des Arbeiters am Erfolge seiner eigenen Arbeit sowohl,
wie des ganzen Unternehmens zu steigern.«

Der Erfolg ist vielfach erreicht worden.

Am bekanntesten ist die Organisation der Firma
Karl Zeiß, Jena, geworden. Die Firma gehört als Eigentum
der von Prof. Abbé gegründeten Karl-Zeiß-Stiftung. Der
Reinertrag, der bei Aktiengesellschaften in Form von Dividenden an die Aktionäre fällt, fließt der Karl-Zeiß-Stiftung
zu. Diese verwendet sie für Zwecke und Aufgaben, die ihr
das Statut der Stiftung gesetzt hat, z. B. für Unterstützungen der Universität Jena, Sicherung sozialpolitischer Ansprüche
des Personals, für Betriebsvergrößerungen, Neubauten usw.
Der Arbeiterausschuß hat die Möglichkeit, in weitgehendem
Maße bei den die Arbeiterschaft angehenden Fragen mitzuwir-
ken. Er hat aber nur das Recht, gehört zu werden, aber kein

Entscheidungsrecht. Die Geschäftsleitung als verantwortliche Leitung der Firma hat allein die endgültige Entscheidung auch in Arbeiterfragen. Dem Personal sind Rechtsansprüche gewährt worden, z. B. Pensionsberechtigung, Ansprüche auf bezahlten Urlaub usw., wie das ja meist auch in den städtischen Betrieben üblich ist. Eine Art Tantieme stellt die Lohn- und Gehaltszahlung dar, die jährlich nach Abschluß des Geschäftsjahres von der Geschäftsleitung nach ihrem Ermessen unter Berücksichtigung des Geschäftsergebnisses und der Teuerungsverhältnisse festgesetzt und im Durchschnitt der Jahre rund 8 % der Gehalts- und Lohnsummen betragen hat. Jeder Arbeiter hat Anspruch auf einen festen Wochenlohn (Mindestlohn). Dieser kann nicht herabgesetzt werden, steigt aber mit Dienstalter und nach den Fähigkeiten. Er wird bei der Abgangsentschädigung und bei der Pension zugrunde gelegt und bei Akkordarbeit garantiert. Arbeiter in Stücklohn erzielen einen den Wochenlohn bedeutend übersteigenden Verdienst.

Nach der Revolution wurde der Akkordlohn abgeschafft, aber in letzter Zeit durch Abstimmung mit großer Mehrheit wieder eingeführt. Die Belegschaft arbeitet, wie berichtet wird, mit größtem Eifer nach den neuen Akkordsätzen. Die Beibehaltung der Lohnarbeit hätte nach den gemachten Erfahrungen zum Untergang des Werkes geführt.

Eine weitere bekannte Firma, in der die sozialkapitalistische Unternehmungsform ausgebildet worden ist, ist die sogenannte autonome Fabrik des Lederwarenfabrikanten H. Epstein. Die Beteiligung erfolgt hier nach dem Grundsatz:

»Die Gewinnbeteiligung der Arbeiter in den Fabrikbetrieben soll nicht von dem sich als Reingewinn darstellenden Erfolge des Gesamtbetriebes abhängig sein, sondern sich nur auf den direkt produzierenden Teil desselben, die Fabrik, beziehen.

Es soll also die Fabrik an sich als autonomer Betrieb innerhalb der Firma und von deren Gesamtleitung zwar umfaßt, aber in sich begrenzt einen Gewinn abwerfen, und

dieser Gewinn soll das Objekt der Verteilung an die Arbeitnehmer sein. «

Es ist leider im Rahmen dieses Vortrages nicht möglich,
auf diese interessante Lösung näher einzugehen, sowie überhaupt
aus der Fülle des Materials nur einiges wenige herausgegrif-
fen werden kann.

Während in Deutschland die Gewinnbeteiligung zu
den Ausnahmen gehört, ist sie in Frankreich in neuester
Zeit durch Gesetz vom 26. April 1917 geregelt. Das Gesetz
legt die Rechtsverhältnisse der Aktiengesellschaften mit Gewinnbeteiligung fest und gewährt diesen besondere Vergünstigun-
gen, wie Stempelfreiheit ihrer Satzungen oder Kapitalvermeh-
rungsurkunden. Die gewinnbeteiligten Arbeiter und Angestellten sind als arbeitsgenossenschaftliche Handelsgesellschaft
rechtlich zusammengeschlossen. Die Arbeitsaktien sind un-
verkäuflich und unabtretbar. Das Gesetz regelt die Vertretung
der Arbeitnehmer in der Generalversammlung und im Verwaltungsrat. Die Anzahl der Vertreter ergibt sich aus dem
Verhältnis zwischen Arbeitsaktien und Kapitalaktien.

Auch in Italien wurde die Gewinnbeteiligung der Arbeiter in Privatbetrieben durch Verordnung vom 15. September 1918 gesetzlich geregelt. Ein Teil des Geschäftsgewin-
nes kann zur Bildung eines Anteilkapitals für Arbeiter und Angestellte verwendet werden. Die Genehmigung des Ministers
für Gewerbe, Handel und Arbeit ist erforderlich.

In England ist eine Bewegung für die Einführung
der Gewinnbeteiligung schon seit langem vorhanden. Besonders war hier die Gasindustrie führend. Schon im
Jahre 1889 wurden Gewinnbeteiligungsgesellschaften gegründet, und seit 1907 hat sich die Idee sehr schnell durchgesetzt,
so daß 1912 schon 36 Gesellschaften bestanden, deren Gesamt-
kapital 1 Milliarde Mark betrug und bei denen 22000 Arbeiter
und Angestellte am Gewinn beteiligt waren.

Die ursprüngliche Art, die Arbeitnehmer am Ergebnis
der Betriebe zu interessieren, ist die einfache Gewinnbeteiligung, profit sharing, bei der je nach der Höhe der Dividende

ein gewisser Prozentsatz des verdienten Lohnes jedem Arbeitnehmer ausgezahlt wird.

Die Geschäftsbeteiligung, Co-Partnership, die von Sir George Livesey zuerst eingeführt wurde, stellt einen wesentlichen Fortschritt dar. Der Gewinnanteil wird hier nur teilweise ausgezahlt oder auf ein Sparkonto gebracht, während der andere Teil in Aktienkapital angelegt wird. In dem Maße, wie der Anteil der Arbeitnehmer am Kapital wächst, erhöht sich auch ihr Einfluß an der Kontrolle des Unternehmens.

Bei vielen englischen Gesellschaften ist gesetzlich festgelegt, daß die Dividende nur erhöht werden kann, wenn gleichzeitig der Gaspreis herabgesetzt wird. Das geschieht nach der sogenannten sliding scale. Es ergibt sich dann bei Gesellschaften mit Gewinnbeteiligung der interessante Fall, daß der Gewinn des Arbeitnehmers mit fallenden Gaspreisen steigt.

Die Vorteile der Gewinnbeteiligung sind laut den Veröffentlichungen: Erhöhte Löhne, Förderung der Sparsamkeit, Schaffung von gutem Willen, ein Gefühl der Teilhaberschaft und Verhinderung von Arbeitseinstellungen. Allgemein wird festgestellt, daß die Einführung der Beteiligung sich für den Arbeitgeber nicht schlechter rentiert hat als für den Arbeiter. Die Veröffentlichungen in den englischen Fachblättern über die Erfolge sind recht zahlreich. Infolge der Kürze der zur Verfügung stehenden Zeit kann hierauf nicht näher eingegangen werden.

Es ist entschieden zu bedauern, daß die deutsche Industrie dem Problem der Gewinnbeteiligung bisher so wenig Beachtung geschenkt hat, und es ist nicht von der Hand zu weisen, daß unsere ganze Lage bei rechtzeitiger Interessierung und Zuziehung der Arbeiter- und Beamtenschaft jetzt vielleicht weniger schwierig wäre.

In Amerika hat (laut einem Referat der Zeitschrift »Maschinenbau«) die Firma De Muth & Co., Richmond Hill, N. Y., die etwa 800 Arbeiter beschäftigt, eine demokratische Verfassung nach dem Vorbild der amerikanischen Staatsverfassung in ihrem Werk eingeführt, um die Arbeiter an

dem Betriebe des Werks mehr zu interessieren und dadurch
die ständig angestiegenen Herstellungskosten zu vermindern.
Die Fabrikleitung besteht aus dem Kongreß, dem Ministerium und dem Senat. Der Kongreß, der aus 30 Mitgliedern
besteht, die alljährlich in einer Vollversammlung der Angestellten gewählt werden, beschließt alle Anordnungen für
die Fabrik. Diese Beschlüsse bedürfen aber der Bestätigung
durch das Ministerium, welches sich aus dem technischen
und kaufmännischen Direktor und einigen Mitgliedern des
ausführenden Ausschusses mit dem Präsidenten der Gesellschaft als Leiter zusammensetzt. Der Senat, der sich
aus dem Betriebsleiter, den Abteilungsleitern und Werkmei-
stern bildet, ist verantwortlich für die Bestellung von Werk-
meistern und Technikern und für die Aufnahme der Arbeiter.
Die drei leitenden Körperschaften halten wöchentlich eine
Sitzung ab, in der alle die Arbeitsverhältnisse berührenden
Fragen, wie Löhne, Arbeitszeit, Arbeitsverfahren, Pläne zur
Verbesserung der Produktion, Wohlfahrtseinrichtungen u. a.
besprochen werden. Die Körperschaften wählen wiederum
besondere Ausschüsse, die ihrerseits in den wöchentlichen
Versammlungen berichten. Der Beschluß einer der drei
Körperschaften hat erst Gültigkeit, wenn er von den beiden
anderen genehmigt ist. Alle 2 Wochen wird die Leistung
der Fabrik festgestellt. Danach gelangt eine Gewinnbeteiligung zur Auszahlung, die eine Beteiligung an den Ersparnissen
darstellt, die durch erhöhte Leistungsfähigkeit gegenüber
einer bestimmten Normalleistung erzielt wurde. Die Gewinnbeteiligung wird für jede einzelne Abteilung gesondert
berechnet, um einen Wetteifer unter den einzelnen Abteilungen aufrechtzuerhalten. Die Abteilung, die in den letzten
2 Wochen am besten abgeschnitten hat, erhält als Auszeich-
nung einen Wanderpreis, eine amerikanische Fahne, die in
dem Raum der Abteilung aufgehängt wird. Wenn in den
nächsten 14 Tagen eine andere Abteilung die besten Ergebnisse
erzielt, geht die Fahne an diese Abteilung über. Wird die Fahne
dreimal von einer Abteilung gewonnen, so veranstaltet die
Gesellschaft für sie ein Festessen, an dem die Gesellschafts-
leitung teilnimmt.

Die Erfolge sind laut »American Machinist« sehr gute. Bei den Arbeitern ist Interesse und Verantwortlichkeit gestiegen, die Betriebsergebnisse sind sehr verbessert worden. Der geistige Urheber des Systems ist Albert J. Leitsch, Philadelphia.

Diese amerikanische Organisation, die man eine neue demokratische Fabrikverfassung nennen kann, hat, wenn ihr auch eine gewisse Schwerfälligkeit anhaftet, entschieden etwas Bestechendes. Sie kennt eine Korrektur der Entschließungen durch eine höhere Instanz, gibt allen Beteiligten, den Meistern, Ingenieuren, Werkleitern den entsprechenden Einfluß und die entsprechende Mitwirkung bei den Beschlüssen und erscheint mir daher in mancher Beziehung bessere Gesamtergebnisse erwarten zu lassen, als die bei uns beabsichtigten Betriebsräte.

Bei dem Kapitel »Gewinnbeteiligung« muß auch die sogenannte Kleinaktie erwähnt werden als Mittel, die Arbeiterschaft an dem Ergebnis der Werke zu interessieren. In Deutschland ist eine Kapitalbeteiligung des Arbeiters bei Aktiengesellschaften nicht ohne weiteres möglich, da der gesetzlich zugelassene Mindestbetrag der Aktie M. 1000 beträgt. Amerika ist uns hier weit voraus, England hat die Pfundaktie, und in Frankreich sind Aktien von 100 und 25 Frs. zugelassen. Durch die Heranziehung des Kleinkapitals kann jedenfalls eine sozialpolitische Forderung erfüllt werden, die sowohl im Interesse von Arbeitgeber wie Arbeitnehmer liegt. Eine Änderung des § 180, Abs. 1 des Handelsgesetzbuches, der lautet: »Die Aktien müssen auf einen Betrag von mindestens M. 1000 gestellt werden«, wäre von den gesetzgebenden Körperschaften zu erwägen. Auch hier könnte jetzt schon praktische Arbeit geleistet werden, indem bei Geldbedarf des Werkes Arbeiter und Beamte größere oder kleinere Anteile zeichnen könnten, die zu einem etwas höheren Zinsfuß, wie z. B. der Sparkasse, verzinst würden. Bei Ausschüttung einer Dividende könnte noch die Differenz zwischen Dividende und gewährtem Zinsfuß als Superdividende nachgezahlt werden. Die Anteile wären je nach der Höhe kurz- oder langfristig kündbar.

Vielleicht würde dieses Mittel, welches den Arbeiter und Angestellten gewissermaßen zum Kapitalisten macht, mit der Zeit besänftigend einwirken und den Haß gegen das Kapital allmählich zum Verschwinden bringen.

Eine ähnliche Beteiligung hat die Schultheiß-Brauerei, Berlin, eingeführt, die ihren Arbeitnehmern in ihrer Sparkasse Einlagen bis M. 3000 zu 4% verzinste und die Dividende, die gewöhnlich ganz erheblich über den gewährten festen Zinsfuß von 4% hinausging, als Superdividende nachzahlte. In letzter Zeit hat die Leitung der Brauerei beschlossen, die Auszahlung der Dividende an die Besitzer von Sparkonten aufzuheben und die Gesamtheit der Arbeitnehmer am Reingewinn nach noch festzulegenden Normen teilnehmen zu lassen.

Mit der Gewinnbeteiligung befaßt sich ein interessanter Aufsatz in »Stahl und Eisen« 1914, 34 über Sozialisierung von Geh. Finanzrat Dr. Hugenberg, von dem hier wenige Worte zitiert seien:

H. sieht schwarz und kommt u. a. zu dem Urteil, daß wir in kurzer Frist, wenn nicht ein ganz großer innerer Umschwung erfolgt, genötigt sein werden, in erheblichem Umfange selbst das, was jetzt Staats- und Kommunalbetrieb ist, wieder an den privaten oder gemischten Betrieb abzugeben, weil keine Ordnung aufrechtzuerhalten sein wird. Sozialpolitisch hat die Gemeinwirtschaft keine Vorzüge vor der Privatwirtschaft. Wenn die Autorität fällt und jeder macht, was er will, so wird nichts gearbeitet und nichts verdient. Wir stehen vor der Gefahr, wirtschaftlich zugrunde zu gehen, weil in der Volkswirtschaft die Kräfte nicht mehr stark genug sind, die dafür sorgen, daß unsere Unternehmungen gewinnbringend bleiben.

Die Übernahme des Kapitals durch die Gemeinschaft der Arbeitnehmer kann nur gut gehen, wenn die Leitung unter dem Gesichtspunkt des Verdienens, statt unter dem der sozialen Politik geführt wird. Mit dem Geschenk der Beteiligung können die Arbeitnehmer kein Verständnis für die volkswirtschaftlichen Aufgaben des Unternehmens gewinnen, sondern sie müssen sich ihre Beteiligung selbst verdienen. Kurz die Lösung des Problems läßt sich nur auf dem Wege der nicht etwa Gewinnbeteiligung, die nur Mittel zum Zwecke der Überführung in diesen Zustand sein könnte, sondern — Geschäftsbeteiligung finden. Soweit Hugenberg, ein Mann von schwerwiegendem Urteil.

Was nun die Höhe der Gewinnbeteiligung für den einzelnen Arbeitnehmer betrifft, so darf nicht übersehen werden, daß im Verhältnis zu den heutigen hohen Löhnen diese eine recht bescheidene Summe ausmachen wird. Die breite Masse wird zunächst auch hier enttäuscht sein. Der Zusammenschluß der Gewinn- bzw. Geschäftsbeteiligten auf genossenschaftlicher Grundlage wird stets zweckmäßig sein. Mit dem Umfang der Geschäftsbeteiligung wird auch der Einfluß der Genossenschaft der Arbeiter und Angestellten auf das Unternehmen wachsen.

Einen praktischen Versuch, um Arbeiter und Beamte an dem Betrieb zu interessieren und Unterlagen für eine Gewinnbeteiligung zu erhalten, habe ich im Frühjahr ds. Js. durch ein Preisausschreiben für Angestellte und Arbeiter der Frankfurter Gasgesellschaft, A.-G., gemacht, bei dem 25 Preise im Gesamtbetrage von M. 2000 ausgesetzt waren.

Das Ergebnis hat nicht besonders befriedigt. Es sind nur 18 Arbeiten eingelaufen, davon konnten nur einige prämiiert werden. Wenn auch manche gute Anregung gegeben wurde, so hatte ich doch mehr erwartet. Das Ausschreiben zeigt, wie wenig eigentlich in den Kreisen der Arbeiter und Angestellten über diese wichtige Frage nachgedacht wird. Trotz der geringen Ausbeute werde ich aber ein ähnliches Preisausschreiben wieder veranlassen; gar mancher wird dadurch zum Nachdenken angeregt. Man lernt dabei auch manchen befähigten Kopf kennen und kann ihn gelegentlich an einen anderen für ihn besser passenden Posten stellen. Etwas Gutes kommt dabei immer für den Betrieb heraus.

Alle Gewinnbeteiligung aber ist sinnlos, wenn das Unternehmen nicht prosperiert. Die Grundbedingung jeder geschäftlichen Blüte aber ist Arbeit und Leistungsfähigkeit. Das zurzeit wohl hervorragendste Mittel zur Steigerung der Leistungsfähigkeit, besonders im Groß- und Mittelbetrieb, ist die wissenschaftliche Betriebsführung, bekannt unter dem Namen Taylor-System.

Über das Taylor-System existiert eine dickbändige
Literatur, und ein genaueres Eingehen auf das System ist
infolge der zur Verfügung stehenden Zeit nicht möglich.
In der Darlegung der Grundbegriffe des Systems sagt Taylor:
»Das Hauptaugenmerk einer Verwaltung sollte darauf gerichtet
sein, gleichzeitig die größte Prosperität des Arbeitgebers und
Arbeitnehmers herbeizuführen und so beider Interessen zu
vereinigen. Unter größter Prosperität sind aber nicht nur hohe
Dividenden für die Gesellschaft oder für den Besitzer zu verstehen, sondern die Entwicklung eines jeden Geschäftszweiges
zu seiner höchsten Vollkommenheit, so daß der Wohlstand
zu einem dauernden wird. Und ebenso soll unter größter
Prosperität für den Angestellten nicht nur ein über das Normale hinausgehender Lohn verstanden sein, sondern die
Entwicklung eines jeden einzelnen zur höchsten Stufe der
Verwertung seiner Fähigkeiten, so daß er in der Lage ist,
die Arbeit, für die seine Veranlagung ihn befähigt, in der
höchsten Vollkommenheit zu leisten; und es soll ihm, wenn
irgend möglich, gerade diese Arbeit, für die er sich besonders
eignet, zugeteilt werden. Der größte dauernde Wohlstand
des Arbeiters und des Arbeitgebers kann nur dadurch herbeigeführt werden, daß die zu leistende Arbeit mit dem geringsten Aufwand an menschlicher Arbeitskraft, an Rohstoffen,
an Kosten für die Überlassung des benötigten Kapitals,
für Maschinen, Gebäude usw. geleistet wird.«

Einen breiten Raum nehmen in dem System sorgfältig
ausgeführte Zeitstudien und genaueste Untersuchungen über
die zweckmäßigste Ausführung jeder Arbeitsleistung ein,
die, in unseren Betrieben durchgeführt, zweifellos recht merkwürdige und auch recht betrübende Ergebnisse zeitigen würden. Durch sorgfältigste Auslese erhält der Arbeiter dasjenige
Arbeitsfeld zugeteilt, worauf ihn Neigung und Veranlagung
hinweisen, ein Kapitel, wo gerade bei den öffentlichen Betrieben
noch sehr viel gesündigt wird.

Von dem Arbeiter soll nur die Höchstleistung verlangt
werden, die er dauernd ohne Schädigung oder Übermüdung
hergeben kann. Eine sehr große Anzahl von Arbeitern ist in
den Vereinigten Staaten unter diesem System tätig, und nach

Taylor hat sich in diesen Betrieben nicht ein einziger Ausstand ereignet:

»Diese ganzen 30 Jahre über ist bei den Leuten, die unter dem neuen System arbeiten, nicht ein einziger Ausstand zu verzeichnen. An Stelle der argwöhnischen Überwachung und der mehr oder weniger offenen Kampfstimmung, die für die gewöhnlichen Betriebe charakteristisch sind, ist allgemein ein freundschaftliches Zusammenarbeiten zwischen Verwaltung und Arbeitern getreten.«

Wenn nun auch die Gas-, Wasser- und Elektrizitätswerke keine eigentlichen Fabrikationsbetriebe sind, für die das Taylor-System besonders zugeschnitten ist, so ist das System doch ohne weiteres für manche Betriebszweige, z. B. auf die Förderung von Massengütern, Kohlen, Koks usw., Reparaturen, Installationen usw. anzuwenden. Ferner lassen sich z. B. beim Ofenbetrieb durch Studium und Messung der einzelnen Verrichtungen der Arbeiter Kräfte einsparen. Andere Kategorien wieder, z. B. Maschinisten, können nur durch sparsamen Materialverbrauch und gute Instandhaltung der Maschinen zur Verbesserung der Ergebnisse beitragen, und hier kann durch das Taylor-System nicht viel erreicht werden. Ganz allgemein aber gibt es im menschlichen Leben wohl kaum eine Verrichtung, die nach dem System Taylor untersucht und analysiert, nicht wesentlich ökonomischer ausgeführt werden könnte. Auch ist die Einführung der wissenschaftlichen Betriebsführung ganz unabhängig von dem vorhandenen oder zu wählenden Lohnsystem.

Die Einführung des Taylor-Systems kann nur langsam und ganz systematisch geschehen. Es setzt die Zustimmung und die Überzeugung aller Beteiligten voraus. Selbst im einfachsten Betrieb sind zu seiner Einführung 2 bis 3 Jahre, oft sogar 5 Jahre und mehr nötig.

Die Arbeiterschaft in ihrer großen Masse steht jedenfalls zurzeit der Einführung des Systems durchaus ablehnend gegenüber. Taylor nennt sein System eine Philosophie, das schießt natürlich weit über das Ziel. Bei unsachgemäßer und nicht durchaus vorsichtiger und systematischer Einführung kann das System entgegen seinen Ideen und entgegen dem ursprünglichen Zweck dazu verwendet werden, die Arbeiter rücksichtslos anzutreiben und auszubeuten. Aber die neue Zeit mit ihren Betriebsräten hat ja dagegen Sicherungen, und ich glaube, daß unter Mitwirkung der Arbeiterschaft bei Einführung und Kontrolle dieser Methode auch in unseren Betrieben eine Art Taylor-System mit Erfolg eingeführt werden kann. Nur ist zu empfehlen, das Wort Taylor-System das bei der Arbeiterschaft einen schlechten Klang hat und verpönt ist, nicht zu gebrauchen, sondern durch einen anderen Ausdruck zu ersetzen, vielleicht »Kraft- und Zeitsparmethode« oder ähnliches.

Ohne Frage hat die Einführung des Systems in den Vereinigten Staaten an den Erfolgen der amerikanischen Industrie im internationalen Wettbewerb einen großen Anteil. Und die Tatsache, daß Zehntausende von Arbeitern unter diesem System mit großem wirtschaftlichen Erfolge, angeblich auch mit Lust und Liebe arbeiten, muß uns zwingen, uns mit dem Problem auf das ernsteste zu beschäftigen. Wir sind wirtschaftlich am Ertrinken. Wir müssen alles fassen, was uns helfen kann. Die wissenschaftliche Betriebsführung des Frederic W. Taylor ist zurzeit mit das wirksamste Mittel, zur Wirtschaftlichkeit zurückzukommen. Wir können es uns unter keinen Umständen leisten, während Amerika und zum Teil auch unsere anderen Gegner auf das wirtschaftlichste arbeiten, nach alten, meßbar unwirtschaftlichen Methoden ohne Lust und Interesse der Arbeiter weiterzuwursteln. Das führt zum schnellsten wirtschaftlichen Untergang. Wir wollen aber auch nicht in den Fehler verfallen, das Taylor-System als den Erlöser hinzustellen. Wir wollen mit Hilfe einer wissenschaftlichen Betriebsführung kurze, aber intensivste Arbeitszeiten aufrechterhalten, um Zeit zu haben zur Muße, zur Erholung, zur Menschwerdung.

Ich habe schon betont, daß die breite Masse der Arbeiterschaft dem System zurzeit ablehnend gegenübersteht. Ist es nun unter diesen Umständen nicht aussichtslos, für dieses oder für irgendein anderes Prämien- oder Akkordsystem zu werben, sei der Zwang, aufs intensivste zu arbeiten, noch so groß?

Bei der Einführung oder Wiedereinführung eines Akkord-systems ist jedenfalls mit offenen Karten zu spielen, und die Mitarbeit der Arbeiterschaft ist Grundbedingung des Erfolges.

Hier nun liegt ein Gebiet, auf dem sich die Betriebsräte werden betätigen können. Über das kommende Betriebsräte-gesetz zu sprechen, würde im Rahmen dieses allgemeinen Vor-trages zu weit führen. Ich kann mir sehr wohl denken, daß unter gewissen Voraussetzungen, die vor allem auf persönlichem Gebiet liegen dürften, die Betriebsräte eine brauchbare und gute Einrichtung werden können. Die Leiter der Betriebe werden aller Wahrscheinlichkeit nach wohl rasch umlernen und sich hineinfinden, aber die Arbeiterschaft braucht viel länger dazu. Es ist auch zu befürchten, daß die ein-sichtigsten und charaktervollsten Persönlichkeiten, welche durch die Tat beweisen, daß sie für die Räte reif sind, bei ihren Mitarbeitern der Vernachlässigung ihrer Interessen ver-dächtigt und schleunigst wieder aus den Betriebsräten be-seitigt werden. Ja nach meinen Informationen wollen aus diesem Grunde gerade die besten Köpfe und für die Betriebs-räte am besten geeigneten Personen sich als Kandidaten für die Betriebsräte gar nicht aufstellen lassen.

Ich bin persönlich kein Gegner des Rätegedankens und der Überzeugung, daß er richtig erfaßt und mit gegenseitigem Verstehen auf beiden Seiten durchgeführt, manches in unseren Betrieben verbessern kann. Es ist zu hoffen, daß die Räte sich nicht in unfruchtbarer Kritik werden erschöpfen, sondern daß sie im Zwange der Mitarbeit bald zu der Erkenntnis kommen werden, daß es eine Utopie ist, das Eigeninteresse, den Egoismus des Menschen, ersetzen zu wollen durch höhere Triebe, durch Gemeinschaftsgefühle.

Der Ruf nach den Räten bringt die Gefahr einer falschen Beschränkung der individuellen Verantwortlichkeit und Ent-schlußfähigkeit des Betriebsleiters. Die Einführung der Räte wird daher große Anforderungen an die Betriebsleiter stellen. Daß sie hervorragend geschulte Fachleute sind, wird nur Vor-aussetzung sein. Dabei werden sie mit unverminderter Autori-tät ihren Betrieb zu leiten und befruchtend und aufklärend auf ihre Räte einzuwirken haben. Sie werden Menschenkenner

14*

sein und das angeborene Talent haben müssen, bei größter
Strenge das Vertrauen der Arbeiter gewinnen zu können.
Auch hier können nur charakterfeste Menschen ihr Amt
ganz ausfüllen.

Die oberste Leitung endlich kann nur in den Händen
von selbständig handelnden Einzelpersönlichkeiten liegen.
Hier kann das Hineinreden von Räten und Ausschüssen
verheerend wirken. Überwachen und Richtung geben sollen
sie auch hier.

Akkord- und Prämiensystem werden trotz aller
Opposition der Arbeiterschaft für absehbare Zeit unentbehrlich sein, die notwendige Auslese zu ermöglichen und
wieder wirtschaftlich zu arbeiten.

Auch diese Worte »Prämie« und »Akkord« sind verpönt und sollten, um die Wiedereinführung, die kommen muß,
zu erleichtern, aus taktischen Gründen besser durch andere
Ausdrücke ersetzt werden.

Für Prämie ließe sich vielleicht »Überleistungszuschuß«
oder »Überleistungslohn« oder ein ähnlicher die Sache treffender
Ausdruck noch ausfindig machen.

Ich habe Gelegenheit genommen, mit einem Gewerkschaftsführer eingehend über diese Frage zu sprechen. Wenn
mein Gewährsmann auch überzeugt ist, daß Prämien und Akkord unbedingt wieder kommen müssen und unentbehrlich
sind, so hat er doch dringend davor gewarnt, die verpönten
Ausdrücke »Prämien« und »Akkord« wieder zu gebrauchen,
und empfohlen, andere Ausdrücke ausfindig zu machen,
um die Wiedereinführung solcher bewährter Methoden bei
den Massen zu erleichtern.

In neuester Zeit scheint das Mißtrauen der Arbeiterschaft,
insbesondere ihrer Führer, gegen alles, was Akkord- und
Prämiensystem heißt, etwas nachzulassen. So wird im »Vorwärts« vom 27. August 1919 dem »sozialen Akkordlohn«
das Wort geredet, sofern ein Mindestlohn garantiert ist,
eine gewisse Höchstleistung nicht überschritten werden darf
und eine Gewinnbeteiligung damit verbunden wird. Aus
gelegentlichen Äußerungen und Veröffentlichungen kann man
entnehmen, daß die Erkenntnis sich langsam durchsetzt,

daß die Gleichheit der Löhne doch schließlich auf ein Durchhalten der untätigen Arbeiter durch die fleißigen hinausläuft. Endlich beruft man sich auf das Rußland Lenins und das Ungarn Bela Khuns, wo Akkordlohn und Arbeitszwang nach dem völligen Zusammenbruch als Mittel zur Hebung der sozialistischen Wirtschaft wieder eingeführt wurden.

Ich komme nun zum Schlusse meiner Ausführungen, die kurz zusammengefaßt zu folgenden Forderungen führen:

1. Beim Abschluß örtlicher Tarifverträge muß vermieden werden, daß ungelernte und Qualitätsarbeiter annähernd gleichen Lohn erhalten. Es ist nach der Leistung zu bezahlen und nicht der tüchtige, fleißige Arbeiter dem untüchtigen und unfleißigen annähernd gleich zu bewerten.

2. Die sogenannten sozialen Arbeitslöhne, wobei nicht nach der Arbeitsleistung, sondern nach der Familiengröße entlohnt wird, sind zu verwerfen. Familienzulagen sind in anderer Form zu gewähren und nicht mit dem Arbeitslohn zu verbinden.

3. Die Zahlung von Akkordlöhnen oder Prämien oder »Überleistungslöhnen« ist in allen Betriebszweigen, die sich dafür eignen, schnellstens wieder einzuführen.

4. Die Einführung der »wissenschaftlichen Betriebsmethode im Taylor-System«, oder »Kraft- und Zeitsparmethode« genannt, ist zu versuchen.

5. Zur Hebung des Geschäftsinteresses ist Gewinnbeteiligung und Geschäftsbeteiligung in irgendeiner Form anzustreben.

Die Aufgabe, die Masse zur Arbeit zurückzuführen, wird schwer sein, aber sie wird in großem Maße erleichtert werden können durch die Gewinn- und Geschäftsbeteiligung der Arbeitnehmer. Das Mißtrauen der Arbeiter, für fremde Taschen zu arbeiten, das tief wurzelt, kann vielleicht nur durch Gewinnbeteiligung und Geschäftsbeteiligung allein aus der Welt geschafft werden. Bei städtischen Betrieben, die für die Allgemeinheit arbeiten, glaubt die Arbeiterschaft vielfach, die Gewinne wären nötig, um die Steuer niedrig zu halten, damit die Reichen nicht zu viel Steuer zu zahlen brauchten, also auch hier das Mißtrauen, indirekt für andere Bevorzugte zu arbeiten.

So erklärt sich auch, daß das Verlangen hervortritt, man müßte die staatlichen und städtischen Betriebe nun auch »sozialisieren«. Das klang, wie die »Frankfurter Zeitung« dieser Tage in einem Artikel über Sozialisierung schreibt, wie ein Witz, wie ein glänzender Beweis für die Unreife der ganzen Bewegung, ist aber doch ein Beweis für das verstärkte Verlangen der Massen nach mehr Freiheit, mehr Verantwortlichkeit, mehr Menschenwürde, das mit der Revolution zum Durchbruch gekommen war und sich gegen das alte Arbeitsverhältnis auflehnte, das in öffentlichen Betrieben nicht anders war als in Privatbetrieben.

Die Arbeitsfreude und damit die Produktion wird so lange darniederliegen, solange die Menschen nicht fühlen, daß das Mögliche bis zum Äußersten geschieht, um ihrem Verlangen nach einer neuen und besseren Ordnung, nach einer Umstellung unseres Wirtschaftslebens Genüge zu tun.

Diese wird aller Voraussicht nach die Gewinn- und Geschäftsbeteiligung in irgendeiner Form bringen. Sie sind kein Risiko, wie die Einführung in anderen Staaten gezeigt hat. Lassen wir uns durch den Zwang der Verhältnisse daher nicht schieben, sondern gehen wir an die Lösung des Problems frohgemut und mit gesundem Optimismus heran.

Die Lösung der Frage »Wie verbessern wir die unbefriedigenden Zustände in unseren Betrieben und wie geben wir der breiten Masse das Interesse und die Liebe zur Arbeit wieder?« ist zwingende Notwendigkeit. Ein hoher Lohn winkt: den Tausenden von Menschen, vom Arbeiter bis zum Werksleiter, die jetzt verärgert und ohne Ziel abseits stehen, gibt die wiedergefundene Arbeitslust, der Erfolg ihrer Leistung wieder einen Lebensinhalt.

Vorsitzender Herr Direktor Götze: Meine sehr geehrten Herren! Wer sich mit diesen Fragen beschäftigt hat — und dazu sind wir ja mehr oder weniger alle gezwungen —, weiß, welche Fülle von Arbeit der Herr Kollege Tillmetz in diesem immerhin kurzen Auszuge niedergelegt hat. Wir sprechen ihm für seine regen Bemühungen den allerherzlichsten Dank aus.

Sie wissen genau, so gut wie ich, daß man über dieses Thema nicht Stunden, sondern Tage lang reden kann. Es ist eigentlich eine Anregung dazu, Unendliches zu erzählen. Das wird nicht in Ihrem Sinne liegen, aber ich glaube, daß doch dieser oder jener von den Herren tatsächlich praktische Erfahrungen geben könnte, und es wäre zweckmäßig, wenn wir uns bei der Aussprache, die ich an den Vortrag knüpfen will, darauf beschränken würden.

Herr Direktor Rosellen, Neuß a. R.: Meine Herren Kollegen! Die Anregungen, die Herr Kollege Tillmetz gegeben hat, haben wir alle mit außerordentlichem Interesse verfolgt, und es ist in mir der Wunsch ausgelöst worden, daß eine Anregung, die kürzlich im Hauptausschuß des Deutschen Vereins erörtert worden ist, möglichst bald in die Wirklichkeit umgesetzt würde.

Als seinerzeit Herr Geheimrat Dr. ing. v. Oechelhäuser Vorsitzender des Vereins Deutscher Ingenieure war, hat er die dankenswerte Einrichtung getroffen, daß monatlich der Zeitschrift des Vereins Deutscher Ingenieure unter dem Titel Technik und Wirtschaft ein Heft beigelegt wurde, welches speziell wirtschaftliche Fragen bearbeitete. Diese Sammlungen sind jedem von uns außerordentlich wertvoll geworden. Da nun die wirtschaftlichen Verhältnisse uns in nächster Zeit sehr lebhaft beschäftigen werden, wäre es zu wünschen, daß auch die Redaktion des »Journal« monatlich oder zwanglos diese Fragen behandelte und vielleicht als erstes dieser Hefte, gleichsam als Programm, diesen Vortrag des verehrten Herrn Kollegen Tillmetz veröffentlichen würde.

Im Anschluß an diese meine Bitte möchte ich noch einige Äußerungen tun, die mir gerade beigekommen sind.

Vor ungefähr zwei Monaten hatte ich Gelegenheit, in M.-Gladbach mit einem hervorragenden Gewerkschaftsführer

zu reden. Wir kamen auch auf die Worte »Akkordlohn« und
»Prämien« zu sprechen. Der Gewerkschaftsführer wies beides
weit von sich ab und erwähnte, daß die Sozialdemokratie
seinerzeit das Schlagwort — man arbeitet ja leider viel zu
viel mit Schlagworten — geprägt hatte: »Akkordlohn ist Mord-
lohn«. Das trifft nun zwar zu, wenn man den Akkordlohn
dazu benutzt, den Lohn selbst zu drücken, wie es in manchen
Werken wohl geschehen ist: wenn der Akkordlohn den Lehn,
den der Arbeiter in der Woche verdienen soll, ein gewisses
Maß überschritt, wurde der Akkord gedrückt — natürlich ein
unangebrachtes Verfahren. Ich sagte dem Gewerkschaftssekretär: Der Stundenlohn, der jetzt eingeführt ist, ist eine
Prämie auf die Faulheit, man muß irgendwie ein Mittel finden,
das zu ändern. Der Gewerkschaftssekretär meinte darauf auch,
es wäre durchaus zu erwägen, ein Art Stücklohn oder so
etwas zu bringen. Nun, wie jetzt die Verhältnisse bei uns
liegen, ist wirklich der Stundenlohn, wie er in den Tarifverträgen festgesetzt wird, einfach eine Prämie auf die Faulheit, da der tüchtige Arbeiter, der wirklich mehr leistet als der
Durchschnittsarbeiter, keine Sondervergütung dafür bezieht.[1]
Weiter hat sich bei unserem Achtstundentag die Erscheinung
gezeigt, daß viele Leute außer der Zeit arbeiten und dann
am nächsten Tage müde sind und während der acht Stunden,
für die sie im Werk bezahlt werden, nicht arbeiten.

Das Grunddogma der Sozialdemokratie ist ja, daß Kapital
und Arbeit geschworene Feinde seien. Das ist auch ein Schlagwort, ein schiefes Fundament, auf das natürlich kein gerades

---

[1] Bei Gelegenheit der Jahresversammlung fand am
28. September ds. Js. seitens einer größeren Anzahl Teilnehmer
an derselben eine sehr interessante Besichtigung der Lehr-
und Versuchsgasanstalt zu Karlsruhe und der Fabrikanlagen der
Firma Junkers & Ruh statt; bei Besichtigung der letzteren wurde
mitgeteilt, daß die Firma vorwiegend Stücklohn zahle mit der
Maßgabe, daß ein Mindeststundenlohn geleistet werde für eine
gewisse Anzahl Stücke, die der durchschnittliche Arbeiter leisten
könne; für die darüber geleistete Arbeit werde für die über-
schießende Zahl fertig gestellter Stücke eine besondere Vergütung
gezahlt.

Gebäude aufgebaut werden kann. Es erinnert mich an eine Beobachtung, die ich machte, als ich vor einigen Monaten mit großem Interesse das sehr lesenswerte Buch von August Bebel »Die Frau und der Sozialismus« las, in dem gleich der erste Satz ein schiefes Fundament aufstellt und infolgedessen das ganze Bild entstellt. Der erste Satz lautet nämlich: »Frau und Arbeiter haben gemein, Unterdrückte zu sein.« Als ob Mutter Eva ihren alten Adam nicht um den Finger gedreht und viele ihrer Nachfolgerinnen nicht ebenso erfolgreich die Männer und bedeutende Männer geleitet hätte. (Heiterkeit.) Das Fundament ist also verkehrt, und das Gebäude, das darauf errichtet wird, muß schief werden!

Ich sage immer: Kapital und Arbeit — körperliche wie geistige Arbeit — sind keine Gegner, sondern Bundesgenossen. Eines ohne das andere kann nichts machen. Daß diese Überzeugung immer weiter auch in unsere Kreise eindringt, dafür müssen wir energisch arbeiten!

Ich hoffe, Herr Generalsekretär, wir bekommen nächstens eine solche wirtschaftliche Beilage wie die Zeitschrift des Vereins Deutscher Ingenieure, damit unser »Journal« auch auf diesem Gebiete mit dem Zeitgeiste vorwärts schreitet.

Vorsitzender Herr Direktor Götze: Meine Herren! Im Anschluß an die Anregungen des Herrn Kollegen Rosellen möchte ich bemerken, daß ich bereits mit dem Herrn Vortragenden, Herrn Baurat Tillmetz, gesprochen habe, daß es wohl zweckmäßig wäre, wenn ein kleiner Ausschuß von Herren, die auf diesem Gebiete der Arbeiter- und Lohnfragen besonders erfahren sind, sich bildete und uns fortlaufende Berichte über die neue Richtung und die Bewegung auf diesem Gebiete gibt. Ich glaube nicht, daß die Versammlung so aus sich heraus einen solchen Ausschuß ernennen kann. Aber vielleicht melden sich einige Herren, die sich mit Herrn Baurat Tillmetz zusammentun und denen wir dann wohl ohne weiteres die Autorisation geben können, das Material zu sammeln. Wir werden bereit sein, ihnen das, was wir selbst erfahren, zu geben, und sie werden uns das durch Übermittlung unseres Gas- und Wasser-Journals möglichst schnell zur Verfügung stellen, damit wir wenigstens einigermaßen ähnlich auf dem laufenden

sind — ganz werden wir das nicht erreichen können —, wie
es die Arbeiter in dieser Frage durch ihre vorzügliche Organisation sind.

Vielleicht läßt es sich also auf diese Weise machen, daß
sich einige Herren mit Herrn Tillmetz in Verbindung setzen.
Oder können Sie jemand aus der Versammlung nennen, der
besonders geeignet erscheint und Neigung zeigt, sich dieser
sehr dankenswerten Aufgabe zu widmen?

Herr Direktor Kobbert, Königsberg: Ich möchte an-
spruchsvoller sein als unser Herr Vorsitzender. Der Herr
Vortragende hat ja das Material so glänzend beleuchtet, wie
es in der kurzen Zeit gar nicht besser geschehen konnte. Aber
er hat uns auch klar bewiesen, daß eine fürchterliche Aufklärungsarbeit zu leisten ist, um überhaupt in absehbarer Zeit
zu einem brauchbaren Zustande in der Tariffrage und namentlich in der Frage des Akkordlohns zu kommen. Und da meine
ich: Die Aufklärungsarbeit kann unmöglich von uns selbst,
von uns Leitern, geleistet werden; denn das Wort »Leiter« ist
nun einmal mit dem Mißtrauen belastet, daß wir dem sozialen
Fortschritt hindernd im Wege stehen. Anderseits muß die
Aufklärungsarbeit geleistet werden, denn nicht umsonst hat
Taylor sein System ein philosophisches genannt. Es gilt in
der Tat, eine ganze Menge Philosophie in der Zukunft in die
Arbeiter hineinzutragen. So hat auch der Bildungsausschuß
der Ingenieure der drei Länder, die auf diesem Gebiete gearbeitet haben, in jedem dieser Länder betont: Diese Aufklärungsarbeit muß bis zu den höheren technischen Beamten
gehen und muß dahin wirken, daß zu der bisher glänzend
gelösten Fachausbildung der Techniker eine bessere Ausbildung
alles dessen gehört, was in der Arbeit des Technikers auf den
Menschen gerichtet ist. Das hat namentlich unser deutscher
Bildungsausschuß des Vereins Deutscher Ingenieure sehr betont und ist da in guter Gesellschaft mit anderen.

Wir müssen versuchen, einen Weg zu finden, diese Aufklärungsarbeit zwar möglichst mit uns, aber nicht durch uns
geschehen zu lassen; und da ist nach meiner Erfahrung immer
der Arbeiter und namentlich der Gewerkschaftsbeamte oder
der Gewerkschaftsvertrauensmann und in der kommenden

Zeit der Betriebsrat das gegebene Organ. Aber nun meine ich, ist auch Eile dringend geboten, denn gerade die guten Ausführungen des Herrn Vortragenden brauchen wir für die allernächste Zeit.

Meine Herren, es ist Ihnen allen bekannt, daß die Tarifverträge, die auf Grund der Richtlinien des deutschen Städtetages vom Dezember 1918 ausgearbeitet worden sind, wohl fast alle Ende Dezember ablaufen. Es werden dann neue Tarifverträge ausgearbeitet werden müssen, und diese neue Arbeit bedarf neuer Richtlinien, ganz im Sinne des Herrn Vortragenden. Es ist zwar auf den Deutschen Städtetag mancher Tadel wegen seiner Richtlinien geworfen worden; aber er ist auch durch die furchtbare Eile, mit der die Richtlinien seinerzeit zustande gekommen sind, vollständig entschuldigt. Bei den schwierigen Verhandlungen, die wir in Königsberg hatten, wo wir eigentlich als erste auf Grund der Richtlinien den Tarifvertrag abschlossen, habe ich die große Schwierigkeit empfunden, daß diese Richtlinien beispielsweise allzusehr auf Berliner Verhältnisse zugeschnitten waren, wie wir das ja ähnlich auch bei den vergangenen Kriegsverordnungen hatten, die alle auf die Verhältnisse des Ruhrreviers zugeschnitten waren. Das muß bei neuen Richtlinien möglichst vermieden werden.

Dabei müssen dann aber auch die Fragen der Akkordarbeit in neuer Firma und mit der eventuellen Gewinnbeteiligung behandelt werden.

Alle diese Richtlinien können wir aber nicht aufstellen, sondern ich möchte vorschlagen, daß dieser kleine Ausschuß, den der Herr Vorsitzende anregte, möglichst schnell mit dem Deutschen Städtetag Fühlung nimmt, mit dem Dezernat der damaligen Richtlinien und vor allem mit dem Gemeindearbeiterverband und dann aus den schönen Anregungen des Herrn Vortragenden fruchtbare Arbeit schafft.

Ich möchte den formellen Antrag stellen, daß der Ausschuß, den der Herr Vorsitzende vorschlägt, mit der Bearbeitung dieser Frage, der Vorbereitung neuer Tarifvertragsrichtlinien im Einvernehmen mit dem Gemeindearbeiterverband und dem Deutschen Städtetag beauftragt wird.

Vorsitzender Herr Direktor Götze: Meine Herren! Sie haben den Antrag gehört, ich brauche ihn nicht zu wiederholen. Aber Voraussetzung ist, daß wir tatsächlich erst einen Ausschuß zu diesem Zwecke wählen, und ich möchte hierzu um Vorschläge bitten.

Vorerst gebe ich Herrn Geh. Rat Bunte das Wort.

Herr Geh. Rat Prof. Dr. H. Bunte: Meine Herren! Sie werden aus dem dankenswerten und schwerwiegenden Vortrag von Herrn Baurat Tillmetz gehört haben, daß vor etwa 30 Jahren zuerst in England durch die Initiative des Direktors der Süd-London-Gesellschaft die Beteiligung der Arbeiter an dem Gewinn eingeführt worden ist. Mr. Livesey hat sich dadurch nicht nur in die Annalen der Gaswerke als ein vorzüglicher Kenner der sozialen Bestrebungen eingeschrieben, sondern auch als ein weitsichtiger Gasmann. Es ist notwendig, daß auch die deutsche Gasindustrie diesen Bestrebungen ihre Aufmerksamkeit zuwendet und ich darf Sie versichern, daß unser »Journal« diese Bestrebungen in jeder Weise unterstützen wird. Es wird aber nicht nur der Anregung, sondern auch der Mitarbeit einer großen Zahl unserer Vereinsgenossen bedürfen, um auf diesem Felde etwas Brauchbares zustandezubringen; es ist mein Wunsch, daß diese Anregung auf fruchtbaren Boden fallen möge. (Beifall.)

Vorsitzender Herr Direktor Götze: Meine Herren! Sie sind wohl für die Wahl dieses Ausschusses. (Zustimmung.) Wir können Ihnen keine Vorschläge machen, weil wir uns vom Vorstandstische aus mit der Frage noch nicht beschäftigt haben.

Könnte Herr Tillmetz vielleicht ein paar Herren nennen, die er mit im Ausschuß haben möchte?

Herr Direktor Göhrum, Stuttgart: Ich möchte bitten, daß es dem Vorstande überlassen wird, vielleicht in Gemeinschaft mit Herrn Tillmetz diesen Ausschuß zu bilden.

Herr Beigeordneter N o t t e b r o c k, Duisburg: Ich möchte vorschlagen, zu diesem Ausschuß auch die Arbeitgeberverbände, die bereits allgemein bei den Gas-, Wasser- und Elektrizitäts-werken bestehen, hinzuzuziehen. Es würde das zu empfehlen sein. In Rheinland-Westfalen besteht z. B. ein solcher Ver-band, dem 60 bis 80 Werke angehören, die bereits mehrfach Tarife abgeschlossen haben und infolgedessen große Erfahrung in diesen Fragen besitzen.

# Über Wirtschaftsstatistik.

Von Direktor K o b b e r t , Königsberg.

Der Ausspruch eines Weisen des klassischen Altertums
nennt den Krieg einen bohrenden Wundensucher, welcher
dem Trunke gleicht, der die Laster des Menschen aufdeckt
und nicht erzeugt. Von dieser Auffassung aus kommen wir
m. E. zu dem objektiven Urteil, das in unserer Zeit allein
uns vorwärts bringen kann, weil es sich gleich entfernt hält
von nationalistischer Übertreibung und pazifistischer Schwach-
heit. Wir betrachten daher den Krieg als e nen jener Entwick-
lungsvorgänge, wie es deren im Menschen zu seiner Jugend-
zeit sowie im Alter gibt, und wie wir sie als akute Vergiftung in
allen Lebenszeiten kennen. Die Geschichte zeigt uns, wie
jedes Volk, das aus dem Dunkel des Völkerchaos wandernd
und kämpfend in das Licht der Geschichte eintritt, zur Staaten-
bildung gelangt. Zur Ruhe gekommen, entsteht in der Er-
innerung der überstandenen Kämpfe, aufgebaut auf Religion
und Dichtung, ein reiches Kulturleben. Dieses Kulturleben
führt zur geistigen Überlegenheit über Nachbarn und fern
gelegene Völker, führt zur Blüte der Zivilisation in Politik,
Verkehr und Wirtschaft. Von nun an kämpfen aufwärts.
führende Kräfte der Kultur mit den niederziehenden Mächten
übersättigender Zivilisation und führen schlimmstenfalls zu
Krankheitserscheinungen der Übersättigung, zu Krieg und
Revolution.

Je nach unserer politischen Auffassung können wir
sine ira et studio diese Krankheitserscheinungen so verstehen, daß eine übersättigte Zivilisation uns die Abkehrung
von völkischem Selbstbewußtsein zum zersetzenden Internationalismus brachte, oder daß der Internationalismus der
anderen unser staatliches Leben vergiftete. Aus dieser Über-
legung heraus will es mir scheinen, daß wir zweifellos vor

einer Evolution stehen, welche sich jetzt in fünf Jahren vollzogen hat und weiter sturmartig vor sich geht, welche aber auch ohne diese Ereignisse der letzten Jahre in Jahrzehnten und länger unvermeidlich gewesen wäre.

So kommen wir, gleichweit von Pessimismus und Optimismus entfernt, zu der Erkenntnis unserer nächsten Aufgaben und zu ihrer Lösung. Das zwingt uns zu einem R ü c k - b l i c k auf den Gegensatz der neuen Aufgaben zur alten Zeit. Wir lassen uns dabei von den Verhandlungen unserer Jahresversammlungen leiten, wie sie in den letzten Jahrzehnten verlaufen sind. Die Stoffe dieser Verhandlungen dürfen wir wohl nach folgenden drei Leitgedanken ordnen:

I. Höchste Entwicklung der Technik unserer Betriebe zur gewissenhaftesten Ausnutzung der Rohstoffe, weitgehendste Minderung der Handarbeit und Verringerung schmutziger, lästiger und gesundheitsgefährlicher Arbeit.

II. Weitgehendste Verbilligung der Gaspreise, Hand in Hand mit äußerstem Ausbau der Gasabsatzgebiete.

III. Sicherung des höchsten wirtschaftlichen Erfolges und dadurch der besten sozialen Leistungen.

Alles in allem hatten sich besonders die kommunalen Gaswerksbetriebe in Bau und Betrieb zu Musterleistungen zeitgenössischer Bauweise, vollendetster chemischer Technologie und ertragreichster Wirtschaft entwickelt, während gleichzeitig damit die schönste Ausgestaltung der häuslichen und gewerblichen Wirtschaft der Gasverbraucher verbunden war.

Diejenigen Werke, welche unseren drei Leitgedanken getreu gearbeitet hatten, überwanden am leichtesten die Schrecken des Krieges, als 1914 diese Entwicklung ihren jähen Abschluß fand und 5 Jahre anstrengender Technik und Wirtschaft im Zeichen des Krieges folgten.

Welchen Wandel erfahren nun unsere drei Leitgedanken für die kommende Friedenswirtschaft?

Zu I. In dem Maße, als Kohle mittelbar und unmittelbar das vorzüglichste Zahlungsmittel deutscher Auslandsverpflichtungen bleibt, wird gleichzeitig die beste technologische Auswertung dieses Rohstoffes zum obersten Gebot.

Mit diesem Ziele bleiben wir also — wenn auch an früheren
Zahlen gemessen zunächst nur relativ — u n s e r m  e r s t e n
L e i t s a t z  g e t r e u , welcher die beste technologische
Auswertung der Kohle verlangt. Und da gesundheitsgefähr-
dende Betriebswirkungen die Anzeichen von wirtschaftlichen
Verlusten sind, so wird auch die neue Wirtschaft dem alten
Ziele weiter folgen müssen. Die Verringerung der Handarbeit findet in der allernächsten Zeit durch Demobilmachungs-
bestimmungen ihre Grenzen. Immerhin wird der Zwang der
Tatsachen auch hier früher oder später politische Selbst-
täuschung zerstreuen müssen. Auswanderung, Ersatz früherer
ausländischer Arbeitskräfte u. a. m. wird den Arbeitsmarkt
regulieren. Die Zusammenarbeit mit gewerkschaftlich gebildeten Betriebsarbeitern wird die Neigung zu unproduk-
tiver Arbeit eindämmen müssen. Schon waren die Richtlinien,
welche Städtetag und Gemeindearbeiterverband im Dezember
v. Js. aufstellten, so vorsichtig, die Beseitigung der Akkordarbeit nur mit Vorbehalt auszusprechen. Neue Methoden
des Anreizes zur Arbeit werden zu dem alten Zweck sehr
bald wieder führen müssen.

Zu II. Unser zweiter Leitsatz zur Verbilligung der Er-
zeugungskosten scheint zunächst Fata morgana geworden zu
sein. Wir sollen aber nicht den alten Fehler wiederholen,
aus alter Vergangenheit die Geschichte der Zukunft durch
gradlinige Verlängerung ermitteln zu wollen. Teuer und
billig sind relative Begriffe und vom Zeitmaß abhängig.
Ist über Nacht die Kaufkraft des Geldes gesunken, z. B.
im Verhältnis 4 : 1, dann sind auch M. 1000 Betriebskapital
zum Werte von 4000 gestiegen. Die Wirtschaft der alten
Betriebe wächst also in die neuen Zeiten hinein, wie ein gut
abgeschriebener Betrieb in Hochkonjunktur. Wir müssen
also u m d e n k e n und zu den neuen Einkaufs- und Ver-
kaufswerten unsere alte Bilanz und Ertragsrechnung umformen.
Das erfordert eine Betriebs- und Wirtschaftsbuchführung,
welche allen Zeitereignissen schnellstens zu folgen vermag.

Unser Leitsatz II fordert also für die neue Zeit eine
kaufmännische Organisation der Gaswerksverwaltungen in
völliger Beweglichkeit und Handlungsfreiheit.

Zu III. Unser dritter Leitsatz hat eine gewisse Umkehrung erfahren. Früher war unser Wirtschaftsziel der beste Ertrag in privatkapitalistischem Sinne. Und erst an der Verteilung dieses Ertrages nahmen die freiwilligen sozialen Leistungen und Wohlfahrtseinrichtungen teil. Jetzt scheint die Wohlfahrt der Arbeiter das erste Wirtschaftsziel als Ertrag im Sinne des Massenkapitalismus zu werden. Dann erst folgt die Verteilung des Überschusses an die Gemeinde in privatkapitalistischem Sinne, wenn überhaupt ein Ertrag noch bleibt.

Bei den Stadtverwaltungen kommt dieser Ertrag der Steuerminderung zugute und an letztere ist wieder vornehmlich die Arbeitermasse interessiert; als Gasverbraucher bilden sie gleichfalls die Mehrzahl. Denken wir uns nun den Kreis der Gasverbraucher erschöpft, ohne Absatzgebiet des gewerblichen Gasverbrauchs, so haben wir die Tatsache, daß ein fester Ertrag einer Reihe von wechselnden Ansprüchen gegenübersteht, deren Träger wiederum jede Preiserhöhung bekämpfen. Wir sehen also das Bild einer an beiden Enden entzündeten Kerze und es gilt, in Vernunft die Flammen am unteren Ende zu ersticken. Die neuen Aufgaben unserer drei Leitsätze bringen uns also in lebhafte Wechselwirkung mit der Welt außerhalb unserer Werke, was wir in die drei Stichworte kleiden können:

a) Gaswerkswirtschaft als Teil der Kohlenwirtschaft ist Stütze des Außenhandels und der Erfüllung der drückenden Auslandspflichten des Deutschen Reichs;

b) die Gaswerkswirtschaft muß Subjekt der Gemeindearbeit bleiben und darf nicht Objekt des politischen Machthungers werden;

c) der Massenkapitalismus hat dieselbe Verpflichtung, einen Ertrag der Wirtschaft zu erarbeiten, wie der Privatkapitalismus.

Diesen neuen Aufgaben gegenüber, im Kleinen wie im Großen Stellung zu nehmen, bedarf eines weiten Überblickes über

die Wirtschaft des einzelnen Gaswerkes,

die gemeinsamen Interessen und staatswirtschaftlichen
Pflichten benachbarter Werke,

den Zusammenhang der Gaswerkswirtschaft mit der Kohlenwirtschaft des Reiches.

Überblick heißt Erkenntnis und diese muß unabhängig
von Gefühlen durch wissenschaftliche Beobachtung der
sinnlich wahrnehmbaren Wirklichkeit gewonnen werden.
In Technik und Wirtschaft ist der Ausdruck der Wirklichkeit
die Zahl, und zwar als Bild des sog. E r f o l g e s sowohl
wie als bildlich darstellbare Zahlenreihe der E n t w i c k -
l u n g. Beides zur Darstellung zu bringen ist

### A u f g a b e  d e r  S t a t i s t i k.

Rückwärtsschauend sehen wir den Gaswerksleiter im
Laufe eines halben Jahrhunderts sein H a n d w e r k s z e u g
b e s t ä n d i g  e r g ä n z e n. Der Anfang stand im Zeichen
roher Empirie und führte zum Organisationsplan des Kauf-
manns, zur Wissenschaft des Chemikers, zu den Arbeits-
methoden des Maschinenbauers, zur Technik der Massen-
bewältigung im Verkehr und schließlich zur Vielseitigkeit
der elektrotechnischen Energieverteilung. Jetzt vor der
riesengroßen Aufgabe der kommenden Zeit greift der Gasfachmann zu dem neuen Rüstzeug der Wirtschaftswissenschaft.
Trotz der blühenden Entwicklung unserer wissenschaftlichen
Vereinsarbeit geben wir zu, daß die wirtschaftswissenschaft-
liche Beleuchtung unserer Betriebe in weiten Kreisen unserer
Fachgenossen noch sehr im argen liegt.

Wir kommen also zu einer Organisation unserer Werke,
welche diese letzteren einer wirtschaftlichen Durchleuchtung zugänglich machen muß. Es kann uns da die Wirtschaftsstatistik der Jahresberichte des Bergbaulichen Vereins
in Dortmund zum Vorbild dienen. Ich möchte aber auch
auf ein anderes vornehmes Beispiel hinweisen. Man hat es
an der deutschen Landwirtschaft gepriesen, daß sie es zu der
glänzendsten Organisation gebracht hat, welche den ganzen
Stand durch schwere politische und wirtschaftliche Erschütte-
rungen hindurchgerettet hat. Der Lebensnerv dieser Organi-
sationskraft war die Erkenntnis der Berufsgenossen, daß es unter

ihnen keine Konkurrenten gibt. Es gibt dort auch kein Berufs-
geheimnis, selbst auf die Gefahr hin, daß wirtschaftswissen-
schaftliche Untersuchung von Berufsfragen dem außenstehen-
den Gegner oder dem Steuerfiskus oder anderen Neugierigen
gegenüber eine Gefahr bedeutet. Das Gasfach mit seiner überwiegend kommunalen Organisation kann dieses Vorbild ohne
weiteres für sich gelten lassen. Es müssen auch die privat-
kapitalistisch organisierten Betriebe von jeder Eigenbrödelei
loskommen, oder sie verfallen dem Massenkapitalismus.

Die Wirtschaftsstatistik bedarf einer Grundlage, welche
man mit der Eröffnungsbilanz einer neuen Geschäftsbuch-
führung vergleichen könnte. Wir wollen sie mit dem neutralen
Ausdruck einer

Bauten-Statistik

bezeichnen. Diese Statistik muß zeigen, mit welchen Be-
triebsmitteln die Absatzgebiete bearbeitet werden. Es muß
daraus hervorgehen, für welche Einwohnerziffern für einen
Zeitraum von z. B. 25 Jahren, welche Betriebseinheiten
für welche Menge Kohlenverarbeitung, für welchen größten
Rohrnetzradius, mit welchem Kapital und mit welcher Aus-
dehnungsmöglichkeit bereitgestellt sind. Eine solche Statistik ist natürlich erstmalig eine gewaltige Arbeit. Dafür
ist der jetzige Zeitpunkt günstig, weil wir uns im Zustand
eines gewissen Stillstandes der baulichen Entwicklung der
Werke befinden. Anschließend an diese erstmalige Arbeit
können Ergänzungserhebungen in größeren Zeiträumen, z. B.
fünfjährig und weiter folgen. Ein erster Erfolg einer solchen
Bautenstatistik wäre die Möglichkeit, Hand in Hand mit den
für Gaswerksbauten interessierten Firmen zu einer gewissen
Normalisierung zu gelangen, um der Rohstoffnot
der kommenden Jahrzehnte zu entsprechen. Eine solche Statistik würde auch zeigen, welche ansehnlichen Mengen toter
Reserven vermieden werden müssen, um der Rohstoffnot des
Deutschen Reiches zu Hilfe zu kommen.

Der Eröffnungsbilanz eines Werkes folgt der Betrieb.
Auf unserer Bauten-Statistik wird sich daher folgerichtig
unsere altbewährte jährlich herausgegebene Betriebsstati-

15*

stik auch ferner aufbauen können. Über kleine Vereinfachungen der letzteren und Ergänzungen brauche ich hier nicht zu reden. Jeder Fachmann aber, der unsere Vereinsstatistik jemals bei der Gründung oder beim Ausbau von Gaswerken zu Rate gezogen hat, wird mir zustimmen, daß sie in ihrem Ertrag sehr viel reichhaltiger wird, wenn man gleichzeitig eine Bauten-Statistik zur Hand hätte. Unserer S t a t i - s t i k d e r B e t r i e b s e r g e b n i s s e fehlte ferner bisher eine gewisse A u f r e c h n u n g. Eine Reihe von Spalten wird man zweckmäßig für die kleinen Gruppen annähernd gleichgroßer Gaswerke, welche etwa eine Seite der Statistik umfassen, zweckmäßig aufaddieren; aus diesen Ziffern der kleinen Gruppen wird man wiederum eine Reihe von Durchschnittszahlen für die der Statistik unterworfenen sämtlichen deutschen Gaswerke ermitteln können.

Auf diese beiden Arbeiten der Bauten-Statistik und der Betriebs-Statistik wird sich als dritte die S t a t i s t i k d e r I n n e n w i r t s c h a f t u n d d e s A u ß e n h a n d e l s gründen.

Hier werden Sie alle ein Fragezeichen machen und mir sofort den Mißerfolg unserer Wirtschaftsstatistik von 1910 entgegenhalten. Es fällt aber bekanntlich kein Baum auf den ersten Schlag. Um auf unser Beispiel zurückzukommen, ist auch die Deutsche Landwirtschaftsgesellschaft nicht in einem Jahre zu ihrer großartigen Entwicklung gelangt. Zwei Ursachen führten zum Mißerfolg des ersten Versuchs einer Wirtschaftsstatistik für Gaswerke: die Buntscheckigkeit der kaufmännischen Organisation der Gaswerke und die Furcht, welche abergläubische Leute haben, wenn sie ihr eigenes Antlitz im Spiegel beim Mondschein erblicken. Die Zeiten, als man einen dringenden Wirtschaftszweck nicht verfolgte, um eine geliebte alte Form zu erhalten, dürften dahin sein. Auch hier kennt Not kein Gebot. Die Übertragung der gesamten Steuerhoheit an das Reich hat dessen Not zur Not der Städte werden lassen und daher ist die Forderung der Städte nach Erwerbsquellen so einheitlich geworden, daß es nur der statistischen Durchleuchtung der Verhältnisse bedarf, um die bunte Karte der verschiedenen Verwaltungsmethoden unserer Gaswerksverwaltungen auszukehren und zu einer

selbständigen Einheitlichkeit zu gelangen. W o k l e i n e u n d
m i t t l e r e  V e r w a l t u n g e n dieser Entwicklung nicht
folgen können, ist m. E. der Zusammenschluß zu Betriebs-
vereinen mit gemeinsamer Betriebskontrolle das Gebot der
Zeit. Hier haben wir Vorbilder in den Kontrollinspektionen
landwirtschaftlicher Vereine und in der großen Organisation
der mit staatlichen Funktionen ausgestatteten Dampfkessel-
Revisionsvereine. Schon der jüngst abgeschlossene Arbeiter-
lohntarif beruhte auf gemeinsamer Arbeit der deutschen
Städte. Das Gesetz für die Regelung der Kohlenwirtschaft
führt zur Zusammenfassung des Nebenproduktenvertrieb .
Es liegt daher auch kein Grund vor, die Betriebstechnik
nicht zu vereinheitlichen, wenn auch die Einzelbetriebe im
Zeichen dieser einheitlichen Ordnung vollständige Handlungsfreiheit behalten. So gelangen wir zu einem Rechnungsschema,
in dem die Fragen nach der Rentabilität und nach dem
Selbstkostenpreis für Gas eindeutig beantwortet werden. So
wird die Wirtschafts-Statistik Vermögensnachweis und Schul-
denübersicht, Gewinn- und Verlustrechnung in wenigen Zahlen
zusammenfassen. W i s s e n s c h a f t i s t k o m p r i m i e r t e
Erfahrung, Statistik v e r d i c h t e t e T a t s a c h e n s a m m-
l u n g und unsere 3 Statistiken geben der Wirtschaftswissenschaft die Möglichkeit, unsere blühende Gaswerkstechnik
auch zur höchsten wirtschaftlichen Vervollkommnung zu
führen. Daraus schöpfen gleichmäßig ihren Vorteil die Eigenwirtschaft jedes einzelnen Werkes, die Beziehungen unserer
Technik zu Nachbargebieten und zum Staat und schließlich
die gesamte Reichskohlenwirtschaft mit ihren Außenbezie-
hungen. Die Eigenwirtschaft des Einzelwerkes findet in solcher
dreifachen Statistik ein reiches Vergleichsmaterial zur Selbst-
prüfung und Vorbilder bei Entschlüssen der eigenen Fort-
entwicklung. Gemeinde und Staat finden Aufschlüsse über
den Einfluß ihrer Maßnahmen für Handel und Verkehr.
Das Reich findet Beiträge zur Aufklärung des Ertrages seines
Kohlenvermögens, Aufklärung über die Veredelung der Kohle
als Betriebskapital des Innenhandels und als Zahlungsmittel
des Außenhandels. Uns allen aber, die wir als Sachverständige
die Bewirtschaftung der Gaswerke zu beeinflussen haben, ent-

steht ein besonderer Gewinn: Unsere Arbeit findet die ihr
gebührende einwandfreie Bewertung und entgeht der kommu-
nalpolitischen Legendenbildung, die heute nur zu oft ernste
selbstlose Lebensarbeit um die ihr gebührende Anerkennung
betrügt. Nun werden Sie mir entgegenhalten, daß dieses
Lob der Statistik eine Kehrseite hat, daß allzuviel Licht
viel Schatten sehen läßt, daß naive Offenheit dem Feinde
die Arbeit erleichtert und Übertreibung der Objektivität zur
Schwäche im Lebenskampf führt. Demgegenüber betone
ich, daß die Sucht nach Politisierung aller Arbeit zum flach-
sten Dilettantismus geführt hat und es wird Zeit, daß jeder
Berufsverband in seinen Kreisen das möglichste tut, um die
Ergebnisse seiner Wissenschaft klar faßlich darzustellen.
Erst dann darf man fordern, daß die Rückkehr zur gewissenhaften deutschen Gründlichkeit auch für die Politiker sitt
liches Gebot wird.

Wir waren früher gewohnt, Kapital und Arbeit als Grundlagen der Wirtschaft hinzustellen. Wir empfinden es heute
mehr wie je, daß auch Kapital in allen seinen Formen letzten
Endes nichts anderes als Arbeit ist. Arbeit wird also auch die
Grundlage für den Kredit unserer Zukunftswirtschaft. D a z u
m u ß  s i e  g e s e h e n  w e r d e n ! Arbeit kann aber nur bildlich dargestellt werden durch Wirtschaftsstatistik. Es schadet
nichts, wenn ein talentvoller strebsamer Geschäftsmann von
sich reden macht; es mag das der Konkurrenz Gelegenheit
geben, Nachteile für ihn herauszuholen. Wertvoller bleibt
der Kredit, welchen ihm weitblickende Geschäftsfreunde auf
seine Tüchtigkeit hin eröffnen. Eine klare Wirtschaftsstatistik
wird auch geeignet sein, alt eingewurzelte Vorurteile gegen
die Ertragsfähigkeit der Gemeindebetriebe zu beseitigen. Mit
den Begriffen: Überschuß, Reingewinn, Ertrag, Dividende
wird ein geradezu sinnverwirrender Mißbrauch getrieben.

In weiten Kreisen des geschäftlichen Lebens tut man, als
wenn diese Ausdrücke eindeutige Worte sind, wie etwa Eisen,
Glas, Wasser, Luft o. dgl., und doch sagte mir ein hochan-
gesehener, in seinen Berufskreisen sehr beliebter Kaufmann,
daß es geradezu erschreckend wäre, wie wenig Kaufleute
heute Jahresabschlüsse zu lesen verstünden. Es kommt

eben nicht darauf an, ein bestimmtes Abschlußschema zu kennen und ein anderes für falsch zu halten; vielmehr sind kaufmännische Jahresabschlüsse wie mathematische Gleichungen zu lesen, deren Werte eindeutig feststehen, gleichviel wie man die Glieder umstellt oder den Wert jedes einzelnen Gliedes in mehr oder minder komplizierten algebraischen Ausdrücken wiederfindet. Denken wir uns z. B. zwei Gaswerke mit praktisch gleichen Lebensbedingungen und gleich gutem Ertrag; das eine hat 9 Mill. M. Kapital angelegt und bezeichnet davon 6 Mill. als Aktien und 3 Mill. als verbriefte Schuld. Das andere Werk beruht auf M. 9 Mill. städtischer Anleihen. Dann hat das erstgenannte Werk bei M. 600 000 Reinertrag einschließlich Zinsen, im üblichen Sprachgebrauch nach 4% Zinsen der verbrieften Schuld, 8% Dividende = M. 480 000 zu verteilen. Das zweite Werk dagegen hat bei gleichfalls 4% Anleihezinsen erst die Hälfte, nämlich nur M. 240 000, zur Verteilung an die Kasse seiner Verwaltungsorgane zur Verfügung. Eine gedankenlose Presse oder der kommunalpolitische Klatsch bezeichnen natürlich unter diesen Umständen die Leitung des ersten Werkes als helles Licht und diejenige des zweiten nennen sie eine elende Stümperei. Eine klare Statistik würde hier natürlich zum Ausdruck bringen, daß beide Werke in bezug auf das von fremder Hand ins Werk eingelegte Kapital den gleichen Ertrag brachten! Oder ein anderes Beispiel: Das erstgenannte Gaswerk wählt für seinen Jahresabschluß in völliger Freiheit ein einfaches Schema der gesetzlich verlangten Vermögensübersicht und Ertragsrechnung. Das zweite Werk hat neben seinem Jahresabschluß eine Jahresrechnung zu legen, welche sich dem Schema der gesetzlich vorgeschriebenen Haushaltsvoranschläge anzupassen hat. Das erste Werk weist den Bruttoertrag auf und verteilt ihn nach dem freien Ermessen seiner Verwaltungsorgane auf Abschreibung, Dividende und sonstige Gewinnanteile, alles zusammen z. B. M. 1 100 000. Das zweite Werk hat bereits durch Haushaltsvoranschlag seiner Verwaltungsorgane M. 500 000 Rückstellung und M. 600 000 Bargeldleistungen, zusammen gleichfalls M. 1 100 000 Bruttoertrag bereitgestellt. Demgemäß erscheinen in seinem kauf-

männischen Jahresabschluß die verschiedenen Pflichtleistungen
an die Kasse seiner Verwaltungsorgane als Unkosten gebucht
und ein Reingewinn wird formell nicht ausgewiesen. Wenn
diese beiden Abschlüsse dem Herrn Dr. Wilhelm Dyes in die
Hände fallen, so schreibt er unter der Devise: »Kraft, Licht,
Wärme!«[1]) oder: »eine dringend notwendige Reform!« von
zwei Beispielen wie verschieden und ungünstig in Deutschland
gearbeitet wird. Also werden zwei entgegengesetzte Urteile
über obige beiden Abschlüsse gefällt, von denen wir mathe-
matisch erkannten, daß sie gleichwertig sind. Derselbe Ver-
fasser macht denn auch nicht den geringsten Versuch, mathematische Objektivität walten zu lassen, wenn er in einer Fuß-
note auf S. 48 seiner im Jahre 1918 herausgegebenen Schrift
behauptet: »In Königsberg s o l l das Elektrizitätswerk früher
unter städtischer Regie mit einem großen Defizit gearbeitet
haben; nach der Pachtung durch die A.E.G. bringt es der
Stadt jährlich eine Einnahme von rd. einer halben Million M.
Das städtische Gaswerk in Königsberg s o l l mit einem Verlust
von jährlich M. 300 000 arbeiten«.

Dasselbe Schriftchen vergleicht weiter zwei Gaswerke
nach der Feststellung, daß das eine aus einer bestimmten
Einheit Kohlen eine größere Gasmenge erzeugt als das andere
und stellt das letztere ohne weiteres als minderwertig dar,
ohne auch nur anzudeuten, ob oder wieviel Koks zur Vergasung
verarbeitet wurde und welchen Heizwert die beiden Werke
im Jahresdurchschnitt lieferten. Mit welch leichtfertiger
Oberflächlichkeit wird dem Leser nahegelegt, wie rückständig
die deutschen Gaswerke und die deutschen Städte wären,
weil sie auf den Kopf der Bevölkerung nur ein Drittel von dem
Gasverbrauch der englischen Städte haben. Nichts wird
davon erwähnt, was schon der flüchtige Beobachter englischer Verhältnisse weiß, wie eine Fülle von Tatsachen diese
merkwürdige Entwicklung als Folge parlamentarischer Be-
vormundung und Begleiterscheinung der klimatischen und
häuslichen Verhältnisse des Landes erkennen lassen. Hier

---

[1]) Broschüre im Verlag C. Heymann, Berlin. — Siehe auch
ds. Journ. 1919, S. 134.

sind traditionelle Ursachen vorwiegend; rationelle chemische Technologie der Kohle hat hier kaum mitgewirkt. Eine Wirtschaftsstatistik, wie ich sie flüchtig zeichnete, als Allgemeingut der deutschen Gastechnik würde eine so oberflächliche Druckschrift, wie die erwähnte, einfach unmöglich machen.

Freilich bin ich mir auch darüber klar, daß eine solche Statistik auch dem Mißbrauch ausgesetzt sein wird. Je klarer sie aber dem Leser die Bedingtheit aller wirtschaftlichen Ergebnisse ans Herz legt, um so schwerer straft sie solche Leichtfertigkeiten im Kreise ernster Fachgenossen.

»Wo die Könige bauen, haben die Kärrner zu tun.« Aber die Kärrner waren selten die Freunde der Könige und doch glänzen die Taten der Könige als ihre schönsten Denkmäler über Jahrhunderte hinaus, und die Kärrner aller Zeiten wußten nichts besseres ihren Kindern zu wünschen, als daß sie einst die Herrscher ihrer Heimat würden. Darum erlaube ich mir den Antrag zu stellen, daß Sie unserer Kommission für den Betrieb der Gaswerke die Aufgabe stellen, unsere Statistik der Betriebsergebnisse zu einer großzügigen Wirtschaftsstatistik auszubauen.

Der Pessimismus hat das Wort geprägt, daß man aus der Geschichte lerne, daß die Menschen aus der Geschichte nichts gelernt hätten. Wir Techniker, deren Wissenschaft mit beiden Füßen in der Wirklichkeit steht und Führerrolle spielen muß, wir müssen Optimisten sein. Wir wissen, daß wir Technik nicht um ihrer selbst willen treiben, sondern darum, weil Zivilisation in den Grenzen der Vernunft die Vorbedingung für freie Entfaltung von Kulturarbeit ist. Wenn die Gegenwart auch trübe ist, so sollen wir uns dessen erinnern, daß den dunkelsten Jahrzehnten englischer und französischer Revolution und den Revolutionen der mitteleuropäischen Staaten um die Mitte des vorigen Jahrhunderts blühende Kulturepochen gefolgt sind. Darum wollen wir nach Jahrzehnten blühender technischer Arbeit unseres Faches auch freudig Arbeit des wirtschaftlichen Erfolges betreiben. Wir wollen hoffen, arbeiten und nicht verzweifeln!

# Mündliche Berichte der Sonderausschüsse.

## a) Bericht der Lehr- und Versuchsgasanstalt.

Herr Generalsekretär Dr. Karl Bunte: Meine Herren! Dem Berichte der Lehr- und Versuchsgasanstalt ist zunächst zu entnehmen, daß die Anstalt im Dezember letzten Jahres ihre Tätigkeit wieder aufgenommen hat; ferner, daß der Neubau, der im Jahre 1914 erstellt worden ist, in Betrieb genommen werden konnte und daß auch die anderen Teile der Anstalt entsprechend angepaßt wurden.

Die Arbeitsgebiete, auf denen die Anstalt sich in nächster Zeit betätigen muß, sind wohl durch die Lage unserer Kohlenwirtschaft und durch die dadurch bedingten Maßnahmen in der Erzeugung und Abgabe des Gases gegeben. Es werden die Mittel und Wege zu finden sein, wie man möglichst bald und mit möglichst einfachen Mitteln die Gasbeschaffenheit den Kohlen und die Verbrauchsapparate der Gasbeschaffenheit anpassen kann. Dabei der Industrie an die Hand zu gehen, wird eine Aufgabe der Versuchsgasanstalt sein.

Zurzeit spiegelt sich die derzeitige Gasknappheit und Gasbeschaffenheit in der Tätigkeit der Anstalt darin, daß wir eine große Reihe von Gassparern und ähnlichen Apparaten zur Untersuchung bekommen; leider ist vielfach die Aufgabe undankbar, denn es müssen Illusionen zerstört werden. Es ist außerordentlich wünschenswert, daß der Versuchsgasanstalt alle neuangebotenen Apparate und Einrichtungen zur Untersuchung überschickt werden, denn es hat sich nach unseren Erfahrungen gezeigt, daß die Art, wie Versuche angestellt werden, auf das Ergebnis oft einen völlig irreführenden Einfluß ausübt. Es ist nicht gleichgültig, ob man einen Kochversuch nach bestimmten korrekten Richtungen ausführt oder ob eine Firma ihn so ausführt, daß das herauskommt, was sie beweisen will; und die gleiche Erfahrung ist bei sehr vielen anderen

Apparaten und Einrichtungen zu beobachten. Ich nehme die Gutgläubigkeit der meisten Konstrukteure an, es ist uns jedesmal schmerzlich, wenn eine Illusion zerstört, ein Apparat für unbrauchbar oder für bedenklich erklärt werden muß, der zunächst eine Riesenumwälzung zugunsten des Gases herbei-zuführen verspricht. Ich erinnere an die Gassparer für Steh- und Hängelicht. Wir hätten es sehr begrüßt, wenn wir nur hätten festzustellen brauchen: Die Gassparer bringen tatsächlich mit einem Minimum von Gas und Druck eine er-hebliche Menge Licht, und wir haben es aufs lebhafteste be-dauert, daß wir feststellen mußten, daß dabei bedenkliche Nebenwirkungen auftraten. Wir haben uns für verpflichtet gehalten, auf diese Nebenwirkung hinzuweisen, und ich hoffe, daß das auch im Sinne des gesamten Faches das Richtige ge-wesen ist.

Von den auswärtigen Untersuchungen möchte ich einige nennen, die von besonderem Interesse sind. Eine Trigasanlage wurde in Frankfurt a. M. untersucht, und es ist Aussicht, in nächster Zeit Gelegenheit zu bekommen, eine zweite Trigasanlage auf der Zeche Matthias Stinnes zu unter-suchen, die bessere Ergebnisse liefern soll als die Frankfurter Anlage, die leider die Erwartungen nicht erfüllt hat.

In nächster Zeit werden wir ferner eine Untersuchung an einer Koksgasanlage für kleine Werke nach System Fried-rich im Auftrage der Koksgas-Gesellschaft m. b. H., Magde-burg, auszuführen haben. Ich begrüße ausdrücklich, daß uns Gelegenheit geboten wird, eine solche Anlage zu untersuchen, und ich werde die Ermächtigung erwirken, das darüber zu erstattende Gutachten im »Journal« mitzuteilen.

Auch die Lehrtätigkeit ist insofern wieder aufgenom-men, als in diesem Frühjahr erstmals wieder seit 1914 ein 14 tägiger Gaskurs abgehalten wurde, und wir hoffen auch für die nächsten Jahre damit stets wieder in gleicher Weise fort-fahren zu können. Dieser Gaskurs muß wieder das werden, was er ursprünglich war, nämlich ein Repetitionskurs für wissenschaftlich gebildete Gasfachmänner, eine Gelegenheit für diejenigen, die auf ihrem Gebiete eine technische Vor-

bildung genossen und praktische Erfahrung gewonnen haben,
durch Wiederholung und Vervollständigung auf den neuesten
Stand ihre Kenntnisse zu erweitern. Es liegt die Gefahr nahe,
daß der Gaskurs von Herren, denen es zum Teil auch an der
geeigneten Vorbildung fehlt, als eine »Schnellpresse« im
Gasfach aufgefaßt wird und daß solche Herren, wenn sie
14 Tage in Karlsruhe gehört haben, den Anspruch erheben,
gemachte Gasfachmänner und Schüler meines Vaters zu sein.
Zur Hebung des Niveaus bitten wir die wirklichen Fachleute
selbst etwas beizutragen, indem sie dem Gaskurs das Vertrauen
schenken, daß auch sie, die die nötige wissenschaftliche Vorbildung nachweisen können, bei uns noch dies und das lernen
werden.

Ich bitte noch kurz auf die finanzielle Lage der Versuchsgasanstalt eingehen zu dürfen. Zunächst die Neubaukosten.
Durch die Erweiterung ist die Versuchsgasanstalt in ihren
Baulichkeiten und Betriebsräumen auf das Doppelte gebracht
worden. Wir haben dafür bis 1. April 1919 M. 31138,39 aus-
gegeben. Wir werden noch etwa M. 21000 ausgeben müssen,
bis wir die volle Instandsetzung und Vervollständigung der
Einrichtungen, die Schreiner- und Tapezierarbeiten usw.
durchgeführt haben. Das scheint ein Mißverhältnis, aber die
Preise, die wir derzeit bezahlen müssen, sind eben gegenüber
den vor und während des Krieges ausgeführten Arbeiten um
250 bis 300% gestiegen.

Dem steht gegenüber, daß die Einnahmen der Anstalt
bisher keine Steigerung erfahren haben. Wir sind nach wie vor
auf die Beiträge angewiesen, die vor beinahe 15 Jahren ge-
zeichnet worden sind. Ich bitte daher, für die Versuchsgasanstalt und deren Arbeiten in weitesten Kreisen zu werben
und dafür Stimmung zu machen, daß ein Schreiben, das wir
an unsere Beitraggeber zu richten die Absicht haben, auf gün-
stigen Boden fällt. Wir werden die Bitte auszusprechen haben,
daß man uns die Beiträge erhöht. Wenn die Werke mit den
Löhnen und mit allen anderen Ausgaben beinahe ins Unge-
messene getrieben werden, dürfte eine kleine Erhöhung der
Beiträge für wissenschaftliche Arbeiten auch sehr wohl zu
vertreten sein. Es handelt sich ja in den meisten Fällen um

Summen, die auch nur gegenüber der fianziellen Wirkung
von Lohnerhöhungen und anderem kaum ins Gewicht fallen.

Die Versuchsgasanstalt selbst, ihre Ausdehnung und Einrichtung zu sehen, bitte ich Sie recht herzlich, bei dem in Aussicht genommenen Ausflug Gelegenheit zu nehmen, damit Sie
aus eigener Anschauung Kenntnis davon erhalten, in welchem
weiten Rahmen sich unsere Arbeiten bewegen können.

Dem Bericht der Lehr- und Versuchsgasanstalt sind als
Anlagen beigefügt: »Normen für Abnahme- und Leistungs-
versuche an Gaserzeugungsöfen.« Diese Normen sind auf
Grund einer Besprechung der Gaswerkchemiker im Jahre 1914
niedergeschrieben worden. Die damalige Versammlung der
Gaswerkchemiker hat der Anstalt den Auftrag gegeben,
diese kurzen Normen abzufassen. Sie sollen als Normen des
Vereins zum Beschluß erhoben werden.

Ein weiterer Auftrag der Versammlung der Gaswerkchemiker in München ist durch die »Vorschriften zur Bestimmung des Heizwertes von Steinkohlengas mit dem Gaskalorimeter von Junkers« erfüllt, welche, kritisch durchgearbeitet,
die Arbeitsmethode genau niederlegen, die Fehlergrenzen und
Fehlerquellen eingehend kritisieren und ihren Einfluß auf das
Ergebnis darlegen. Wir hoffen, daß damit denjenigen Herren,
die mit dem Gaskalorimeter von Junkers selbst zu arbeiten
oder ihre Laboranten und Laborantinnen darauf anzulernen
haben, ein wesentliches Hilfsmittel an die Hand gegeben wird.

Das wäre das, was ich über die Versuchsgasanstalt zu
berichten habe. (Beifall.)

Der Vorsitzende, Herr Direktor Götze, stellte den Bericht
von Herrn Dr. Bunte zur Besprechung.

Herr Direktor Kobbert (Königsberg) wies Herrn Dr.
Bunte auf eine Aufgabe hin, die auch im Zusammenhange
mit dem heutigen Vortrage stehe und für die Zukunft von Wert
sein könne, nämlich die Aufklärung des Einflusses der Kohlenmischungen und ihrer Körnungen auf die Koksproduktion.
Es existiere zwar eine Arbeit darüber aus dem Jahre 1910
oder 1913 von der Kokereikommission des Bergbaulichen

Vereins, die aber natürlich lediglich den Standpunkt der hüttenmännischen Interessen verfolge. Bei der heutigen Kohlenversorgung der Gaswerke könnten aus dieser Arbeit und aus Erfahrungen in den eigenen Betrieben wertvolle Folgerungen für die Gasfachleute gezogen werden, wenn das Material vom Standpunkte der Gastechnik aus bearbeitet werde.

Ferner bitte er, die Erzeugung der Schwachgase (Doppelgas, Trigas usw.) durch die Versuchsgasanstalt im Interesse unseren mittleren und kleineren Werke weiter zu verfolgen.

Herr Direktor Reich (Godesberg) frägt, ob die Versuchsgasanstalt schon die Frage geprüft habe, bei welcher Grenze die Wirtschaftlichkeit für Benzolanlagen liege. Er habe sagen hören, daß für Gaswerke von 2,5 Mill. cbm Produktion eine Benzolgewinnungsanlage bereits wirtschaftlich zu empfehlen sei und daß bei einer solchen Gasproduktion angeblich bereits 62,5 t Rohbenzol gewonnen werden können. Bei den heutigen Schwierigkeiten bei der Beschaffung von Benzol dürfte es wohl empfehlenswert sein, wenn diese Frage von der Versuchsgas anstalt aufgegriffen würde.

Herr Direktor Reinhard (Leipzig) regt an, auch der Vergasung von Torf seitens der Versuchsgasanstalt näherzutreten.

Herr Generalsekretär Dr. Bunte teilt hierauf mit, daß die Aufklärung über den Einfluß der Kohlenmischungen bereits in Aussicht genommen sei. Zunächst sucht die Anstalt Aufklärung darüber, wie weit man gegebenenfalls Braunkohle beimischen könne, wie es bei den Holländern in erheblichem Maße geschieht, ohne daß die Koksqualität in unzulässigem Maße herabsinkt. Diese Versuche seien vorbereitet. Für die wichtige Aufgabe, die Mischung verschiedener Kohlensorten und die richtige Körnung dafür nachzuprüfen, sei die Anstalt darauf angewiesen, daß ihr diese Kohlen zur Verfügung gestellt werden, denn zum Ankauf sei die Anstalt bei ihren begrenzten Mitteln durchaus nicht in der Lage. Daran sei diese Aufgabe auch früher gescheitert, denn es habe immer nur eine oder die andere Kohle zur Verfügung gestanden. Die Anstalt habe aber im allgemeinen nicht wählen können, welche Kohle

sie zusammen haben wollte. Das weise immer darauf hin,
daß die Anstalt erheblich mehr Mittel haben müsse, um alle
Aufgaben zu erfüllen.

Den Schwachgasen wurde das Interesse weiter aufs
eingehendste gewidmet.

Die Wirtschaftlichkeit von Benzolgewinnungs-
anlagen werde die Anstalt gerne in den Kreis ihrer Betrach-
tung ziehen, die Versuchsgasanstalt müsse sich aber auf wirt-
schaftlichem Gebiete im großen und ganzen auf die Erfahrungen
der Werksleiter stützen. Die Anregung wurde in dem Sinne
aufgegriffen, daß die Versuchsgasanstalt in diesem Falle sich
als Sammelstelle für die Erfahrungen der Praxis betrachte.

Die Torfvergasung wird untersucht. Zunächst sei für
das badische Land die Arbeit dadurch aufgenommen, daß
der Antrag an die badische geologische Landesanstalt zu richten
sei, die badischen Torfvorkommen nach geographischer, topo-
graphischer und geologischer Richtung namhaft zu machen.
Dabei werde sich hoffentlich ergeben, daß auch Torf zur Entgasung gebracht werden könne. Festgestellt sei bereits von
anderer Seite, daß Preßtorf zur Entgasung zu gebrauchen ist.
Selbstverständlich bekomme man dabei außerordentlich hohe
Kohlensäuregehalte und verbrauche verhältnismäßig viel
Unterfeuerung. Der Preßtorf ergebe aber wenigstens ein
Entgasungsprodukt, das zur Not im Generator verwendet
werden könne, denn die ungefähre Form des Preßtorfes bleibe
bei der Entgasung bestehen, es ergebe sich ein Torfkoks, der
ziemlich stückig, wenn auch nicht sehr haltbar sei.

### b) Bericht des Sonderausschusses für Röhrenfragen.

Herr Oberbaurat Hase: Meine Herren! Mit Rücksicht
auf die vorgeschrittene Zeit werde ich mich sehr kurz fassen.

Der Sonderausschuß für Röhrenfragen möchte Ihnen gern
mehr bieten, als in dem schriftlichen Bericht, der im Jahresbericht des Vorstandes erscheinen wird, enthalten ist, und
zwar positive Ergebnisse seiner Arbeit. Aber die durch den
Krieg veranlaßten Hemmungen und Schwierigkeiten sind
mächtiger gewesen als der gute Wille. Der Ausschuß hat nur

zwei Sitzungen abhalten können, eine im Herbst vorigen
Jahres in Würzburg und eine gestern hier in Baden-Baden.

Hauptsächlich war die Tätigkeit des Sonderausschusses für
Röhrenfragen in Anspruch genommen durch Verhandlungen
über das »Essener Gerichtsurteil«, d. h. die Entscheidungsgründe des Reichsgerichts in einer Schadensersatzklage gegen
die Stadtgemeinde Essen infolge einer durch einen Rohrbruch
entstandenen Gasexplosion.[1]) Es heißt hierüber in dem
schriftlichen Bericht:

»Der Verlauf dieser Angelegenheit und die weitgehende
Bedeutung des ergangenen Urteils machen eine Stellungnahme
des Deutschen Vereins von Gas- und Wasserfachmännern notwendig. Wenn auch ein Zweifel darüber nicht bestehen kann,
daß im Falle Essen besondere örtliche Verhältnisse die Entscheidung beeinflußt haben und schließlich auch den bergbaulichen Interessen eine angemessene Berücksichtigung zukommt, wird doch dem Urteil eine große allgemeine Bedeutung
beigemessen werden müssen. Auch die inzwischen erschienenen
Rechtsgutachten (eingeholt von der Stadt Essen und von der
Thüringer Gasgesellschaft) können diese Ansicht nicht entkräften. Sie deuten wohl an, daß das Urteil keine allgemeine,
für jeden Fall gültige Bedeutung habe und daß nicht anzunehmen sei, das Reichsgericht habe über die besonderen tatsächlichen Feststellungen im Falle Essen hinaus allgemeine
Grundsätze über die Vorzüge der Stahlrohre gegenüber den
Gußrohren aufstellen und zur Vorbeugung von Rohrbrüchen
den Gas- und Wasserwerken die Auswechslung von Gußröhren durch Stahlröhren zur Pflicht machen wollen; aber es
wird trotz allem eine solche Verpflichtung bei erkennbarer
Gefährdung von Rohrleitungen anerkannt oder wenigstens
nicht in Abrede gestellt. Die große Beunruhigung, die weite
Fachkreise ergriffen hat, ist daher wohl zu verstehen. Mit
Recht wird auf die bedenklichen Folgerungen zivilrechtlicher
und strafrechtlicher Art aufmerksam gemacht, die die Begründung des Urteils nach sich ziehen muß. Die allgemeine Begründung in der Entscheidung, »es sei erwiesen, daß in Ge-

---

[1]) S. Journ. f. Gasbel. 1918, S. 353 u. 402; ferner 1919, S. 360.

genden, in denen bergbauliche Einwirkungen eintreten können, schmiedeeiserne Rohre weit zuverlässiger seien als gußeiserne, muß bei der großen Ausdehnung der gußeisernen Rohre in diesen Gegenden eine weittragende nachteilige Unsicherheit auslösen. Auf der Würzburger Versammlung, zu der auch Vertreter des Rheinisch-Westfälischen Vereins geladen waren, wurde beschlossen, beim Vorstand des Deutschen Vereins von Gas- und Wasserfachmännern die Einholung eines Gutachtens eines hervorragenden, von einem Gasfachmann noch besonders zu beratenden Juristen über die Tragweite der Reichsgerichtsentscheidung sowie über die Schritte zu beantragen, die geeignet sind, eine anderweite Entscheidung des Reichsgerichts herbeizuführen.

Meine Herren! Vorstand und Ausschuß des Deutschen Vereins von Gas- und Wasserfachmännern sind diesen Vorschlägen beigetreten, und es steht zu hoffen, daß wir bald an Hand von einwandfreiem Material in der Lage sein werden, für eine volle Wahrung der Interessen unseres Faches und unserer Betriebe einzutreten. In der gestern stattgehabten Sitzung des Sonderausschusses ist beschlossen worden, einmal, ein juristisches Gutachten einzufordern, das lediglich das Gerichtsurteil als solches behandeln und dann aussprechen soll, welche Wirkungen dieses Gerichtsurteil in seiner nackten Form auf die Betriebsleiter, auf die Werke und auf die Kommunen auslöst. Als juristischer Sachverständiger ist Herr Reichsgerichtsrat Gündel in Leipzig in Aussicht genommen.

Außerdem wird eine kritische Beleuchtung der Ergebnisse der seinerzeit gestellten großen Rundfrage sofort in Angriff genommen werden. Diese kritische Beleuchtung soll eine eindrucksvolle Kundgebung des Deutschen Vereins von Gas- und Wasserfachmännern darstellen, die als Meinungsäußerung einer großen Körperschaft in Anwendung kommen soll, wenn sich ein zweiter solcher Fall wie in Essen ereignen sollte. Als Mitarbeiter und Vorarbeiter für diese Ausarbeitung ist Herr Direktor a. D. Borchardt, früher in Remscheid, jetzt in Wiesbaden wohnhaft, in Aussicht genommen.

Bei den Arbeiten, die wir in diesem Jahre geleistet haben, ist uns die Mitwirkung des vom Rheinisch-Westfälischen

Verein in dieser selben Sache eingesetzten engeren Ausschusses
sehr von Wert gewesen, und ich würde es begrüßen, wenn
im Anschluß an meine Ausführungen einer der Herren des
engeren Ausschusses des Rheinisch-Westfälischen Vereins noch
das Wort ergreifen wollte.

Meines Erachtens hat es an der wünschenswerten Kritik
über das Essener Urteil in den Fachzeitschriften gefehlt. Eine
erfreuliche Ausnahme bildet die Veröffentlichung des Herrn
Dr. Karl Bunte in der Nr. 26 des »Journals« vom 26. Juni 1919.
Es heißt da nach einer sachlichen Erwägung der einschlägigen
Verhältnisse und der Vor- und Nachteile der einzelnen Rohrarten:

»Rechtlich folgt aus dem Urteil, daß in den Fällen, wo
die Bruchgefahr als überwiegend gegen andere Erwägungen
festgestellt und bekannt geworden ist und die Auswechslung
nahegelegt, die Besitzerin der Rohrleitung ihre Auswechslung
betreiben muß, gegebenenfalls auf Kosten derjenigen, die für
die Gefährdung haftbar sind.

In den Straßen mit normaler Standfestigkeit des Untergrundes ist also die Wahl zwischen Gußrohr und Schmiederohr abhängig zu machen von sämtlichen technischen und
wirtschaftlichen Erwägungen über Dauerhaftigkeit und Kosten
der Rohrleitung.

Darüber hinaus aus dem Ausfall des Essener Prozesses
eine Verpflichtung der Gas- und Wasserwerke zur Auswechslung der Gußrohrleitungen gegen Schmiederohrleitungen allgemein für das Bergbaugebiet oder gar über dessen Bereich
hinaus abzuleiten, ist gänzlich unzulässig und durch keinerlei
technische und wirtschaftliche Erwägungen zu begründen.«

Meine Herren! Diesen Ausführungen ist der Sonderausschuß für Röhrenfragen in seiner Mehrheit beigetreten.

Durch die Ausführungen, die ich eben gemacht habe,
erledigt sich auch die Frage, deren Lösung sich der Sonderausschuß seit langem angelegen sein läßt, nämlich die Frage
der Verwendbarkeit von Gußrohr und Schmiede- oder Stahlrohr für Gas- und Wasserleitungen sowie der Wesensunterschiede der einzelnen Rohrarten.

Was nun die Normalisierung von Rohren anlangt und vor allen Dingen die Vereinheitlichung der Außendurchmesser von Gußröhren und Schmiede- oder Stahlröhren behufs leichteren Zusammenverarbeitens, so mußten die seinerzeit bereits aufgenommenen Verhandlungen des Krieges wegen auf Wunsch der beteiligten Fabrikationskonzerne hinausgeschoben werden. Es ist Ihnen bekannt, daß sich inzwischen auch der Normenausschuß der deutschen Industrie mit der Normalisierung von Leitungsmaterial beschäftigt hat. Er hat einen besonderen Ausschuß hierfür eingesetzt, in dem auch der Deutsche Verein vertreten ist.

Ich bin nun nicht ohne Sorge, meine Herren, daß an die Durchführung der Normalisierung unseres Leitungsmaterials von verschiedenen Seiten herangetreten wird, und ich bin nach wie vor der Meinung, daß die Interessen unserer Betriebe dann am besten gewahrt sind, wenn sie in den Händen des Deutschen Vereins verbleiben. (Zustimmung.) Wir müssen zunächst nun einmal abwarten, wie die Dinge im Normenausschuß laufen, um so mehr, als der Normenausschuß uns die Zusicherung gegeben hat, endgültige Entscheidungen nicht vor unserer Zustimmung, wenigstens innerhalb einer gegebenen Frist, zu treffen.

Es wäre wünschenswert, wenn Herr Kollege Kümmel, unser Vertreter bei den Beratungen des »Nadi« — um die dafür eingeführte Abkürzung zu gebrauchen —, hierzu noch einige kurze Erläuterungen machen würde.

Von den sonstigen Arbeitsgebieten des Sonderausschusses ist Neues nicht zu berichten; nur haben wir gestern beschlossen, der Frage der Gasverteilung unter höherem Druck eine erhöhte Aufmerksamkeit zu schenken und die zugehörigen Arbeiten sofort mit allem Nachdruck aufzunehmen, weil jetzt die Ergänzung unserer Rohrnetze und die Erhaltung der Leistungsfähigkeit unserer Rohrnetze der hohen Kosten wegen auf sehr große Schwierigkeiten stößt und deshalb die Verteilung unter höherem Druck von außerordentlichem Werte ist.

Im übrigen hoffen wir, daß wir die Arbeit auf allen Gebieten in vollem Umfange und mit vollem Nachdruck wieder aufnehmen können, und wir rechnen damit, daß Sie, meine Herren, uns auch fernerhin mit Rat und Tat freundlichst unterstützen werden. (Beifall.)

Herr Direktor Rosellen (Neuß) hebt hervor, daß man in Rheinland-Westfalen, besonders im Kohlenrevier, den Gerichtsentscheid, der durch das Reichsgericht als endgültig bezeichnet worden ist, mit sehr großem Bedauern aufgenommen habe. Die ganze Gerichtsentscheidung sei auf das Gutachten des Herrn Prof. Holz in Aachen aufgebaut, der Tiefbauer, aber kein Gas- und Wasserfachmann sei. Es sei nach erfolgtem Urteil der obersten Gerichtsinstanz nichts anderes übrig geblieben, als sich an die zuständige Stelle des Deutschen Reiches zu wenden, an den Deutschen Verein von Gas- und Wasserfachmännern und an den Röhrenausschuß. Der Initiative des Röhrenausschusses und speziell des Herrn Oberbaurats Hase sei es gelungen, die Angelegenheit auf den wohl denkbar besten Weg zu leiten, einesteils durch Kritik des Gerichtsurteils, anderseits dadurch, daß die Ergebnisse der Umfrage über die Verwendung von Guß- und Mannesmannröhren vom Jahre 1916 einer eingehenden Bearbeitung unterzogen werden. Im Namen des Rheinisch-Westfälischen Bezirksvereins danke er dem Hauptverein wie dem Röhrenausschuß für die tatkräftige Arbeit.

Herr Direktor Kümmel (Charlottenburg) legt in wenigen Worten die Tätigkeit des Normenausschusses der deutschen Industrie dar. Es sei schon erwähnt, daß dieser Normenausschuß einen besonderen Arbeitsausschuß für die Normung von Rohren gewählt hatte. Dieser Arbeitsausschuß nun hatte sich sehr weite Ziele gesteckt. Er wolle Rohre von sämtlichen Lichtweiten und für sämtliche Zwecke normen, die man sich denken könne, also nicht nur für Flüssigkeiten und Gase, sondern auch für Konstruktionszwecke, auch beispielsweise Bohrrohre, und für Rohre aus jedem denkbaren Material — nicht nur aus allen Metallen, sondern auch aus Ton, Zement, Steinzeug u. dgl. Alle sollen nach möglichst einheitlichen Ge-

sichtspunkten genormt werden. Es sei selbstverständlich, daß
unser Sonderinteresse, unser Interesse für schmiedeeiserne und
gußeiserne Muffenrohre, dabei sehr in den Hintergrund treten
werde, besonders da infolge seines weitgesteckten Ziels der
Normenausschuß sich nicht darauf beschränke, nur das zu
normen, was Vorteile verspricht, sondern auch das, was keine
Nachteile befürchten lasse, und es sei sogar Gefahr vorhanden,
daß er namentlich bezüglich der Stufung der Rohrdurchmesser
darüber hinausgehe und Normen einführe, die große Nachteile
für eine Anzahl von Verbrauchern bringen, unter denen die
Gas- und Wasserwerke nicht die kleinsten und geringsten seien.
Es sei nämlich leider beschlossen worden, die Stufung der
Rohrdurchmesser nach ganz theoretischen Grundsätzen, die
Prof. Brabbée als Fachmann der Heizungsindustrie vorge-
schlagen habe, in Aussicht zu nehmen. Diese Normen seien
für das Gas- und Wasserfach gänzlich unbrauchbar. Er habe
nur mit geringem Erfolge dagegen ankämpfen können. Der
Ausschuß für Röhrenfragen habe daher beschlossen, an den
Normenausschuß der deutschen Industrie mit der dringenden
Bitte heranzutreten, daß die Aufgabe der Normung unserer
Rohre, d. h. der gußeisernen und schmiedeeisernen Muffenrohre, von uns allein gemacht und dann erst dem Normenausschuß unterbreitet wird, um in seine Veröffentlichungen aufgenommen zu werden.

Unsere Arbeiten in dieser Richtung, die vor dem Kriege
schon begonnen seien, fortzusetzen, sei deshalb dringend
wünschenswert, weil auch z. B. die außerordentlich wichtige
Frage der Normung der Muffenform auf keinen Fall von dem
Normenausschuß der deutschen Industrie, wie er jetzt zusam-
mengesetzt sei, gelöst werden könne. Das müsse unbedingt
von Gas- und Wasserfachmännern gemacht werden. Diese
wichtige Frage zwinge den Verein, die Sache in der Hand zu
behalten, und er hoffe, daß es gelingen werde, die Arbeiten so
zu fördern, daß man den — sich sehr stark verzettelnden —
Normenausschuß der deutschen Industrie überholen werde.

Herr Oberbaurat Hase bittet den Herrn Vorsitzenden,
die Versammlung zu fragen, ob sie damit einverstanden ist,

daß, dem Vorschlage des Herrn Kollegen Kümmel folgend, die Aufforderung und Bitte an den Normenausschuß gerichtet wird, daß die Normalisierung der Gas- und Wasserleitungs- und der Muffenrohre in den Händen des Deutschen Vereins verbleibt. Wenn der Röhrenausschuß die Zustimmung des Deutschen Vereins habe, habe er in der Sache einen ganz anderen Nachdruck. (Zustimmung.)

Vorsitzender Herr Direktor Götze: Meine Herren! Sie haben, soweit ich übersehen kann, dem letzten Antrage des Herrn Oberbaurat Hase Ihre Zustimmung ausgesprochen, Habe ich eine Gegenmeinung zu hören? Nein! Dann würden wir also in diesem Sinne verfahren.

# Deutscher Verein von Gas- und Wasserfachmännern.

Eingetragener Verein — Berlin W. 35 — Am Karlsbad 12/13.

# Mitglieder-Verzeichnis

## nach Städten geordnet.

### (Vereinsjahr 1919/1920)

Aufgestellt mit Berücksichtigung der bis Anfang Februar 1920
angezeigten Änderungen.

(Die außerordentlichen Mitglieder sind mit * bezeichnet.)

# Deutscher Verein von Gas- und Wasserfachmännern.

Eingetragener Verein. — Berlin W. 35, Am Karlsbad 12/13.

## Vorstand und Ausschuß sowie Sonderausschüsse
### für das Vereinsjahr 1919/1920
nach den Beschlüssen der 60. Jahresversammlung
in Baden-Baden.

---

### Ehrenmitglied des Vorstandes.

Geheimer Rat Dr., Dr.-Ing. h. c. H. Bunte, Professor
an der Technischen Hochschule in Karlsruhe.

### Vorstand.[1])

E. Körting,
Vorstand der Gasbetriebsges., A.-G., Berlin, Vorsitzender (1920).

| E. Götze, | F. Tillmetz, |
|---|---|
| Direktor des städt. Wasserwerks Bremen | Vorstand der Frankfurter Gasgesellschaft Frankfurt a. M. |
| (1921), | (1922), |

stellvertretende Vorsitzende.

| Generalsekretär: | Geschäftsführer: |
|---|---|
| Privatdozent Dr. Karl Bunte, | K. Lempelius, |
| Dipl.-Ing., Leiter der Lehr- und Versuchsgasanstalt Karlsruhe. | Vorstand der Zentrale für Gasverwertung e. V. Berlin. |

### Ausschuß.[1])
#### a) Von der Vereinsversammlung gewählte Mitglieder:

| | |
|---|---|
| Ph. Lenze, Berlin (1922), | C. Kühne, Berlin (1921), |
| G. Martin, Erfurt (1922) | R. Terhaerst, Nürnberg (1920), |
| L. Führich, Kattowitz (1922). | W. Runge, Danzig (1920), |
| M. Hase, Lübeck (1921), | W. Schwers, Osnabrück |
| Kucknk, Heidelberg (1921), | (1920). |

---

[1]) Die beigefügten Jahreszahlen bedeuten das Jahr, in welchem
mit Schluß der Jahresversammlung die Amtsdauer endet.

**b) Vertreter der Zweigvereine:**

G. Tremus, (Lichtenberg)
(Märkischer Verein).

K. Zimpell (Augsburg)
(Bayerischer Verein).

Jokisch (Göppingen)
(Mittelrheinischer Verein).

Stawitz (Insterburg)
(Baltischer Verein).

Vaupel (Reichenbach i. Schl.)
(Verein Schlesiens und der Lausitz).

M. Voß (Quedlinburg)
(Sächsisch-Thüringischer Verein)

Brüggemann (Bielefeld)
(Verein Rheinlands und Westfalens).

W. Schwers (Osnabrück)
(Niedersächsischer Verein).

H. Ries (München)
(Zentrale für Gasverwertung, E. V.).

## Sonderausschüsse.

**Sonderausschuß für den Betrieb von Wasserwerken:** Götze (Bremen), Vorsitzender, Anklam (Friedrichshagen), Reese (Dortmund), Rudolph (Darmstadt), Schröder (Hamburg), Dr.-Ing. Smreker (Mannheim).

**Sonderausschuß für die Lehr- und Versuchsgasanstalt:** Der Vorstand des Vereins; ferner Dr., Dr.-Ing. h. c. H. Bunte (Karlsruhe), Göhrum (Stuttgart), E. Körting (Berlin), Lempelius (Berlin), Dr. Leybold (Hamburg), Dr.-Ing. et phil. h. c. v. Oechelhaeuser (Dessau), Schäfer (Dessau).

**Sonderausschuß für den Betrieb von Gaswerken:** Der jeweilige Vorsitzende des Vereins, z. Z. E. Körting (Berlin), Vorsitzender, Eglinger (Karlsruhe), Hase (Lübeck), Kobbert (Königsberg), Kordt (Düsseldorf), Lempelius (Berlin), Meyer (Dortmund).

**Sonderausschuß für Röhrenfragen:** Hase (Lübeck), Vorsitzender, Eisele (Freiburg i. Br.), Förster (Mülheim-Ruhr), Schomburg (Gelsenkirchen), Wahl (Trier), Westphal (Leipzig), Kuckuk (Heidelberg), Runge (Danzig), Dr. K. Bunte (Karlsruhe), Kümmel (Charlottenburg), Ruoff (Regensburg), Köster (Berlin).

**Sonderausschuß zur Beschaffung von Kohlen und Prüfung der Kohlenlage:** Körting (Berlin), Vorsitzender, Dr., Dr.-Ing. h. c. H. Bunte, (Karlsruhe), Dr. Karl Bunte (Karlsruhe), Tremus (Lichtenberg), Meyer (Dortmund), Lenze (Bochum), Dr.-Ing. Richard (Cassel), Schäfer (Dessau), Kordt (Düsseldorf), Krause (Hamburg), Kobbert (Königsberg), Hofmann (Oppeln), Jäckel (Plauen), Arzberger (München), Prenger (Cöln), Reich (Godesberg), Wahl (Trier), Heinrich (Pforzheim), Bolstorff (Essen), Reinhardt (Hildesheim), Dr.-Ing. Greineder (Würzburg).

**Sonderausschuß für die Normalisierung von Gasmessern:** Körting (Berlin), Vorsitzender, Dr. K. Bunte (Karlsruhe), Eisele (Freiburg i. B.), Bessin (Berlin), Elster (Berlin).

**Sonderausschuß für Steuerfragen:** E Körting (Berlin, Vorsitzender, Dr., Dr.-Ing. h. c. H. Bunte (Karlsruhe), Heck (Dessau), Kordt (Düsseldorf), Lempelius (Berlin), Prenger (Köln a. Rh.).

**Sonderaufschuß für Lichtmessung:** Dr. Eitner (Karlsruhe), Vorsitzender, Drehschmidt (Berlin), Dr. Krüß (Hamburg), Dr. Liebenthal (Berlin).

**Unterstützungsausschuß:** Der jeweilige Vorsitzende des Vereins, z. Z. E. Körting (Berlin), Vorsitzender, Dr. Lang (Potsdam), Müller (Charlottenburg), Johs. Elster (Berlin), Heidenreich (Berlin), Lenze (Berlin).

**Stiftungsausschuß der Schiele-Stiftung:** Der jeweilige Vorsitzende des Vereins, z. Z. E. Körting (Berlin), Vorsitzender, Kühne (Berlin), Vaupel (Reichenbach i. Schl.), Brüggemann (Bielefeld), Zimpell (Augsburg).

## Zweigvereine.

1. **Märkischer Verein von Gas-, Elektrizitäts- und Wasserfachmännern.** Gegr. 5. Juli 1879. 3 Ehrenmitglieder, 187 Mitglieder. Eine Mitgliedschaft. — Mitglied seit 1882.
   Vorsitzender: Direktor G. Trémus, Berlin-Lichtenberg, Alfredstraße 5.

2. **Mittelrheinischer Gas- und Wasserfachmänner-Verein,** Gegr. 15. Mai 1864. 6 Ehrenmitglieder, 121 ordentliche und 118 außerordentliche Mitglieder, zusammen 245 Mitglieder. Eine Mitgliedschaft. — Mitglied seit 1882.
   Vorsitzender: Direktor Jokisch, Göppingen.

3. **Verein der Gas- und Wasserfachmänner Schlesiens und der Lausitz.** Gegr. 22. 7. 1868. 1 Ehrenmitglied, 112 ordentliche und 69 außerordentliche Mitglieder, zusammen 182 Mitglieder. Eine Mitgliedschaft. — Mitglied seit 1882.
   Vorsitzender: Direktor Vaupel, Reichenbach i. Schl.

4. **Verein der Gas-, Elektrizitäts- und Wasserfachmänner Rheinlands und Westfalens.** Gegr. 3. Februar 1873. 5 Ehrenmitglieder, 249 ordentliche, 118 außerordentliche Mitglieder, zusammen 372 Mitglieder. Zwei Mitgliedschaften. — Mitglied seit 1883.
   Vorsitzender: Stadtrat Brüggemann, Bielefeld.

5. **Bayerischer Verein von Gas- und Wasserfachmännern.** Gegr. 14. Juni 1885. 4 Ehrenmitglieder, 90 ordentliche, 91 außerordentliche Mitglieder, zusammen 185 Mitglieder. Eine Mitgliedschaft. — Mitglied seit 1885.

Vorsitzender: Direktor Karl Zimpell, Augsburg, städt. Gas- und Wasserwerk.

6. **Baltischer Verein von Gas- und Wasserfachmännern.** Gegr. 21. Juli 1873. 86 ordentliche, 83 außerordentliche Mitglieder, zusammen 169 Mitglieder. Eine Mitgliedschaft. — Mitglied seit 1890.

Vorsitzender: Direktor Stawitz, Gas- und Wasserwerke, Insterburg.

7. **Verein Sächsisch-Thüringischer Gas- und Wasserfachmänner.** Gegr. 21. Januar 1872. 2 Ehrenmitglieder, 113 ordentliche und 74 außerordentliche Mitglieder. Eine Mitgliedschaft. — Mitglied seit 1893.

Vorsitzender: Stadtbaurat M. Voß, Quedlinburg.

8. **Niedersächsischer Verein von Gas- und Wasserfachmännern.** Gegr. 16. Juni 1899. 161 Mitglieder. Eine Mitgliedschaft — Mitglied seit 1899.

Vorsitzender: Direktor Schwers, Osnabrück, Luisenstr. 14.

9. **Zentrale für Gasverwertung, e. V.,** Berlin W. 35, Am Karlsbad 12/13. Gegr. 14. März 1910. 425 Mitglieder. Eine Mitgliedschaft. — Mitglied seit 1916.

Vorstand: Direktor Lempelius, Berlin.

---

Zuschriften an den Vorsitzenden sind zu richten an:
**E. Körting,** Vorstand der Gasbetriebsgesellschaft, A.-G., Berlin S. 42, Gitschinerstr. 19.

Zuschriften an den Generalsekretär:
Privatdozent Dipl.-Ing. Dr. K. Bunte, Karlsruhe (Baden), Kriegstr. 148.

Zuschriften an die Geschäftsführung:
**An den deutschen Verein von Gas- und Wasserfachmännern e. V.
Berlin W 35, Am Karlsbad 12/13.**

---

# Mitglieder-Verzeichnis
## nach Städten geordnet.

### (Vereinsjahr 1919/1920.)

Aufgestellt mit Berücksichtigung der bis Anfang Februar 1920
angezeigten Änderungen.

(Die außerordentlichen Mitglieder des Vereins sind mit * bezeichnet.)

### Ehrenmitglied des Vorstandes.

Dr., Dr.-Ing. h. c. H. Bunte, Geheimer Rat, Professor an der Technischen Hochschule in Karlsruhe, Karlsruhe (Baden), Kriegstraße 148.

### Ehrenmitglieder des Vereins.

Dr. Karl Auer Freiherr von Welsbach, Wien IV, Hauptstr. 69.

L. Körting, vorm. Direktor, Hannover, Waldhausenstr. 22.

Dr.-Ing. et phil. h. c. W. v. Oechelhaeuser, Dessau.

### Inhaber der Bunsen-Pettenkofer-Ehrentafel.

Dr. Karl Auer Freiherr von Welsbach, Wien IV, Hauptstr. 69.

Dr., Dr.-Ing. h. c. H. Bunte, Geheimer Rat, Professor an der Technischen Hochschule Karlsruhe, daselbst, Kriegstraße 148.

L. Körting, vorm. Direktor, Hannover, Waldhausenstr. 22.

C. H. Söhren, vorm. Direktor der städtischen Gas-, Elektrizitäts-
und Wasserwerke, Bonn

G. Wunder, Baurat, Stadtrat a. D., Leipzig - Probstheida, Kant-
straße 12.

F. R e e s e, Geheimer Baurat, Direktor a. D., Dortmund, Hagen-
straße 1.

F. R e i c h a r d, Stadtbaurat a. D., Karlsruhe, Hirschstr. 93.

Dr. G a e r t n e r, Geheimer Rat, Prof. der Hygiene, Jena.

Dr.-Ing. et phil. h. c. W. v. O e c h e l h a e u s e r, Dessau.

H. R i e s, Städt. Baurat, Direktor der städt. Gaswerke, München,
Nymphenburgerstraße 122/III.

Dr. v. G r u b e r, Geheimer Rat, Professor, München, Hygienisches
Institut der Universität.

E. K ö r t i n g, Vorstand der Gasbetriebsges. A.-G., Berlin.

Dr. J. B u e b, Chemiker, Berlin W. 10, Viktoriast. 11.

## Ehemalige Vorsitzende des Vereins,

die noch am Leben und auch noch Mitglieder des Vereins sind.

(Die beigefügten Zahlen bedeuten die Jahre der Amtsführung.)

1. Dr., Dr.-Ing. h. c. H. B u n t e, Karlsruhe (1882/83).
2. G. W u n d e r, Leipzig (1894/95).
3. Dr.-Ing. et phil. h. c. W. v. O e c h e l h a e u s e r, Dessau (1895/96,
   1898/1900).
4. L. K ö r t i n g, Hannover (1896/98, 1903/06).
5. E. K ö r t i n g, Berlin (1908/1909).
6. H. P r e n g e r, Cöln (1909/1911).
7. F. K o r d t, Düsseldorf (1911/1912).
8. F. R e e s e, Dortmund (1912/1915).
9. M. H a s e, Lübeck (1915/1918).

# Mitglieder.

**Aachen.**

Dr. phil. Oskar Rau, ordentlicher Professor an der Technischen
  Hochschule in Aachen, Wohnung: Aachen-Forst, Villa Neuhaus.

Gas-, Elektrizitäts- und Wasserwerke der Stadt.

Wasserwerk des Landkreises Aachen, G. m. b. H., Bismarckstr. 84.

**Aarau** (Schweiz).

Grob, Walter, Direktor der Gasbeleuchtungsgesellschaft.

**Aarhus** (Dänemark).

Städtische Gasanstalt.

**Achim** bei Bremen.

*Wasserwerk- und Brunnenbaugesellschaft m. b. H.

**Adlershof** bei Berlin.

Wasserversorgungsverband für die Landgemeinden Adlershof,
  Alt-Glienicke und Grünau zu Adlershof, Bismarckstr. 1.

**Agram** (Croatien).

Kroupa, Franz, Betriebsingenieur des neuen städtischen Gaswerks.

Schönstein, Max, stdt. Oberingenieur u. Direktor des stdt. Gaswerks.

**Ahrweiler** (Rheinland).

Roth, Kreisbaumeister.

**Allenstein.**

Städtische Gas- und Wasserwerke.

**Altena i. Westf.**

Städt. Gas- und Wasserwerke.

**Altenburg** (Sachsen-A.).

Mohr, Harry, Direktor, Pächter des Gaswerkes Markranstädt, Agnes-
  platz 4.

Schütte, Martin, Gaswerksdirektor, Kanalstr. 42.

Stein, Alfred, Betriebsingenieur des städt. Gaswerks.

**Altona.**

Lichtheim, Georg, Direktor der städt. Gas- u. Wasserwerke, Altona
  (Elbe), Palmaille 25 II.

Städtische Gas- und Wasserwerke.

**Amöneburg b. Biebrich** (Rhein).

*Portland-Zementfabrik Dyckerhoff & Söhne, Ges. m. b. H.

**Amsterdam** (Holland).

van den Honert, D. J., Direktor, Keizersgracht 127.

Dr. L. J. Terneden, Chemiker, Generaldirektor der städtischen Gaswerke, Zuidergasfabrik van den Amstel (Amsteldyk).

**Angermünde.**

Städtisches Gaswerk.

**Annaberg** (Erzgeb.).

Achtermann, C., Direktor der städt. Gasanstalt.

Rat der Stadt (Gasanstalt)

**Ansbach.**

Städtische Gasanstalt.

**Antwerpen.**

Hayman, Arthur F. P., Ingenieur, Directeur der Compagnie du Gaz d'Anvers, Place de Meir 58.

**Apolda.**

Giehren, Kurt, Ingenieur, Ackerwand 18/I.

Thüringische Elektrizitäts- und Gaswerke, A.-G., Luttstädterstr. 7.

**Arnhem** (Niederlande).

Niermeyer, W., Direktor der Gemeindegasfabrik.

**Arnstadt.**

Lerch, G., Direktor der städt. Gas- und Wasserwerke.

**Asch** (Böhmen).

Gasanstalt.

**Aschaffenburg.**

Stadtbetriebsamt.

**Aschersleben.**

Städtische Licht- und Wasserwerke.

**Augsburg.**

Gesellschaft für Gasindustrie, Kasernstr. 188°.

Geyer, Julius, Generaldirektor der Gesellschaft für Gasindustrie, Kasernstr. 188°.

Keller & Knappich, G. m. b. H., Maschinenfabrik, Ulmerstr. 56/74.

Magistrat (Gas- und Wasserwerk).

Riedinger, L. A., Maschinen- und Bronzewarenfabrik.

Vereinigte Gaswerke, Aktiengesellschaft.

Zimpell Karl, Dipl.-Ing., Direktor d. städt. Gaswerks, Feldstraße.

**Baden-Baden.**

Frahm, Emil, Stadtbaurat.

Städtisches Betriebsamt.

**Bad Homburg v. d. Höhe.**

Städtisches Gas- und Wasserwerk.

**Bad Nauheim.**
Imhof, Alfred, Ingenieur und Unternehmer für Wasserversorgungen.
Städtisches Gaswerk.

**Bad Oldesloe i. H.**
Licht- und Wasserwerke der Stadt.

**Bad Wildungen.**
Gemeindegasanstalt.

**Bamberg.**
Städtisches Gaswerk.
Städtisches Wasserwerk.

**Barmen.**
Städtische Wasser- und Lichtwerke.

**Barth.**
Städtisches Gaswerk.

**Basel.**
Dr. Paul Miescher, Ingenieur und Direktor des Gas- u. Wasserwerks.

**Bautzen.**
Städtisches Gas- und Wasserwerk.

**Bayreuth.**
Städtische Gasanstalt.

**Benrath a. Rh.**
Städtische Gas-, Wasser- und Kanalisationswerke.

**Bentschen.**
Magistrat (Gaswerk).

**Bergedorf.**
Sievers, Leo, Direktor der städt. Elektrizitäts- und Wasserwerke.

**Bergisch-Gladbach.**
Wasserwerk.

**Berlin.**
Aktiengesellschaft für Gas-, Wasser- und Elektrizitätsanlagen, NW., Dorotheenstr. 36.
*Aktiengesellschaft Ferrum, techn. Büro, W. 9, Linkstr. 25.
Allgemeine Elektrizitätsgesellschaft, NW., Friedrich-Karl-Ufer 2/4.
*Arnhold, Ed., Geh. Kommerzienrat, in Firma C. Wollheim, Mitbesitzer der Gasanstalten Hindenburg, Ostrau, Krems und Lodz, W., Französische Straße 60/61.
Auerlicht-Gesellschaft m. b. H., O. 17, Rotherstr. 8—15.
*von Below, Walter, Fabrikant, Gasglühlichtfabrik, SW. 61. Gitschinerstr. 91.
Berlin-Anhaltische Maschinenbau-Akt. Ges., NW., Reuchlinstraße 10/17.

**Berlin.**

*Berliner Gasglühlicht-Werke, Richard Goetschke, O., Blumenstr. 81.

Bessin, Max, Ingenieur, NO., Höchstestr. 4.

Böninger, Karl F., Direktor der S. K. F. Norma, G. m. b. H. W. 8,
 Taubenstr. 26.

Börner & Herzberg, Installationsgeschäft für Gas- und Wasseranlagen, SW., Bernburgerstr. 14.

Borchardt, Karl, Syndikus wirtschaftlicher Verbände, Berlin, West-
 end, Badenallee 1.

Dr. Bueb, Julius, Direktor der Badischen Anilin- und Sodafabrik
 und des Stickstoffsyndikats G. m. b. H. W. 35, Potsdamerstr. 121b.

Bueb, Wilhelm, Ingenieur, Geschäftsführer der Dessauer Vertikal-
 ofengesellschaft m. b. H., W., Karlsbad 33.

Butzke & Co., F., Akt.-Ges. für Metallindustrie, S., Ritterstr. 12.

Continentale Wasserwerksgesellschaft, O., Schicklerstr. 6.

Deutsche Gasgesellschaft A.-G., Berlin W. 10, Viktoriastr. 17.

Deutsche Wasserwerke-Aktiengesellschaft, SW., Belle-Alliancestr. 29.

*›Diamant‹ Gasglühlicht-Gesellschaft m. b. H., O. 34, Gubener-
 straße. 47.

*Ehrich & Graetz, Lampenfabrik, SO., Elsenstr. 92/93.

Elster, Johannes, Kommerzienrat | Inhaber der Firma S. Elster,
 (Privatadresse: Berlin-Grunewald, | Gasmesserfabrik, NO.,
 Delbrückstr. 4), | Neue Königstr. 67/68.

*Feuer, Rich., Gesellschaft für Gasglühlicht-Industrie, O. 17, Am
 Warschauerplatz 9/10.

Friedrich, Ernst, Syndikus der Gasbetriebsges , A.-G., Gertraudten-
 straße 16/17.

Gadamer, Oskar, stellv. Techn. Direktor der Berl. städt Gaswerke,
 Berlin, NW. 23, Flotowstr. 8.

Gasanstalts-Betriebsgesellschaft m. b. H., NW., Reuchlinstr. 10/13.

Gasbetriebsgesellschaft, A.-G., S. 42, Gitschinerstr. 19.

Gasgesellschaft Niederbarnim m. b. H , NW. 40, Alexander-Ufer 1.

*Gaslaternen-Fernzündung, G. m. b. H., SO. 16, Cöpenickerstr. 32a
 III (Osnalion-Haus).

*Gesellschaft für Röhrenreinigung W. 30, Schwäbischestr. 30.

Goldschmidt, Hans, Dr. Prof., NW. 7, Mittelstr. 2—4.

*Dr. Otto Goetze, G. m. b. H., Engros-Handlung von Gas- und
 Wasserleitungsartikeln, W., Kurfürstenstr. 146.

**Berlin.**

*Gronewaldt, Karl, Kaufmann, N., Schönhauser Allee 147.

Heidenreich, Kuno, Direktor der Berufsgenossenschaft der Gas-
und Wasserwerke, N. 4, Gartenstr. 16/17.

*J. Hirschhorn, Lampenfabrik, SO. 33, Cöpenickerstr 148/49.

*Huber, O., Direktor der ›Krone‹, Gasglühlicht-G. m. b. H., SO. 16,
Cöpenickerstr. 56/57.

*Junkers & Lessing, Gasapparatefabrik, SW. 11, Schönebergerstr. 11.

Kämpe, Hans, Direktor des Außenbetriebes der Gasbetriebsges.
A.-G., S. 42, Gitschinerstr. 19.

Kayser, Theodor, Oberingenieur, Vorstand der Techn. Zentrale
für Koksverwertung, Berlin W. 9, Potsdamerstr. 21 a.

*Kersten, Johann, Spezialgeschäft für Gas-, Wasser- und Elek-
trizitätswerke, Beleuchtungsgegenstände, N., Friedrichstr. 131.

*Kiesewetter & Co., E., Gasmesser- und Gasapparatefabrik, N. 4,
Chausseestr. 45.

*Kleinschmit, Karl, Ingenieur, Berlin SW 47, Kreuzbergstr. 9.

*Koźminski, Samuel, Chemiker, Geschäftsführer der Firma ›Vesta‹,
Apparate- und Metallwarenfabrik, G. m. b. H., Rominterstr. 26.

Körting, Ernst, Vorstand der Gasbetriebsgesellschaft, A.-G., S. 42,
Gitschinerstr. 19.

Köster, Heinrich, Reg.- und Stadtbaumeister, SW. 68, Großbeeren-
straße 82/II.

*Kriegsheim, Heinrich, Dipl.-Ing., Direktor der Permutit Aktien-
gesellschaft, N. 39, Gerichtstr. 12/13.

Kühne, Karl, Regierungsrat a. D., Direktor der Berliner Wasserwerke, W. 57, Elßholzstr. 10.

*Kunheim & Co., Chemische Fabriken, NW., Dorotheenstr. 32.

Landsberg, Georg, Regierungsbaumeister und Vorstand der deutschen Gasgesellschaft, Berlin W. 10, Viktoriastr. 17.

*Langhans & Co., Rudolf, Dauerglühkörperfabrik, N. 37, Schön-
hauser Allee 9.

Lempelius, K., Direktor der Zentrale für Gasverwertung E.V., W. 35,
Am Karlsbad 12/13.

Lenze, Ph., Direktor der Berliner Gaswerke, C., Neue Friedrich-
straße 109.

Licht, Walter, Direktor des Gaswerks Holzmarktstraße der Gasbetriebsges., A.-G., Holzmarktstr.

*Dr. Erik Liebreich, NW. 40, Kronprinzen-Ufer 30.

*Lüdy & Schreiber, Lager von Röhrenfabrikaten, NO., Greifswalder-
straße 208.

**Berlin.**

*Mannesmann-Röhrenlager, G. m. b. H., NW. 40, Heidestr. 37.

Matschoß, Konrad, Prof. Dipl.-Ing., Direktor des Vereins Deutscher
Ingenieure, Berlin NW. 7, Sommerstr. 4a.

Menzel, Hermann, Direktor bei der Berlin-Anhalt. Maschinenbau-
Akt.-Ges., NW. 87, Reuchlinstr. 10.

*Morawe, Karl, Dipl.-Ing., Oberingenieur der Permutit Aktiengesell-
schaft, N. 39, Gerichtstr. 12/13.

*Müller & Gareis, G. m. b. H., Gasglühlichtfabrik, SO., Rungestr. 25—27.

*„Multiplex", Gasfernzünder G. m. b. H., SW. 68, Neuenburgerstr. 39.

Neuberg, Ernst, Ingenieur, W., Keithstr. 10.

Oesten, Gustav, Zivilingenieur und gerichtlicher Sachverständiger,
W. 66, Wilhelmstr. 51.

Ohler, Max, Direktor der Continentalen Wasserwerks-Gesellschaft,
O., Schicklerstr. 6.

*Ozongesellschaft m. b. H., W. 35., Schöneberger Ufer 22.

Prinz, E., Zivilingenieur, W., Meierottostr. 5.

*Ravené Söhne & Co., Deutscher Eisenhandel, Aktiengesellschaft,
C., Wallstr. 5/8.

*Ressel, Paul (in Firma Franz Ressel), Spezialgeschäft für Be-
leuchtungsgegenstände, SO. 26, Elisabeth-Ufer 2.

*Rothe, Adolf, Direktor der Vesta, Apparate und Metallwaren-
fabrik, G. m. b. H., O. 34, Romintenerstr. 26.

*Rütgerswerke, Akt.-Ges., W. 35, Lützowstr. 33/36.

*Schäffer & Oehlmann, Fabrik für Gasanstaltsbedarfs- und Gasver-
brauchsgegenstände, N., Chausseestr. 46/48.

Schulz & Sackur, Fabrik für Gasanstaltsbedarf, Spezialfabrik für
Gaskoch- u. Heiz-Apparate und Laternen, O., Frankfurter Allee 284.

*Seelmeyer, J. C. L., Fabrik für Gas- und Wasseranlagen.
G. m. b. H., N., Schlegelstr. 6.

*Selas Aktiengesellschaft, N. 39, Gerichtstr. 23.

Silbermann, A., Besitzer einer Metallwarenfabrik, Mitglied der
städtischen Gasdeputation, SO. 16, Michaelkirchstr. 15.

Städtische Gaswerke, C., Neue Friedrichstr. 109.

Städtische Wasserwerke, Berlin C. 2.

Stinnes, Hugo, G. m. b. H., W. 35, Steglitzerstr. 44.

*Tiemessen, Hans, Direktor der Wirtschaftl. Vereinigung deutscher
Gaswerke, Akt.-Ges., Zweigniederlassung Berlin W. 35, Potsdamerstr. 118a.

*Verband der Zentralheizungs-Industrie, E. V., W. 9, Linkstr. 29.

*Vereinigung der Elektrizitätswerke e. V., SW. 48, Wilhelmstr. 37/III.

**Berlin.**

*Wayss & Freytag, A.-G., SW. 11, Bernburgerst. 14.

Weigel, Walter, Regierungs- und Kreisbaumeister, NW. 87, Eyke von Repkowplatz 3 III.

Wons,Georg, Oberingenieur der ›Bamag‹, NW. 21, Dortmunderstr. 5.

**Berlin-Friedenau.**

Gartzweiler, Leonhard, Zivilingenieur, Isoldestr. 3.

**Berlin-Grunewald.**

Meier, Ernst, Zivilingenieur, Taunusstr. 9.

*Wilhelm, Peter, Oberingenieur u. techn. Direktor, Cunostr. 65 II.

**Berlin-Halensee.**

*Allgemeine Vergasungsgesellschaft, Kurfürstendamm 73/II.

**Berlin-Karlshorst.**

Olff, W., Direktor der Continentalen Wasserwerks-Gesellschaft, Dorotheastr. 5.

Stork, Ewald, Betriebsingenieur, Stühlingerstr. 20/I.

**Berlin-Lichtenberg.**

Gas- und Wasserwerk der Gemeinde.

*Gebrüder Siemens & Co., Herzbergstr. 128—137.

Tremus, G., Direktor, Alfredstr. 5.

**Berlin-Lichterfelde.**

v. Feilitzsch A., Baurat, Direktor der Charlottenburger Wasserwerke, Margaretenstr. 34/I.

**Berlin-Mariendorf.**

Pohmer, Heinrich, Direktor des Gaswerks Mariendorf der Gasbetriebsgesellschaft, A.-G., Lankwitzerstr. 48.

**Berlin-Nieder-Schöneweide.**

Gerold, Martin, Gaswerksleiter, Berlinerstr. 80.

**Berlin-Rummelsburg.**

*Fritze, Wilh., Kronleuchterfabrik, Hauptstr. 80.

**Berlin-Schöneberg.**

Blach, Friedrich, Rechtsanwalt, Direktor der Charlottenburger Wasserwerke A.-G., Bayerischer Platz 9.

Charlottenburger Wasserwerke Akt.-Ges., Bayerischer Platz 9.

*Fürth, Emil, Vertreter englischer Kohlenwerke, Nymphenburgerstraße 2.

Gordes, H., Direktor der Jul. Pintsch Akt.-Ges., Freiherr-vom-Steinstr. 6.

Giese, Wilh., Dipl.-Ing., stellv. Direktor der Charlottenburger Wasserwerke, A.-G., Bayerischer Platz 9.

**Berlin-Schöneberg.**

\*Liebrecht, Leopold, Fabrik von Armaturen für Gas- und Wasser-
leitungsanlagen und Werkzeugen, Vorbergstr. 4.

Magistrat, Tiefbau- und Verkehrs-Deputation.

**Berlin-Tegel.**

Borsig, A., Maschinenfabrik.

Drehschmidt, Heinr., Professor, Chemiker der städt. Gaswerke
Berlin, in Tegel, Berlinerstr. 51.

Gemeinde, Inhaberin des Gas-, Wasser- und Klärwerks der
Gemeinde.

**Berlin-Weißensee.**

Delbrück, Klaus, Direktor des Gaswerks Berlin-Weißensee der
Gasgesellschaft Niederbarnim, Gustav Adolfstr. 107/114.

**Berlin-Wittenau.**

Gemeinde (Gasanstalt), Rosenthalerstr. 14.

**Bern.**

Rothenbach, A., Ingenieur, Monbijoustr. 63.

**Bernburg.**

Magistrat der Stadt.

**Biebrich a. Rh.**

\*Dyckerhoff & Widmann, Aktiengesellschaft, Unternehmung für
Tief- und Betonbauten, Rheinstr.

Oster, Ph., Direktor der Gasbeleuchtungsgesellschaft.

Städtisches Wasserwerk.

\*Tonwerk Biebrich, Akt.-Ges., Fabrik von feuerfesten Produkten.

**Biel** (Schweiz).

Buck, Eugen, Direktor der Gas-, Wasser- und Elektrizitätswerke
der Stadt Biel.

**Bielefeld.**

Städtische Gas- und Wasserwerke.

**Bingen** (Rhein).

Städtische Gasanstalt.

**Bingerbrück.**

\*Stöck & Fischer, Kohlenhandlung.

**Bocholt.**

Städtisches Gaswerk.

**Bochum.**

Deutsch-Luxemburgische Bergwerks- und Hütten-Aktiengesellschaft,
Abteilung Bochum.

Elektrizitätswerk Westfalen, Aktiengesellschaft, Wielandstr. 40.

**Bochum.**

Grothe, Theodor, Direktor der Gaswerke i. Elektrizitätswerk Westfalen, A.-G., Graf Engelbertstr. 13.

Krüsmann, Stadtrat, Dipl.-Ing., Direktor der städt. Beleuchtungs-
und Wasserwerke, Uhlandstr. 53.

Müller, Hermann, Ingenieur für Gas- und Wasserleitung, Friedrich-
straße 27.

*Sohn, Emil, Direktor der Deutschen Ammoniak-Verkaufsvereini-
gung, G. m. b. H., Wittenerstr. 47.

Städtische Beleuchtungs- und Wasserwerke.

Verbandswasserwerk, G. m. b. H.

**Bonn.**

Gas-, Elektrizitäts- und Wasserwerke der Stadt.

Huckschlag, Heinrich, Gaswerksinspektor, Cölnstr. 110.

Söhren, C. H., vorm. Direktor der städtischen Gas-, Elektrizitäts-
und Wasserwerke, Endenicher Allee 12.

**Borsdorf bei Leipzig.**

Steuernagel C., Direktor, Grimmaischestr. 13.

**Boryslaw.**

Erdgas-Industrie-Gesellschaft m. b. H., Herrengasse.

**Bous a. Saar.**

Wißmann, Ludwig, Oberingenieur der Gasanstaltsbetriebsgesell-
schaft m b. H., Kaiserstr. 55 a.

**Brackwede.**

Gemeinde als Besitzerin des Gas- und Wasserwerks.

*Gronemeyer & Banck, Gasbehälterbauanstalt, Kesselschmiede,
Bahnhof.

**Bramsche.**

Ott, Emil, Inspektor des Gaswerkes.

**Brand bei Aachen.**

Offergeld, Ludwig, Reg.-Baumeister a. D., Geschäftsführer des
Wasserwerkes des Landkreises Aachen, Triererstr. 19.

**Brandenburg a. H.**

Städtische Gas- und Wasserwerke.

**Brassó** (Ungarn).

Türk, Konrad, Ingenieur, Betriebsleiter des städt. Wasserwerks,
Schwarzgasse 6.

**Braunschweig.**

Dampfkessel- und Gasometerfabrik vorm. A. Wilke & Co.

Hasse, Hugo, Beratender Ingenieur für Gas- und Wasserwerks-
bezw. Versorgungsangelegenheiten, vereidigter Sachverständiger
für Gerichte und Handelskammer in Braunschweig, Fasanen-
straße 51.

**Braunschweig.**

*Maschinenfabrik und Mühlenbauanstalt G. Luther, Akt.-Ges., Frankfurterstr. 61.

Möller, Geh. Hofrat, Professor an der Techn. Hochschule, Geysostr. 1.

Städt. Licht- und Wasserwerke.

**Bremen.**

Brandt, Johannes, Ingenieur, Bachstr. 112.

Francke, Karl, Bau und Projektierung von Gas-, Wasser- und Kanalisationswerken, Am Seefelde.

Götze, Eugen, Direktor des Wasserwerks, Werderstr. 101.

Großmann, Paul, Oberingenieur der Firma Karl Francke, Delmcstraße 53.

von Hof, Friedrich, Inhaber der gleichnamigen Firma (Tiefbau und Maschinenfabrik) in Bremen. Besitzer und technischer Leiter der Gasanstalt Haltern in Westfalen.

Lindner, Max, Oberingenieur der Firma Karl Francke, Friedrich Wilhelmstr. 39.

Loeber, Konrad, Generaldirektor a. D. der Allgem. Gas- und Elektrizitätsgesellschaft, Friedrich Wilhelmstr. 38.

Dr. phil. Schütte, Heinrich, Direktor des Gaswerks in Bremen, Neues Gaswerk.

Städtische Beleuchtungs- und Wasserwerke.

Theuerkauf, Heinrich, Zentrale für Licht- und Wasserwerke, Langenstr. 139/140.

**Bremerhaven.**

Städtische Gas- und Wasserwerke.

**Breslau.**

Aktiengesellschaft vorm. H. Meinecke, Breslau-Carlowitz.

Hartmann, Dr., Generaldirektor, Tauenzienstr. 27.

*Hydrometer Breslauer Wassermesserfabrik, Aktiengesellschaft, III, Siebenhufenerstr. 57/61.

Lütke, Paul, Ingenieur der Firma A.-G. vorm. H Meinecke, Monhauptstr. 27.

Magistrat, Verwaltung der städtischen Gaswerke.

Magistrat, Verwaltung der städtischen Wasserwerke.

Mestel, Reinhold, Zivilingenieur, Wörtherstr. 25.

Wörmsdorf, Wilhelm, Oberingenieur, Beethovenstr. 11.

**Brieg** (Bez. Breslau).

Städtische Gas- und Wasserwerke.

**Bromberg.**

Hoffmann, Fritz, Ingenieur des städt. Gaswerkes, Berlinerstr. 10.

Magistrat (Gas-, Wasserwerke und Kanalisation).

**Bruchsal.**
Stadtgemeinde als Unternehmerin des Gaswerks.

**Brühl** (Bez. Cöln).
Städtische Gas- und Wasserwerke.

**Brünn** (Mähren).
*Burckhard, Walter, Direktor a. D., Falkensteinergasse 46.
Heinke, Gustav, Wawrastr. 16.
Städtische Gas- und Elektrizitätswerke.

**Brüssel.**
de le Paulle, Hubert, Ingénieur-Directeur de la Compagnie Continentale du Gaz, Chaussée d'Ixelles 133.
Salomons, M., Ingenieur, Direktor a. D., 261 Avenue Louise.

**Büdingen.** (Oberhessen).
Städt. Gaswerk.

**Bückeburg.**
Städtisches Gas- und Wasserwerk.

**Budapest** (Ungarn).
Bernauer, Isidor, techn. Direktor der kommunalen Gaswerke
der Haupt- und Residenzstadt, Tisza Kálmán tér 19.
Bolz, Christian, Zivil-Ingenieur-Büro, I., Krisztina Körut 141.
Central-Gas- und Elektrizitäts-Aktiengesellschaft, II., Fö-utca 53.
Dr. Ing. Forbáth, Emerich, Zivilingenieur, Privatdozent an der
Technischen Hochschule, Budapest V, Vécsey utca 3.
Gaswerke der Haupt- und Residenzstadt.
Schön, Victor, bauleitender Oberingenieur der Gaswerke der
Haupt- und Residenzstadt Budapest, VIII, Népszinház u. 31/I[1].

**Buenos Aires.**
*Argentinischer Verein Deutscher Ingenieure, Tucuman 900.
Lebau, José, Dipl.-Ing. a. c. Amato & Cie., Reconquista 349.

**Buer** (Westf.).
Städt. Gas- und Elektrizitätswerke.

**Bünde i. Westf.**
Siber, Eduard, Leiter der Gas- und Wasserwerke, Gasstr. 50.

**Bukarest** (Rumänien).
Colleano, M., Ingenieur, Str. Grigore Alexandrescu 102
Giulini, B., Ingenieur, Uzina electrica.

**Burg** (Bez. Magdeburg).
Magistrat (Gas- und Wasserwerk).

**Burgstädt** (Sachsen).
Voigt, Erich, Gasdirektor, Gaswerk.

**Buxtehude.**

Morgenroth, Edmund, Betriebsleiter der Gas- und Wasserwerke.
Städtische Gasanstalt.

**Cannstatt.**

Schiller, Karl, Zivilingenieur, Olgastr. 37.

**Cassel.**

Günther, C., Regierungsbaumeister, Direktor des städt. Wasserwerks,
am Königstor 7¹.

Richardt, Franz, Dr.-Ingenieur, Direktor des städt. Gaswerkes,
Leipzigerstr. 76.

*Rosenzweig & Baumann, Farbenfabrik.

**Celle.**

Städtische Gasanstalt.

**Charlottenburg.**

Arnold, Georg, Oberingenieur der Firma A. Borsig-Tegel, Kastanien-
alle 33.

Boyer, Shirk, Oberingenieur bei J. Pintsch, Leibnizstr. 62.

Bruhn, Karl, Dipl. Ing., Neue Kantstr. 28 III.

*Brünig, Rudolf, Vertreter des Eisenhüttenwerks Marienhütte
Kotzenau, Berlinerstr. 58.

Funk, Robert, Dr., Direktor der städt. Gaswerke Charlottenburg,
Keplerstraße 43.

Goldschmidt, Ferdinand, Direktor der Gasanstalts-Betriebsgesellschaft m. b. H., Suarezstr. 64.

*Halvor Breda, A.-G. für Wasserreinigung, Apparate und Dampf-
kesselbau, Kantstr. 158.

Jelinski, Paul, Ingenieur, Niebuhrstr. 64.

Jonas, Richard, Dipl.-Ing., Direktor der Berliner A.-G., für Eisen
gießerei und Maschinenfabrikation, Franklinstr. 6/I.

Korn, Paul, Regierungsbaumeister a. D., Direktor der Berlin-Anhaltischen Maschinenbau-Akt.-Ges., Steinplatz 2.

Kümmel, Anton, Direktor der städt. Wasserwerke, Regierungs-
Baumeister a. D., Neue Kantstr. 25.

Städt. Gas-, Wasser- und Kanalisationswerke.

Müller, A., Gasanstaltsdirektor a. D., Berlinerstr. 55 II.

Philippsborn, A., Direktor, Wilmersdorferstr. 98/99.

Wasserwerk der Berliner Aktiengesellschaft für Eisengießerei
und Maschinenfabrikation (vorm. Freund & Co.), Salzufer 10.

Dr. Hans Wolf, Chemiker, Mommsenstr. 4.

**Chemnitz.**

Direktion der städt. Gaswerke.

Ledig, E., Gasanstaltsdirektor a. D., Wilhelmplatz 10.

**Chemnitz.**

Meyer, Aug. F., Wasserwerksdirektor, Heinrich Beckstr. 23.

Wasserwerksamt der Stadt Chemnitz.

Zierold, Wilhelm, Ingenieur und Professor der Sächs. Technischen Staatslehranstalten, Enzmannstr. 8.

**Chiavari** bei Genua.

Sanmartini, G. B. L., Direktor des Gaswerks.

**Cleve.**

Städtisches Gas- und Wasserwerk.

**Coburg.**

Städtische Werke.

**Cochem** (Mosel).

Heimsoth, Heinrich, Inspektor der städt. Gas- und Wasserwerke

**Cöln.**

*v. Beckerath, F. W., Inhaber der Firma Adolf Guillaume & Co. (Gas- und Wasserapparatefabrik), Rosenstr. 27.

*Deutscher Gußrohr-Verband, G. m. b. H., An den Dominikanern 15/21.

Gas-, Elektrizitäts- und Wasserwerke der Stadt Cöln.

*Haag, Karl, Geschäftsführer und Teilhaber der Firma G. Haag, G. m. b. H., Installationsgeschäft, Schildergasse 66/68.

*Pohlig, Jul., Aktiengesellschaft (Bau von Transporteinrichtungen), Cöln-Zollstock.

Prenger, Heinrich, Generaldirektor der städt. Gas-, Wasser- und Elektrizitätswerke, Rosenstr. 32.

*Richard & Schreyer, Fabrik u. Großhandlung für Gas- u. Wasserapparate u. Gegenstände für Kanalbau, G. m. b. H., Filzengraben 8.

von Santen, Arnold, Direktor a. D. Hohenzollernring 83.

Winschuh, Heinrich, Betriebsinspektor der städt. Gaswerke, Widdersdorferstr. 192.

Wirtschaftliche Vereinigung deutscher Gaswerke A.-G., Kamekestraße 39.

**Cöln-Bayenthal.**

Lechner, Ernst, Generaldirektor der Berlin-Anhalt. Maschinenbau-Aktiengesellschaft.

**Cöln-Braunsfeld.**

*Reisert, Hans, G.m.b.H., Bauanstalt u. Armaturenfabr., Maarweg 233.

**Cöln-Deutz.**

*Eisengießerei von P. Stühlen.

Gasmotoren-Fabrik.

Loh, Bernhard, Gaswerksdirektor, Deutz, Mülheimerstr. 9.

**Cöln-Deutz.**
Rheinische Wasserwerksgesellschaft (Direktor E. Froitzheim,
Mathildenstr. 38/40).

**Cöln-Ehrenfeld.**
*Court & Baur m. b. H., Farben- und Lackfabrik.
Eigel, Hans, Zivilingenieur, Siemensstr. 14.

**Cöpenick.**
Städtische Gaswerke.

**Cöthen** (Anhalt).
Hilmer, Heinrich, Stadtrat und Stadtbaumeister.

**Colmar** (Elsaß).
Städtisches Gas- und Wasserwerk.

**Cossebaude** (Elbtal).
*Eisenwerk G. Meurer, Aktiengesellschaft.

**Cottbus.**
Frömling, Karl, Direktor der Wasser- und Kanalisationswerke,
Klosterstr. 38.
Speer, Kurt, Ing. und Betriebsleiter des städt. Gaswerks.
Städtische Gasanstalt.

**Crefeld.**
Direktion der städt. Gas-, Wasser- und Elektrizitätswerke.

**Crimmitschau.**
Döhnert, Eugen, Gasanstaltsdirektor.

**Crosta-Adolfshütte** (Post Crosta-Lomske, Amtsh. Bautzen).
*Adolfs-Hütte Kaolin- und Chamottewerke, Aktiengesellschaft.

**Culemborg** (Holland).
de Liefde, H., Direktor der Gasanstalt.

**Cüstrin.**
Magistrat.

**Dahlhausen** (Ruhr).
Goebel, P., Dipl.-Ing. und Direktor a. D., Poststr., Grundstück I 53.
*Dr. C. Otto & Co., G. m. b. H., Fabrik feuerfester Produkte.

**Danzig.**
Müller, A. W., Unternehmer für Gas- und Wasserleitungsanlagen,
Lastadie 37/38.
Runge, Wolf, Dipl.-Ing., Stadtrat, Steinschleuse 2 b.
Städtische Gas- und Wasserwerke.

**Darmstadt.**
Rudolph, Ferdinand, Stadtbaurat, Direktor der städt. Gas- und Wasserwerke, Frankfurterstr. 29.
Städtische Gas- und Wasserwerke.

**Debreczen** (Ungarn).
Debreczeni, Eugen, Ingenieur und städt. Gasdirektor.

**Delmenhorst.**
Städtische Gas- und Wasserwerke.

**Demmin** in Pommern.
Weber, Hugo, Direktor der städt. Licht- und Wasserwerke.

**Dessau.**
Deutsche Continental-Gasgesellschaft.
Heck, Bruno, Baurat, Generaldirektor der Deutschen Continental-Gasgesellschaft.
Dr.-Ing. h. c. Junkers, Hugo, Professor, Zivilingenieur, Albrecht-straße 47.
*Junkers & Co., Fabrik von Gasbadeöfen.
Magistrat (städt. Wasserwerk).
Müller, August, Oberingenieur der Deutschen Continental-Gasgesellschaft, Villa Birkenhof.
Dr. Ing. et phil. h. c. W. v. Oechelhaeuser (Ehrenmitglied des Vereins).
Reister, Robert, Oberingenieur der Deutschen Continental-Gasgesellschaft, Ruststr. 2.
Riecke, Paul, Oberingenieur und Prokurist der Berlin-Anhaltischen Maschinenbau-A.-G., Askanischestr. 49.
Schäfer, Franz, Oberingenieur, Sekretär der Deutschen Continental-Gasgesellschaft, Krosigkstr. 5.
*Verlag Licht und Wärme Josepha Wirth.

**Detmold.**
Direktion der städtischen Gas- und Wasserwerke.

**Deutsch-Eylau.**
Miething, Paul, Direktor der Gas-, Wasser- und Kanalwerke.

**Dillingen-Saar.**
*Franz Meguin & Co., A.-G., Maschinenfabrik und Eisenkonstruktionen·

**Doebeln i. S.**
Städt. Gas- und Wasserwerke.

**Dorpat** (Rußland).
Neumann, J., Direktor des städtischen Gaswerks, Alexanderstr. 88.

**Dortmund.**

A.-G. für Gas und Elektrizität, Auf dem Berge 32.

Brunck, Franz, Besitzer einer Kohlendestillationsanlage.

*F. J. Collin, Aktiengesellschaft zur Verwendung von Brennstoffen und Metallen, Beurhausstr. 14.

*Dolle, Franz, Prokurist, Winterfeldstr. 29.

Dortmunder Aktiengesellschaft für Gasbeleuchtung.

Harpener Bergbau-Akt.-Ges. (2 Mitgliedschaften).

   a) Abteilung Koksöfen-Nebenproduktefabriken.

   b) Hauptlaboratorium auf Zeche Preußen I in Gahmen bei Lünen.

*Jucho, Heinrich, Dr.-Ing. und Fabrikbesitzer, Weißenburger-straße 73.

Klönne, Aug., Gasapparate- und Gasometer-Bauanstalt; Bau kompletter Gasfabriken, Klönne-Patent-Retortenöfen, Brückenbauanstalt, Eisenkonstruktion.

Klönne, Max, Diplomingenieur, Inhaber der Firma Aug. Klönne, Kronprinzenstr. 67.

Klönne, Moritz, Diplomingenieur, Inhaber der Firma Aug. Klönne, Bismarckstr. 44.

Meyer, Otto, Generaldirektor der A.-G. für Gas und Elektrizität (Cöln) sowie Direktor der Aktiengesellschaft für Gasbeleuchtung, Dortmund und der städt. Wasserwerke, Kronenstr. 77.

Reese, Friedrich, Geheimer Baurat, Direktor a. D., Gutenbergstr. 27.

Westfälisches Verbands-Elektrizitätswerk A.-G., Eisenmarkt 18.

Westhofen, Carl, Diplomingenieur, Wenkerstr. 16.

**Dresden.**

Barnewitz, Gebr., Maschinenfabrik und Fabrik für Gas- und Wasserwerksbau, Falkenstraße 22. Besitzer der Gasanstalt Rumburg in Böhmen.

Behn, A., Direktor i. P., Blasewitzerstr. 89.

Brinkmann, Gustav, Betriebsingenieur des städt. Gaswerkes Dresden-Reick

Burckhard, Christian, Dipl.-Ingenieur Dresden N., Königsbrücker-straße 47/0.

Gaswerke der Stadt Dresden, Am See 2 II.

Gleitsmann, Albert, Reg.-Baumeister und Zivilingenieur für Wasserversorgung und Entwässerung, Reichenbachstr. 31 II.

*Keune, Flemming & Cie., Ausfuhr von Bergwerkserzeugnissen, Albrechtstr. 12.

Kühn, F., Betriebsinspektor, Dresden-N. 17, Lößnitzstr. 14.

Metzdorf, Kurt, Dipl.-Ingenieur, Oberingenieur des Gaswerkes, Reick, Gasanstaltstr. 10.

**Dresden.**

*Redtel, Rudolf, Ingenieur, Inhaber der Firma C. Mennicke Nachfolger, Dresden-N., Antonstr. 21.

Salbach, Franz, Dipl.-Ingenieur, Inhaber eines techn. Bureaus für Wasserleitungs- und Kanalisationsbau, Vitzthumstr. 7 I.

*Seifert & Co., A.-G., K. M., Kronleuchter- und Bronzewarenfabrik, Chemnitzerstr. 28.

Wasserwerk der Stadt Dresden, Am See 2 II.

*Windschild & Langelott, Zementwarenfabrik, Dresden-A., Strehlenerstr. 52.

*Winkelmann, Cäsar, Inhaber der Firma Cäsar Winkelmann & Co., Fabrik von hochfeuerfestem vulkan. Zement, Hüblerstr. 1.

**Dudweiler.**

Rauschenbach, Otto, Direktor des Gaswerkes, Schlachthofstr. 7.

**Düren** (Rhld.).

Hülser, Franz, Diplomingenieur, Direktor der städt. Gas-, Wasser- und Elektrizitäts-Werke, Eisenbahnstr. 35.

Lenze, Philipp, Gas- und Wasserwerksdirektor a. D., Kreuzstr. 7a.

Zimmermann & Jansen, Maschinenfabrik u. Eisengießerei, G. m. b. H.

**Düsseldorf.**

*Daniels, Hugo, G. m. b. H., Kohlenimport, Kaistr. 22.

George, Friedrich, Direktor, Ehrenstr. 48.

*Mannesmannröhren-Werke.

Kordt, F., Direktor a. D., Arnoldstr. 6.

Lang, Alexander, Dipl.-Ing., Betriebsingenieur der Düsseldorfer Wasserwerke, Grunerstr. 39.

Pfeil, Peter, Ingenieur, Stockkampstr. 46.

Scheven, Heinrich, Unternehmer für Gas- u. Wasserleitungsanlagen.

Städtische Gas- und Wasserwerke.

**Düsseldorf-Grafenberg.**

Ehlert, Herm., Zivilingenieur, Vautierstr. 77.

*Haniel & Lueg, Maschinenfabrik, Eisengießerei u. Hammerwerk.

**Duisburg.**

Gas- und Wasserwerk der Stadt Duisburg.

Nottebrock, Urban, Direktor der Gas-, Wasser- und Elektrizitätswerke und Beigeordneter der Stadt Duisburg, Prinzenstr. 43.

Dr.-Ing. Sautter Ludw., Oberingenieur der Gas- u. Wasserwerke, Schweizerstr. 7.

**Durlach i. Baden.**

Städt. Gaswerk.

**Eberswalde.**
*Märkische Eisengießerei F. W. Friedeberg, G. m. b. H., Bahnhof.
Städtische Gas- und Wasserwerke, Bergerstraße.

**Eger** (Böhmen).
Städtische Gas- und Wasserwerke.

**Eilenburg.**
Städt. Gas- und Wasserwerke.

**Einbeck.**
Spethmann, Richard, Direktor des Gas- und Wasserwerkes.

**Eisenach.**
Gas- und Wasserwerk der Stadt Eisenach.
Klee, Paul, Zivilingenieur, Langensalzastr. 41.

**Eisenberg** (S.-A.).
*Gebr. Kaempfe, Schamottefabriken, G. m. b. H.

**Elberfeld.**
Städtische Gas- und Wasserwerke.

**Elbing.**
Städtische Gas- und Wasserwerke.

**Elmshorn.**
Schlett, Heinrich, Direktor der städt. Gas-, Wasser- und Elektri-
zitäts-Werke, Westerstr. 31.
Städtische Gas- und Wasserwerke.

**Emden.**
Kleindieck, W., Direktor des städt. Gas- und Elektrizitätswerks
Bahnhofstr. 18.
Städtisches Gaswerk.

**Emmendingen** (Baden).
Gaswerk.

**Emmerich.**
Städtisches Gas-, Wasser- und Elektrizitätswerk.

**Ems.**
Gaswerk Ems, G. m. b. H.

**Ma. Enzersdorf** (Post Mödling, Österreich).
Brock, H., Ingenieur, Direktor des Mödlinger Gaswerks.

**Erfurt.**
Anger, Paul, Inhaber der Fa. P. Anger, Unternehmung für Tief-
bohrungen, Brunnenbauten und Wasserleitungen. Erfurt 6.
*Fix, G. m. b. H., Gustav, Bergwerks- und Hüttenprodukte.
Küchler, Franz, Fabrikant, in Firma Schuhmann und Küchler.
Magistrat als Unternehmer des Wasserwerks.
Martin, G., Direktor der Gasanstalten, Luisenstr. 25.

**Erlangen.**

Städtische technische Werke.

Stephan, Joseph. Baurat, Direktor der städt. Werke, Bruckerstr. 33.

**Esbjerg (Dänemark).**

Bentzen, C., Direktor der städt. Gasanstalt, Kirkegade 6.

**Eschwege.**

Städtische Gasanstalt.

**Eschweiler (Kreis Aachen).**

*Neuman, F. A., Kesselschmiede, Eisenkonstruktionswerkstätten und Verzinkerei, Eschweiler II.

Städtisches Wasserwerk.

**Esseg (Eszek-Osiek).**

Gaswerk der Zentral-Gas- und Elektrizitäts-Aktiengesellschaft.

**Essen (Ruhr).**

*Bischoff, G., Bau kompletter Gasreinigungsanlagen, Moltkestr. 26.

Gas- u. Wasserwerke der Fr. Kruppschen Gußstahlfabrik, Sälzerstr.

Gewerkschaft Viktoria Mathias, Destillationskokerei.

Gewerkschaft Friedrich Ernstine, Destillationskokerei.

Gewerkschaft Carolus Magnus, Destillationskokerei.

*Koksofenbau und Gasverwertung, A.-G., Handelshof.

Koppers, Heinrich, Bau und Betrieb vollständiger Kohlendestilla-tionsanlagen, Moltkestraße 29.

Möllers, Gustav, Direktor der Deutschen Teerprodukten-Ver-einigung, G. m. b. H., Hagenstr. 45.

*Moser, Josef, Syndikatsdirektor, Beethovenstr. 33.

Rheinisch-Westfälisches Elektrizitätswerk, Akt.-Ges., Direktion, Henriettenstr. 12.

Städtische Gas- und Wasserwerke.

Zeche Mathias Stinnes, Destillationskokerei.

**Essen-Borbeck.**

Schlegelmilch, Leonhard, Prokurist des Rheinisch-Westfälischen Elektrizitätswerkes A.-G., Borbeckerstr. 202.

**Essen-Dellwig.**

*Beyer, Otto, Ingenieur, Lewinstr. 153.

**Eßlingen a. N.**

Gasgesellschaft Eßlingen.

**Eulau-Wilhelmshütte, Kreis Sprottau.**

Wilhelmshütte, Akt.-Ges. für Maschinenbau und Eisengießerei.

**Eupen.**

Städtische Gas- und Wasserwerke.

**Euskirchen.**

Städtisches Gas- und Wasserwerk.

**Fechenheim a. M.**

Gemeinde (Elektrizitäts- und Wasserwerk).

**Feuerbach** (bei Stuttgart).

Gas- und Wasserwerksverwaltung.

**Flensburg.**

Madsen, Hans, Direktor der Gasanstalt, Gasstr. 7

**Forst** (Lausitz)

Städtische Gasanstalt.

**Frankenthal** (Rheinpfalz).

*Klein, Schanzlin & Becker, Akt.-Ges.

Städtisches Gaswerk.

**Frankfurt a. M.**

Dr. J. Becker, Chemiker der Frankfurter Gasgesellschaft, Schiele-
straße 28.

*Dellwik-Fleischer, Wassergasgesellschaft m. b. H., Marienstr. 5.

Drory, William W., vorm. Direktor der Frankfurter Gasgesellschaft,
Erlenstr. 18.

*›Dux‹ Akt.-Ges., Metallwarenfabrik deutscher Gaswerke, Ober
mainstr. 40.

Frank, Joseph, Ingenieur, Weißfrauenstr. 14/16.

Frankfurter Gasgesellschaft, Obermainstraße 40.

Dr.-Ing. h. c. F. Scheelhaase, Baurat, Direktor der städtischen
Wasserwerke.

Schiele, Ludwig, Ingenieur, Eysseneckstr. 9.

Schmitz, E., Eugen, Direktor der ›Dux‹, Akt.-Ges., Schaumain
Kai 39/I.

Süddeutsche Wasserwerke, Aktiengesellschaft, Fichardstr. 28/30.

Tiefbauamt der Stadt Frankfurt a. M.

Tillmetz, Franz, Dipl.-Ing., Vorstand der Frankfurter Gasgesellschaft, Obermainstr. 36.

**Frankfurt a. M.-Eschersheim.**

Blecken, Karl, Ingenieur, Lichtenbergstr. 12.

**Frankfurt a. d. O.**

Dr. A. Hipper, Direktor der Gasanstalt.

Wasserwerk, Lindenstr. 25.

**Freiberg** (Sachsen).

*Freiberger chemische Werke, vorm. A. Brunne & Co.

Honochsberg, Albert, Oberingenieur der Fa. August Loeffler,
G. m. b. H., Chemnitzerstr. 12.

Städt. Gas- und Wasserwerke.

**Freiburg** (Breisgau).
Eisele, W., Direktor a. D., Sternwaldstr. 13.
Städtisches Gaswerk.

**Freiburg** (Schlesien).
Städtische Gas- und Wasserwerke.

**Freienwalde a. d. O.**
*Freienwalder Schamottefabrik Henneberg & Cie.

**Friedberg** (Hessen).
Städtisches Gas- und Wasserwerk.

**Friedrichshagen.**
Anklam, G., Wasserwerksdirektor a. D., Seestr. 59.
Gruner, Georg, Betriebsleiter der Gasanstalt Friedrichshagen
G. m. b. H.
Rausor, F., Oberingenieur, Hirschgarten-Hirschsprung.

**Frohnau** (Mark).
Besig, Friedrich, Diplomingenieur, Hainbuchenstr.

**Fürstenwalde a. d. Spree.**
Städtische Gas-, Wasser- und Kanalisationswerke.

**Fürth** (Bayern).
Graf, Karl, Dipl.-Ingenieur, städtischer Oberingenieur, Nürnberger-
straße 59/III.
Städtisches Betriebsamt.

**Fulda.**
Köhl, Jos., Zivilingenieur, Nikolausstr. 10.
Städtische Gaswerke.

**Furtwangen.**
*B. Ketterer Söhne, Fabrikation von Wassermessern etc.

**Gaggenau** (Baden).
Eisenwerke Gaggenau, Aktiengesellschaft.

**Gardelegen.**
Fuchs, Oskar, Direktor des Gaswerks.

**Gebweiler** i. Els.
Städtische Gas- und Wasserwerke.

**Geestemünde.**
Dobert, Heinr., Direktor der Gas- und Wasserwerke, Schulstr. 17.
Magistrat (Gas- und Wasserwerke).

**Geislingen-Stg.**
Kost, Theodor, Direktor der städt. Gas- und Wasserwerke,
Egbacherstr. 25.

**Gelsenkirchen.**

*Gelsenkirchener Bergwerks-Aktiengesellschaft, Gießerei, Postfach 9 u. 10.

Hegeler, Eugen, Dr. jur., Generaldirektor des Wasserwerkes für das nördl. westf. Kohlenrevier, Bochumerstr. 204.

Dr. phil. Reuter, Ferdinand, Betriebsdirektor der Gelsenkirchener-Bergwerks-Aktiengesellschaft (Kokereien und Leuchtgasgewinnung), Rheinelbestr. 62.

Schmick, Heinrich, technischer Direktor des Wasserwerks für das nördliche westfälische Kohlenrevier, Parkstr. 27.

Städtisches Gaswerk.

Wasserwerk für das nördliche westfälische Kohlenrevier, Luisenstraße, dem Bahnhof gegenüber.

**Genf (Schweiz).**

Des Gouttes, Ad., Gasdirektor, Stand 57.

**Gera (Reuß j. L.).**

Franke, K., Direktor der städt. Gas- und Wasserwerke.

Stadtrat.

**Gießen.**

Hechler, Baurat, Direktor des Provinzialwasserwerks Inheiden.

Provinzialwasserwerk Inheiden.

Städtische Gasanstalt.

**Glatz.**

Städtische Gasanstalt.

**Glauchau.**

Städt. Gaswerks.

**Gleiwitz (Oberschlesien).**

Hache, Ernst Friedrich, Stadtbaurat, Regierungsbaumeister, Oberlehrer a. D., Löwenstr. 6.

**Glogau.**

Verwaltung der städt. Gasanstalt.

Magistrat (Wasserwerk in Ober-Zarkau).

**Gnesen.**

Magistrat (Gas- und Wasserwerk.)

**Goch.**

Städtische Gas-, Elektrizitäts- und Wasserwerke.

**Godesberg a. Rh.**

Dieckmann, A., Direktor, Rüngsdorferstr. 35.

Städtisches Gas- und Wasserwerk.

**Göppingen.**

Städtisches Gaswerk.

**Görlitz.**

Raupp, Karl Heinrich, Dip.-Ing., Betriebsleiter des Gaswerks.
Städtische Gasanstalt.

**Göttingen.**

Reinbrecht, Ernst Hermann, Ingenieur und Direktor der Gas-
und Wasserwerke.

**Goslar.**

Städtische Gasanstalt.

**Gotha.**

Mohr, Lothar, Gaswerksdirektor.

**Graudenz.**

Städt. Gaswerk, Pohlmannstr. 12.
Städt. Wasserwerk.

**Gravenhage** (Holland).

Bakhuis, J. E. H., Direktor der Gasanstalt Haag.

**Graz.**

Städtisches Wasserwerk.

**Greiz.**

Mollberg, G., Direktor der städtischen Gas-, Elektrizitäts- und
Wasserwerke.

**Grevenbroich** (Rheinprovinz).

Trimborn, Wilh., Eigentümer und Dirigent der Gasanstalt.

**Griesheim a. M.**

Gas- und Wasserwerke der Gemeinde.

**Grimma.**

Städtische Gas- und Wasserwerke.

**Grödltz** (Amtsh. Großenhain).

Aktiengesellschaft Lauchhammer.

**Großalmerode** (Bez. Cassel).

*Vereinigte Großalmeroder Tonwerke.

**Großenbaum** (Bez. Düsseldorf).

*Hahnsche Werke A.-G. (Röhrenwerk, Stahlwerk, Walzwerk).

**Großenhain.**

Städtische Gasanstalt.

**Grünberg i. Schl.**

*Bohr-, Brunnenbau- und Wasserversorgungs - Akt. - Ges. (vorm.
L. Otten).
Edingen, Paul, Direktor der Städt. Gasanstalt.
Städt. Gaswerk.

**Güstrow.**

Städtische Gasanstalt.

**Gumbinnen.**

Müller, Franz, Direktor der vereinigten städt. Betriebe

Städt. Betriebswerke

**Hagen i. W.**

Disselhoff, F., Ingenieur u. Wasserwerksdirektor a. D., Kolonie-
straße 20.

Franke, Felix, Direktor der städt. Gas-, Wasser- und Elektrizitätswerke.

Seeliger, Ewald, Direktor des Dessauer Gas- und Elektrizitätswerks
Hagen-Eckesey, Sedanstr. 5.

Städtische Gas- und Wasserwerke.

**Hagen-Delstern i. W.**

*Westfälische Gasglühlichtfabrik F. W. & Dr. C. Killing.

**Halbergerhütte-Brebach** (Saar).

Halbergerhütte G. m. b. H.

**Halberstadt.**

Städtische Gas- und Wasserwerke.

Zink, Albert, Direktor der städt. Gas- und Wasserwerke.

**Hall (Schwäb.).**

Städtische Gas- und Wasserwerke.

**Halle (Saale).**

Dehne, A. L. G., Maschinenfabrik und Eisengießerei.

Dr. Krey, Direktor, Vorstandsmitglied der A. Riebeckschen Mon-
tanwerke, A.-G., Riebeckplatz 1.

Pfeffer, Walter Nachf., Inh. F. Oppermann & R. Müller, Ingenieure,
Büro für Wasserversorgung und Entwässerung, Magdeburgerstr. 6.

Dr. Waldemar Scheithauer, Direktor der Werschen-Weißenfelser
Braunkohlen-Aktien-Gesellschaft, Prinzenstr. 16.

Schmidt, Karl, Regierungsbauführer a. D., Direktor der städt. Gas-
und Wasserwerke, Unterplan 12.

Städtische Gas- und Wasserwerke.

Thiem & Töwe, Fabrik für Benoidgasapparate, Hordorferstr. 4.

**Hamborn.**

Niederrheinische Gas- und Wasserwerke, G. m. b. H., Duisburger-
straße 159 a.

**Hamburg.**

*Bollmann, Georg, Diplomingenieur, Gertrudenkirchhof 21.

Direktion der Gaswerke, Kurze Mühren 22,

*Holle, Joh., Fabrik für Gasmesser, Merkurstr. 22.

Prof. Dr. Hugo Krüß, Physiker, Adolfsbrücke 7.

Dr. Wilh. Leybold, Direktor a. D., Jordanstr. 14.

**Hamburg.**
*Meyer, Karl W. E., Vertreter der Luxschen Industriewerke, Akt.-
 Ges., Bugenhagenstr. 6.
*Müller, Otto A., Import von Kohlen, Jungfernstieg 6/7/II.
Pippig, R., Direktor, Mittelweg 169/III.
Dr. Friedr. Schimrigk, beratender Ingenieur, Inhaber des wasser-
 bautechnischen Bureaus Ludw. u. Herm. Mannes, Richterstr. 17.
Schröder, Rudolf, Baurat, Hamburg, Postamt 27, Rothenburgsort.
*Westfälisches Kohlen-Kontor G. m b. H., Kohlengroßhandlung,
 Spitalerstr. 10 (Semperhaus).

**Hameln a. W.**
Städtische Licht- und Wasserwerke.

**Hamm** (Westf.).
Bergwerksgesellschaft Trier m. b. H.
Städtische Gas- und Wasserwerke.

**Zeche de Wendel** b. Hamm (Westfalen).

**Hanau a. M.**
Städtisches Gaswerk.

**Hannover.**
Anderson, William, Direktor a. D., Hindenburgstr. 49.
Anzböck, Josef, Direktor, Hannover, Glockseestr. 33.
Bock, Anselm, Stadtbaurat, Vorstand des Tiefbauamts, Friedrich-
 straße 21.
Dreyer, Rosenkranz & Droop, Wassermesserfabrik, G. m. b. H.,
 Fabrikstr. 4.
*Germania-Ofen und Herdfabrik, Winter & Co., Arndtstr. 21.
Hannoversche Eisengießerei, A.-G, Postfach 15.
Körting, L., Direktor, Waldhausenstr. 22. (Ehrenmitglied
 des Vereins.)
*Mannesmannröhren-Lager vorm. August Lemier, G. m. b. H.
Städtisches Gaswerk, Osterstr. 33.
Städtisches Tiefbauamt.

**Hannover-Linden.**
Gasanstalt Hannover-Linden.

**Harburg a. E.**
Städtisches Gas- und Wasserwerk.
*Westphal & Co., F., Kohlen-Aufbereitungs-, Anthrazit- und Brikett-
 werke, Zweiter Seehafen.
Wiese, Hans, Direktor der städt. Gas- u. Wasserwerke, Staderstr. 9.

**Haspe** (Westf.).
Städtische Gasanstalt.

**Heerlen** (Holland).
Burgemeister, H., Ingenieur, Akerstraat B 52.

**Heidelberg.**
Kuckuk, Stadtbaurat, Direktor der städt. Gas-, Wasser und Elektrizitätswerke.

**Heidenheim a. Brz.**
Werner, Friedrich, Ingenieur, Direktor der städt. Gas- und Elektrizitätswerke, Kirchenstr. 11.

**Heilbronn.**
Städtisches Gaswerk, Dammstr. 14.

**Helmstedt.**
Städt. Gas- und Wasserwerke.

**Helsingborg** (Schweden).
Helsingborgs Stads Gasverk.

**Helsingfors** (Finnland).
Städt. technische Werke.

**Herford.**
Städtisches Gas- und Wasserwerk.

**Hermsdorf** (Bez. Breslau).
Vereinigte Glückhilf-Friedenshoffnung, Steinkohlenwerk.

**Herne.**
Klein, Albert, Bergassessor, General-Direktor der Gewerkschaft ›Friedrich der Große‹, Luisenstr. 28.
Kommunales Gaswerk.
Vacherot, Wilibald, Direktor der städt. Gas- und Elektrizitätswerke sowie der Straßenbahn Herne-Solingen-Castrop.

**Herrenwyk i. Lübeckschen.**
Dr. M. Neumark, Generaldirektor der Hochofenwerk Lübeck A. G.

**Herzogenbusch** (Holland).
Bolsius, P., Direktor der städtischen Gasanstalt.

**Hildesheim.**
Held, Joseph, Dipl.-Ing., Zingel 26.
Reinhardt, Cäsar, Direktor der städt. Betriebe, Hannoverschestraße 6.
Städtische Gas- und Wasserwerke.
*Senkingwerk Aktiengesellschaft, Abteilung VII, Gasapparate.

**Hindenburg, O.-S.**
 Donnersmarckhütte, Oberschlesische Eisen und Kohlenwerke,
  Aktiengesellschaft.
 Gemeinde (Gaswerk).
 Staatliche Bergwerksdirektion.

**Höchst a. M.**
 Hessen-Nassauische Gas-A.-G., Homburgerstr. 22.
 Maschinen- und Armaturenfabrik vorm. H. Breuer & Co.
 Schnabel-Kühn, Direktor, Vorstand der Hessen-Nassauischen Gas-
  Aktiengesellschaft.
 Zulauf & Cie., Gasapparatefabrik.

**Hörde i. W.**
 Magistrat (Gas- und Wasserwerk).
 Wasserwerk des Kreises Hörde, Kreishaus.

**Hof a. d. Saale.**
 Brodmärkel, Adolf, Direktor des städt. Gaswerks.

**Hohensalza.**
 Städtisches Wasserwerk.

**Hohenstein-Ernstthal.**
 Der Rat der Stadt.

**Holzminden.**
 Städtische Gasanstalt.

**Homberg a. Rh.**
 Gemeinde-Betriebsverwaltung des Gas-, Wasser- und Elektri-
  zitätswerks.
 Koß, Gustav, Direktor der Elektr.-, Gas- u. Wasserwerke. Feldstr. 48.

**Honnef a. Rh.**
 Gebr. Lepper, Gasmesser- und Apparatefabrik.
 Städtische Gasanstalt.

**L'Hôpital (Lorraine, Frankreich).**
 Walter, J., Chef de la Cokerie de la Société des Mines de Sarre
  et Moselle.

**Horsens (Dänemark).**
 Quist, Johannes, Gaswerksdirektor.

**Ilmenau.**
 Otto, F. Karl, Direktor des Gas- und Wasserwerks.

**Ingolstadt.**
 Städtisches Gaswerk.

**Insterburg.**
 Stawitz, Erich, Dipl.-Ing., Gas- und Wasserwerksdirektor, Freiheit 13.

**Iserlohn.**

Städtisches Gas- und Wasserwerk.

**Itzehoe.**

Schulz, Ernst, Betriebsdirektor der städt. Gas-, Elektrizitäts- und Wasserwerke, Bergstr. 7.

Städt Gas- und Wasserwerke.

**Jamesburg. N. J.**

Försterling, H. Dr., The Abor Farm

**Jena.**

Gülich, Jos., Direktor des Gas- und Wasserwerkes, Knebelstr. 11.

Schott & Genossen, Glaswerk.

Städtisches Gas- und Wasserwerk.

**Kaiserslautern.**

Gasanstalt Kaiserslautern.

*Guß- und Armaturwerk Kaiserslautern, Akt.-Ges.

Stadtgemeinde (Wasserwerk). Adresse: Stadtbauamt.

*Zschocke, Gottfried, Direktor der Zschocke-Werke, A.-G.

**Kalisch** (Polen).

von Billewicz, Franz, Direktor des Gaswerks, Majkowskastr. 9.

**Kalk** bei Cöln.

Zörner, Rich., Bergrat a. D., Generaldirektor der Maschinenbauanstalt Humboldt.

**Karlsbad.**

Städtisches Gaswerk.

Wunderlich, Hermann, Betriebsdirektor des städt. Gaswerks, Gaswerksbureau, Morgenzeile, Haus »Augarton«.

**Karlsruhe** (Baden).

Dr., Dr.-Ing. h. c. H. Bunte, Geheimer Rat, Professor an der Technischen Hochschule in Karlsruhe, Kriegstr. 148. (Ehrenmitglied des Vorstandes.)

Dr. Karl Bunte, Diplomingenieur, Generalsekretär des Vereins, Vorholzstr. 5.

*Dilger, Oskar, Fabrikant, Kaiserallee 66.

Eglinger, Konstantin, Diplomingenieur, Stadtbaurat, Schlachthausstr. 3 (Gaswerk).

Dr. P. Eitner, a. o. Professor an der Technischen Hochschule und Abteilungsvorstand der Chemisch-Technischen Prüfungs- und Versuchsanstalt, Neue Bahnhofstr. 10.

*Geigersche Fabrik für Straßen- und Hausentwässerungsartikel, G. m. b. H., Rüppurerstr. 66.

**Karlsruhe** (Baden).

*Junker & Ruh, Eisengießerei, Sophienstr. 61/65.

Reichard, Franz, Stadtbaurat a. D., Hirschstr. 93.

*Rombach J. B., Fabrikation von trockenen Gasmessern, Roonstr. 23a.

Städtische Gasanstalt.

Städtisches Wasserwerk.

**Kaschau** (Kassa).

Gas- und Elektrizitätswerk der Zentral-Gas- und Elektrizitäts-A.-G.

**Kattowitz** (Oberschlesien).

Führich, Ludwig, Direktor der städt. Gas- und Wasserwerke.

**Kempen, a. Rhein.**

Lauenstein, Joseph, Direktor der städt. Gas-, Wasser- und Elektrizitätswerke, Burgstr. 1.

**Kiel.**

Elvers, Hans, Direktor, Esmarchstr. 18.

Franke, Alfred, beratender Ingenieur, Wilhelminenstr. 21.

Städtische Licht- und Wasserwerke.

**Kiel-Gaarden.**

Willecke, Karl, Direktor, Gaswerk.

**Klattau** (Böhmen).

Keclik, Tom, behördlich autor. Bauingenieur, Oberingenieur und Direktor der Gas-, Elektr.- und Wasserwerke der Stadt.

**Klein Rosseln b. Forbach i. Lothr.**

*De Wendel'sche Berg- und Hüttenwerke, Abt. Steinkohlengruben von Klein-Rosseln (Lothr.).

**Kolberg.**

Städt. Gas- und Wasserwerk.

**Kolding** (Dänemark).

Städtische Gasanstalt.

**Kolozsvar.**

Steinberg, Georg, Ingenieur, Direktor des Gaswerks.

**Königsberg** (Preußen).

Direktion der städt. Gasanstalt, Postamt 1.

*Gasmesser- und Armaturenfabrik Ließmann & Ebeling, G. m. b. H., Hinteropgarten 12.

Kobbort, Ernst, Direktor der städt. Gaswerke, Hardenbergstr. 4/6.

Wasseramt der Stadt Königsberg.

**Königswinter.**

Cremer, Wilhelm, Direktor a. D., Bahnhofstr. 2.

**Königswusterhausen** bei Berlin.

Leopold & Hurtig, Kesselschmiede und Eisenkonstruktionswerkstatt.

**Körtingsdorf bei Hannover.**

Gebr. Körting, Aktiengesellschaft. (Briefadresse: »Literarisches Büro«.)

**Köslin.**

Städt. Gas- und Wasserwerk.

**Kötzschenbroda** (Post Kötzschenbroda-Niederlössnitz).

Boldt, Curt, Direktor der Gemeinde-Gasanstalt.

**Kopenhagen.**

*Aktieselskabet Nordiske Auer Kompagni, Frederiksholms Kanal 6.

Edwards, Alfred William, Generaldirektor der Dänischen Gaskompagnie, Lindevej 3.

Edwards & Rasmussen, K., Ingenieure, Vestergade 3.

Theilgard, C. E., Ingenieur, Falkonerallee 60.

**Kreuzburg,** O.-S.

Hentschke, Fritz, Direktor der städt. Gas-, Wasser- und Elektr.-Werke, Wilhelmstr. 3 b.

**Kreuznach.**

Städtische Gasanstalt.

**Kristiania** (Norwegen).

Kristiania Gaswerk.

**Lahr** (Baden).

Wagenmann, Gust., Ingen. u. Direktor des Gaswerks, Lotzbeckstr. 20.

**Landau** (Pfalz).

Dr. Ernst Burschell, Direktor des städt. Gas- und Elektrizitätswerks, Industriestr. 18.

Städtische Gasanstalt.

**Landeshut i. Schles.**

Magistrat, städt. Gas- und Wasserwerke.

**Landsberg a. W.**

Städt. Gasanstalt.

**Landshut** (Bayern).

Städtische Gasanstalt.

**Langen** (Bz. Darmstadt)

Städtisches Gaswerk.

**Langensalza i. Th.**

Die Stadtgemeinde.

Herzog, Karl, Direktor der städt. Gas-, Wasser- und Kanalisationswerke, Vor dem Klagetor 3.

**Lauban** (Schlesien).

*M. Knoch & Co., G. m. b. H., Lausitzer Schamottefabrik und Industrieofenbauanstalt.

Städtische Gasanstalt.

**Lauenburg** (Pommern).

Städtische Gasanstalt.

**Lauscha** (Sachsen Meiningen).

Gas- und Wasserwerk.

**Lehe.**

Friese, Gustav, Direktor der städt. Betriebswerke, Jökerstr. 9.

Städtische Gas-, Wasser- und Elektrizitätswerke.

**Canton Leiderdorp** (Holland).

van Poelgeest, J., Zivilingenieur.

**Leipzig.**

Bamberger, Carl, Direktor der Wasserwerke, Ritterstr. 28/III.

Der Rat der Stadt.

Paul, Adolf, Dr. ing., Stadtbaurat und Dezernent der städt. technischen Werke, Leipzig, Waldstr. 63/II.

Reinhard, Karl, Ingenieur, Direktor der städt. Gasanstalten, Brühl 80 I.

*Schneider, Hugo, A.-G., Spezialfabrik für alle Arten Petroleum- und Gasglühlicht- etc. Brenner.

Dr. Ing. G. Thiem, Zivilingenieur, Marschnerstr. 13.

Thüringer Gasgesellschaft, Dietrichring 24.

Wasserwerk der Stadt Leipzig.

Westphal, Kárl, Direktor, Vorstand der Thüringer Gasgesellschaft, Dietrichring 24.

Wunder, Georg, Baurat, Stadtrat a. D., Leipzig, Kantstr. 12/II.

Zilian, Hermann, kaufm. Direktor der städt. techn. Werke, Ritterstraße 28/II.

**Leipzig-Connewitz.**

Schirmer, Richter & Co., Gasmesserfabrik.

**Leipzig-Eutritzsch.**

*Vereinigte Jaeger, Rothe & Siemens-Werke, Aktiengesellschaft (Armaturen und Apparate für Gas, Wasser und Dampf), Dolitzscherstr. 80.

**Leipzig-Gohlis.**

*Bleichert, Ad. & Co., Fabrik für den Bau von Transportanlagen

*Strempel, Franz.

**Lemberg** (Galizien).

Teodorowicz, Adam, Direktor der städt. Gasanstalt.

**Lennep.**
Städtische Gas- und Wasserwerke.

**Leverkusen (Bez. Cöln).**
Gas- und Wasserwerk der Farbenfabriken vorm. Fr. Bayer & Co.,
Friedrich-Bayerstr. 16.

**Liebenwerda.**
Gersdorf, Paul, Gas- und Wasserwerksdirektor a. D., Dobra 108.

**Liegnitz.**
Rother, Max, Wasserwerksdirektor a. D., Luisenstr. 32/II.
Städtische Gasanstalt.

**Limbach i. Sa.**
Städt. Gaswerk.

**Limburg (Lahn).**
Limburger Gasbeleuchtungsgesellschaft, Frankfurterstr. 39.

**Lissa (Posen).**
Krause, Max, Direktor der Licht- und Wasserwerke, Buchwälder-
straße 14.
Magistrat.

**Livorno (Italien).**
Wobbe sen. I. G. Ing. Direktore del Gaz i. P. via Bonaini 9 bis.

**Lodz (Rußland).**
Verwaltung der städt. Gaswerke.

**Löbau i. Sa.**
Kießling, Friedr., Betriebsinspektor des Gaswerkes, Mühlenstr. 19.

**Lörrach.**
Böttger, Paul, Direktor des Verbands-Gaswerks Lörrach und Umgegend.

**Lokstedt.**
Gemeindevorstand (Gas-, Wasser- und Kanalisationswerk).

**London .EC.**
Colman, Harold Gavett, konsultierender Chemiker, 1 Arundel Street.
Gardiner, Rob. S., vorm. Generalsekretär der Imperial Continental
Gas-Association, 39 Lombardstreet.
Wilson, Rob. W., Generalsekretär der Imperial Continental Gas-
Association, 21 Austin Friars.

**London WC.**
Dr. Rud. Leissing, konsultierender Chemiker, Southampton House,
High Holborn 317.

**Ludwigsburg.**
Städtische Gas- und Wasserwerke.

**Ludwigshafen a. Rh.**

*Lux, G. m. b. H., Friedrich, Fabrik von Apparaten für das Gas-, Wasser- und Elektr.-Fach.

*Luxsche Industriewerke, Akt.-Ges.

Dr. ing. F. Raschig, Inhaber einer chemischen Fabrik für Teerprodukte.

Städtisches Gaswerk.

**Lübben** (Lausitz).

Tuckfeld, Theodor, Betriebsinspektor der städt. Gas-, Wasser- und Kanalisationswerke.

**Lübeck.**

Direktion der städt. Gas-, Elektr.- und Wasserwerke.

Hase, Oberbaurat, Direktor der städt. Gas-, Elektrizitäts- und Wasserwerke, Gartenstr. 2.

**Lüdenscheid.**

Städtisches Gas- und Wasserwerk.

**Lüneburg.**

Drape, Hans, Direktor der städt. Licht- und Wasserwerke, Lindenstraße 45.

Städtische Licht- und Wasserwerke.

**Lugano** (Schweiz).

Guidi, Ugo, Gaswerksdirektor.

**Luxemburg.**

Städtisches Gaswerk

**Luzern** (Schweiz).

Burkhard, Ernst, Direktor des städtischen Gaswerks.

Direktion der städtischen Unternehmungen (Gas- und Wasserversorgung).

**Lyck** (Ostpreußen).

Merkens, Paul, Direktor des Gas- und Wasserwerkes.

**Magdeburg.**

Allgemeine Gas-Aktiengesellschaft zu Magdeburg, Breitewog 223.

Bethe, Alexander, Generaldirektor a. D. der Allgemeinen Gas-Aktiengesellschaft zu Magdeburg, Königgrätzerstr. 12.

Boelcke, Curt, Obering. der Gas- und Wasserwerke, Rogätzerstraße 25/26.

Florin, Karl, Generaldirektor der Allgemeinen Gas-Aktiengesellschaft, Königstr. 53.

Städtische Licht- und Wasserwerke.

*Voß, Hermann, Kohlenhandlung, Augustestr. 17.

Wilke, Richard, kaufm. Direktor der städtischen Gas-, Wasser- und Elektrizitätswerke.

**Mailand.**

Böhm, Michelangelo, Diplomingenieur (früher Direktor des Gaswerks St. Celto-Mailand), Sachverständiger für Gasanlagen, 45 Via Vittoria.

**Mainz.**

*Chemische Fabrik Ludwig Meyer, Ingelheimstr. 9.

Gasapparate- und Gußwerk, Akt.-Ges., Neutorstr. 3.

*Haas, Ludwig, Kommerzienrat, Mitinhaber der Gasmesserfabrik Mainz (Elster & Co.).

*Hommel, Herm., Fabrikant.

*Oberdhan, Martin (alleiniger Inhaber der Firma Oberdhan & Beck) Fabrikant für Gasbeleuchtungskörper, Bauhofstr. 2.

Städtisches Gaswerk.

Städtisches Wasserwerk.

**Malmö (Schweden).**

Ambrosius, Karl Adolf, Zivilingenieur, Valhalla.

Gavuzzi, Otto-Johann, Öferingenjör des Malmö Stads Gasverk.

Malmö Stads Gasverk.

Städtisches Wasserwerk, Gustav Adolfs Torg 45.

**Mannheim.**

*Hahn, Karl, Kommerzienrat, Direktor der Rheinischen Kohlenhandel- und Reederei-Ges. m b. H., Mollstr. 45a.

Pichler, Joseph, Direktor der städt. Wasser-, Gas- und Elektrizitätswerke, Rennershofstr. 10.

Dr.-Ing. Oskar Smreker, Ingenieur, Generalkonsul, L. 10. 7.

Städtische Gas- und Wasserwerke.

*Stöck & Fischer, Kohlenhandlung, C 8, 9.

**Mannheim-Waldhof.**

Bopp & Reuther.

*Chemische Fabrik Weyl, Aktiengesellschaft.

**Marburg a. L.**

Städtische Gas- und Wasserwerke, Afföller 3.

**Marienburg (Wpr.).**

Städt. Gas-, Wasser- und Kanalwerke.

**Marienwerder.**

Magistrat, Wasserwerk.

**Markirch (Oberelsaß).**

Städtisches Gaswerk.

**Marktredwitz (Bayern).**

*Vereinigte Schamottefabriken (vorm. C. Kulmiz)

**Mayen.**

Schneider, Karl, Direktor des städtischen Gas- und Wasserwerks.

**Meiningen.**

Gas- und Elektrizitätswerk.

**Meißen.**

Städtische Gasanstalt.

**Memel.**

Pietsch, Hugo, Magistratsbaurat, Dirigent des Gas- und Wasserwerks.

Städtisches Gaswerk.

**Memmingen** (Bayern).

Städtisches Gaswerk.

**Mendoza** (Rep. Argentina).

Compagnia de Gas de Mendoza de Carlos Fader Sucesion.

**Merseburg.**

Städtisches Gas- und Wasserwerk.

**Messel, Grube** (bei Darmstadt).

*Gewerkschaft Messel, Braunkohlen - Destillation, Fabrik von
Karburierölen.

**Metz.**

Kohler, Ernst, Direktor des städt. Gaswerks, Priesterstr. 9.

**Minden** (Westf.).

Städtische Gas- und Wasserwerke.

**Mitau** (Rußland).

Städt. Gaswerk, Holzstr. 7.

**Mittweida.**

Städtisches Gas- und Wasserwerk.

**Mockritz** bei Dresden.

Gemeindeverband Bannewitz und Umgegend für das Gaswerk.
(Adresse: Gemeinde-Verbandsgaswerk in Mockritz bei Dresden.)

**Meers a. Rh.**

Praedel. Friedrich, Leiter der Gas-, Wasser- und Elektrizitätswerke
Gartenstr. 28.

Städtische Gas- und Wasserwerke.

**Moskau.**

Oldenborger, Wladimir, Ingenieur des städt. Wasserwerks.

**Mügeln** (Bez. Dresden).

Harnisch, Leonhard, Baumeister.

**Mühlhausen** (Thüringen).

Städtische Gasanstalt.

**Mülhausen (Elsaß).**

Gaswerke Mülhausen i. E., Aktiengesellschaft.

**Mülheim (Rhein).**

*Fersbach, P. Chr. & Cie., Fabrik feuerfester Produkte, Deutzerstr. 9.

Martin & Pagenstecher, Fabrik feuerfester Produkte, G. m. b. H.

**Mülheim (Ruhr).**

Bergfried, Emil, Oberingenieur, Kalkstr. 23.

Deutsch - Luxemburgische Bergwerks- und Hütten - Aktiengesellschaft, Abteilung Friedrich Wilhelms-Hütte.

Förster, Hubert, Direkt., Geschäftsführer der Rheinisch-Westfälisch. Wasserwerksgesellschaft m. b. H. und Vorstand der Aktienges. Oberhausener Wasserwerk in Mülheim (Ruhr), Dohne 68.

Gas- und Elektrizitätsversorgung der Stadt.

Lenze, Franz, Dipl.-Ing., Direktor der Niederrheinischen Gas- und Wasserwerke, G m. b. H., Hamborn a. Rh., Mülheim-Ruhr-Styrum, Burgstr. 56.

Rheinisch - Westfälische Wasserwerksgesellsch. m. b. H. in Mülheim (Ruhr)-Styrum, Hauskampstr. 58.

*Weyhenmeyer, C., Geh. Kommerzienrat, Direktor der Rheinischen Kohlenhandel- und Reedereigesellschaft.

**München.**

Fischer, Armin, Dr , Flüggenstr. 7.

*Dr. Gustav Heckert, Direktor der Ofenbau-Gesellschaft m. b. H , Mozartstr. 8.

Hollweck, Wilh., Gaswerksdirektor a. D., Äußere Wienerstr. 96 II.

*Kustermann, F. S., Eisenhandlung, Eisengießerei, Konstruktionswerkstätte, Rosenheimerstr. 120.

*Lodter, Wilhelm, Kohlengeschäft, Karlstr. 14.

Dr. Ing. O. von Miller, Baurat, Ingenieur, Ferd.-Millerplatz 3.

R. Oldenbourg, Verlagsbuchhandlung, Glückstr. 8.

*Rank, Gebr., Bauunternehmung, Hoch- u. Tiefbau, Lindwurmstr. 88.

Ries, Hans, Städt. Baurat, Direktor der städt. Gaswerke, Nymphenburgerstr. 122/III.

Saalfeld & Dorfmüller, techn. Bureau und Bauunternehmung für Wasserversorgung, Kanalisation und Abwässerklärung, Grimmstraße 4.

Dr. Eugen Schilling, Gaswerksdirektor a. D., Georgenstr. 38 II.

Schmick, R., Geh. Oberbaurat, Pienzenauerstr. 4 (Erdgeschoß).

Städtische Gasanstalt.

Tiefbauamt München, Abt f. Wasserversorgung.

**München-Gladbach.**
Städtische Gas- und Wasserwerke.

**München-Gräfelfing.**
Förtsch, Wilh., Gaswerksdirektor i. P.

**Münster** (Westfalen).
Städtisches Gas- und Wasserwerk.
Tormin, R., Stadtbaurat und Direktor der städt. Gas-, Elektrizitäts-
und Wasserwerke.

**Nagoya** (Japan).
Okamoto, Sakura, Chefingenieur und Direktor der Gaswerke.

**Naumburg a. d. S.**
Städtische Gas- und Wasserwerke.

**Neapel.**
Chavannes, L., Direttore della Compagnia Napolitana del gas
138 Via di Chiaia.

**Neiße.**
Städtische Betriebswerke.

**Netzschkau.**
Städtisches Gaswerk.

**Neubabelsberg.**
*Dr. Graf & Co., Fabrik chem.-techn., pharmazeut. und kosmet.
Präparate, Berlinerstr. 48/50.

**Neukölln.**
*Meiß, Willy, Ingenieur, Fuldastr. 9.
Städtisches Gaswerk.

**Neumünster.**
Erichsen, Julius, Gasdirektor, Neumünster, Am Gashof 10.
Magistrat (Gasanstalt).

**Neu-Ruppin.**
Städt. Gas- u. Wasserwerke. (Adresse: Direktor R. Freyer, Seestr.18.

**Neuß.**
Rosellen, Franz, Direktor der städt. Gas-, Wasser- u. Elektrizitäts-
werke, Königstr. 74.
Städtische Gasanstalt

**Neustadt a. d. Hdt.**
*Doidesheimer, Ad., Akt.-Ges., Neustadter Mosaikplattenfabrik.

**Neustadt** (O.-Schl.).
Günther, Bruno, Direktor der städt. Betriebswerke, Wallstr. 12.
Städt. Gas-, Wasser- und Kanalisationswerke.

**Neustadt, Sa.-Coburg.**
Lübke, August, Direktor des städt. Gas- und Wasserwerkes.

**19***

**Neuwied a. Rh.**

Städtische Gasanstalt.

**Newark,** N. J., U. S. A.

Blaß, Eugen, Oberingenieur, 112 Park Avenue.

**Nienburg a. d. W.**

Städt. Gas-, Wasser- und Elektrizitätswerke.

**Nonnendamm** bei Berlin.

\*Siemens & Halske, Akt.-Ges., Wernerwerk.

**Nordenham a. d. Weser.**

Dießel, Theodor, Betriebsleiter des Gas- und Wasserwerkes.

**Nordhausen.**

Städt. Wasserwerk.

**Nürnberg.**

Kuhlo, K., Bayer. Kommerzienrat, Generaldirektor der Armaturen- und Maschinenfabrik-Akt.-Ges., vorm. J. A. Hilpert.

\*von Schwarz, J., Fabrik für Gasbrenner aus Speckstein, Nürnberg, Ostbahnhof.

\*Stadelmann, Jean & Co., Gasbrennerfabrik, Untere Turnstr. 12.

Städtische Gaswerke, Rothenburgerstr. 10.

Städtisches Wasserwerk, Winklerstr. 22.

Terhaerst, Rud., Baurat, Gaswerksdirektor, städt. Gaswerk, Sandrouthstr. 17.

Vereinigte Maschinenfabrik Augsburg und Maschinenbaugesellschaft Nürnberg, A.-G.

**Nyborg** (Dänemark).

Korsgaard, Peder, Ingenieur.

**Obercassel** (Siegkreis).

\*Hüser & Cie., Gesellschaft für Zementsteinfabrikation und Unternehmung von Betonbauten.

**Oberhausen** (Rheinland).

Dr. Korten, Betriebsleiter der Concordia-Bergbau-Akt.-Ges., Mülheimerstr. 114.

Kring, Heinrich, Wasserwerksingenieur der Gutehoffnungshütte Oberhausen, Essenerstr. 100.

\*Pascher, Gerhard, Installationswerk, Mülheimerstr. 315.

Städtische Betriebe.

**Oberstein a. d. Nahe.**

Städt. Gaswerk Oberstein-Jdar.

**Odessa.**

Hasselblatt, Karl, Ingenieur-Technolog, Direktor der Odessaer Aktiengesellschaft für Gasbeleuchtung, Liteinaja 4.

**Oedenburg** (Ungarn).

Soproner Beleuchtungs- und Kraftübertragungs-Aktiengesellschaft.

**Öls.**

Magistrat (städt. Gas- und Wasserwerk.)

**Ölsnitz i. V.**

Städtisches Gas- und Wasserwerk.

**Oeslau b. Coburg.**

Anna-Werk Schamotte- u. Tonwaren-Fabrik, A.-G  vorm. J. R. Geith.

**Offenbach a. M.**

Städtisches Gas- und Wasserwerk.

**Offenburg** (Baden).

Städtisches Gas- und Wasserwerk.

**Ohlau i. Schl.**

Kirchhoff, Carl, Direktor der städt. Gas- und Wasserwerke.

**Ohligs** (Reg.-Bez. Düsseldorf).

Städtische Gas- und Wasserwerke.

**Oldenburg.**

Fortmann, Wilhelm, Fabrikbesitzer und Direktor der Gasanstalt
　　Varel i. Oldenburg, Roonstr. 3.

Licht- und Wasserwerke der Stadt.

Dr. phil. W. Wielandt, Direktor der Gesellschaft ›Torfkoks‹ m. b. H.,
　　Elisabethstr. 4.

**Olmütz** (Mähren).

Gas- und Wasserwerke der Stadt.

**Oppeln.**

Hofmann, Johann, Gaswerksdirektor, Großstrehlitzerstr. 2. (Städt.
　　Gaswerk.)

Magistrat der Stadt.

**Oschatz.**

Städtische Gasanstalt.

**Osnabrück.**

*Kromschröder, G., A.-G. Fabrik für trockene Gasmesser.

Städtisches Betriebsamt.

Schwers, Wilh., Direktor des städt. Betriebsamts, Luisenstr. 14.

Westhofen, Franz, Direktor, Schnatgang 2.

**Osterode** (Harz).

›Hassia‹, Gas- und Elektrizitäts-Betriebsgesellschaft m. b. H.

**Ostrowo** (Bez. Posen).

Städtische Gasanstalt.

**Paris.**

Degrand, Georges, Ingénieur en chef du Service des Usines de la Société du Gaz de Paris, rue Condorcet 6.

Laedlein, Hippolyte, Ingénieur, Directeur des Services Techniques de la Société du Gaz de Paris, 31 Avenue Trudaine.

Freyss, Jules, Ingénieur, Inspecteur technique de la Cie. l'Union des Gaz, Paris XVI, 15 Rue Gustave Zédé.

*Comp. parisienne d'éclairage et de chauffage par le gas, rue Condorcet 6.*

**Pasewalk.**

Städtische Gasanstalt.

**Pasing.**

Aicher, Gustav, Direktor des städt. Gaswerkes, Planeggerstr. 91.

Croissant, H., Gaswerksdirektor a. D.

**Passau.**

Städtische Gasanstalt.

**Peine.**

Städtische Gas- und Wasserwerke.

**Perleberg.**

Städtische Gas- und Wasserwerke.

**St. Petersburg.**

Arnd, Alexander, Direktor der Gesellschaft für elektrische Beleuchtung vom Jahre 1886, Gogolstr. 14.

Reuß, Aug., Ingenieur, Mitglied der Direktion der Gesellsch. f. Wasserversorgung und Gasbeleuchtung, Admiralitätsplatz, Haus Gambs.

**Pforzheim.**

Städtische Gasanstalt.

Heinrich, Joh., Gasdirektor.

**Pilsen.**

Vaigl, Wenzel, Direktor des städtischen Gaswerks.

**Pirmasens.**

Städtische Gasanstalt.

Wasserwerk.

**Pirna.**

Schultz, Joh. Friedr. Karl, Direktor des städt. Gas- und Wasserwerks, Waisenhausstr. 6.

Stadtrat.

**Plauen i. V.**

Herzner, Kurt, Diplomingenieur, Jägerstr. 11/I.

Städtische Gasanstalt.

Städtisches Wasserwerk.

**Pößneck.**

Schönfelder, Hermann, Stadtbaumeister, Betriebsleiter der Gas-
und Wasserwerke.

**Posen.**

Städtische Gas- und Wasserwerke.

**Potsdam.**

Heine, Rudolf, Direktor des städt. Gaswerks, Schiffbauergasse 2—4.

*Kahl, Jos. F., Ingenieur, Inhaber der Firma Kahl & Neubert,
Metallwarenfabrik, Waldemarstr. 6.

Dr. Lang, Direktor der Gasanstalt, am Kanal 9.

Schlösser, Karl, Metallwarenfabrik, Inhaber Paul Baumgart,
Charlottenstr. 27.

Städtische Wasserwerke.

**Prenzlau.**

Städtische Gas- und Wasserwerke.

**Preßburg** (Pozsony).

Földes, Hans, Leiter des städtischen Wasserwerks.

v. Geissler, Ernst, Direktor des städt. Gaswerks.

**Quedlinburg.**

Städtische Gas- und Wasserwerke.

**Ragnit** (Ostpr.).

Städtisches Gaswerk.

**Rahnsdorf** (Post Rahnsdorfer Mühle Kr. Niederbarnim).

Gaswerk Rahnsdorf, Emil Weiß.

**Randers** (Dänemark).

Christensen, Peter, Direktor des Gaswerks, Jernbanegade 9.

**Rathenow.**

Städtische Gasanstalt.

**Ratibor.**

Amelang, Richard, Direktor der Gas- und Wasserwerke.

Städt. Gas-, Wasser- und Elektrizitätswerke.

**Ratingen.**

Jansen, Wilhelm, Ingenieur und Fabrikant, Graf Adolfstr. 1.

**Rauxel** (Westf.).

Dr. phil. H. Teichmann, Fabrikdirektor.

**Ravensburg.**

Städtisches Gaswerk.

**Rawitsch.**

Städtische Gas- und Wasserwerke

**Recklinghausen-Süd.**

Zimmermann, J., Direktor des städt. Gaswerks Recklinghausen.

**Recklinghausen-Süd** (König Ludwig).
*Zeche König Ludwig.

**Rees.**
Städt. Gasanstalt.

**Regensburg.**
Ruoff, Ernst, Stadtbaurat a. D.
Städtisches Gaswerk.

**Reichenbach** (Vogtl.).
Städtisches Gaswerk.

**Reichenberg** (Deutsch-Böhmen).
Malade, Albert, Direktor des städt. Gaswerks, Gasometerstr. 5.

**Remscheid.**
Henke, Franz, Dipl.-Ing., Technischer Beigeordneter der Stadt
Remscheid, Weststr. 42.

**Rendsburg.**
Städtisches Gas- und Wasserwerk.

**Reutlingen-Betzingen.**
Städtische Gas- und Wasserwerke.

**Rheydt.**
Oechelhaeuser, H., Direktor und Vorstand der Niederrheinischen
Licht- und Kraftwerke, A. G., Elektrizitätsstr. 25.
Städtisches Wasserwerk.

**Riesa** (Elbe).
Rat der Stadt.

**Riga** (Rußland).
Kalt, Karl, Diplomingenieur, Tiefbauunternehmung, Thronfolger-
Boulevard 17.
Rosenkranz, Max, Betriebsinspekt. d. städt. Gasanst. II, Ritterstr. 157.

**Rinteln.**
Städtisches Gas- und Wasserwerk.

**Rom.**
de Jongh, Marcel, Generaldirektor der Società Anglo Romana per
la illuminazione di Roma col Gas ed altri Sistemi, Via Poli 14.
Moleschott, Karl, Ingenieur, Via Volturno 58.

**Ronsdorf.**
Städtische Wasser- und Lichtwerke.

**Rosenheim i. Oberbayern.**
Maischberger, Michael, Direktor der städt. Gas- und Wasserwerke,
Färberstr. 24/0.

**Rostock.**

Permien, Martin, Direktor der städtischen Gas- und Wasserwerke, Bleicherstr. 26.

Städtisches Wasserwerk.

**Rotterdam.**

Knottnerus, O. S., Direktor, Nederlandsch-Indische Gas - Maat-
schappij, Boompjes 71.

Sissingh, Melchior, Corstius, Direktor des städt. Gaswerke. Voor-
schoterlaan 90.

**Rottweil a. N.**

Städtisches Gaswerk.

**Ruda, O.-Schl.**

Müller, Wilhelm, Ingenieur.

**Rudolstadt.**

Städtisches Gas- und Wasserwerk.

**Rüdesheim a. Rh.**

Städtische Werke.

**Rüstringen** i. Oldenburg.

Städtisches Wasserwerk.

**Saarau** (Schlesien).

*Vereinigte Chamottefabriken vorm. C. Kulmiz, G. m. b. H.

**Saarbrücken.**

Städtische Gasanstalt.

**Salmünster H. N.**

Hoffmann, Adalbert. Besitzer und Leiter des Gaswerkes Salmünster-
Soden-Wächtersbach

**Salzburg.**

Die Stadt Salzburg.

**Sangerhausen.**

Rabe, Karl, Direktor der Gasanstalt.

Städtische Gasanstalt.

**St. Cloud** (Dep. Seine et Oise).

Euchène, M., Ingenieur, 8 Boulevard de Versailles.

**St. Gallen** (Schweiz).

Kilchmann, L., Stadtrat, Rathaus, Burggraben 2.

Städtische Gas- und Wasserwerke.

Zollikofer, Herm., Ingenieur, Direktor der Gas- und Wasserwerke,
St. Georgen-St. Gallen, Hebbelstr. 10.

**St. Margarethen** (Schweiz).
Rheintalische Gasgesellschaft.

**Sarstedt.**
\*Voß, A., sen., Eisengießerei und Kochherdfabrik.

**Schiedam** (Holland).
Gas- und Wasserwerke der Gemeinde Schiedam.

**Schleiz.**
Städtisches Gaswerk.

**Schmalkalden.**
Grenzendörfer, Wilhelm, Ingenieur, Direktor der städt. Gas- und
Wasserwerke Schmalkalden, Auerweg 16.
Städt. Gas- und Wasserwerke.

**Schönebeck** (Elbe).
Klein, Wilh., Direktor der Gas- und Elektrizitätswerke.

**Schwabach.**
Weber, Gustav, Direktor des städtischen Gas- und Wasserwerks.

**Schwäb. Gmünd.**
Wenger, Eduard, Direktor der städt. Betriebswerke, Baldungstr. 31/I.

**Schwarzenberg i. Sa.**
Topper, Franz, Ingenieur, Leiter des Gaswerks.

**Schwedt a. O.**
Braun, L., Direktor der städt. Gas- und Elektrizitätswerke.

**Schweidnitz.**
Magistrat der Stadt.

**Schweinfurt.**
Städtisches Gaswerk.

**Schwelm.**
Städtische Gas- und Wasserwerke.

**Schwerin** (Mecklenburg).
Magistrat (städt. Gas- und Wasserwerk).

**Senftenberg, N.-L.**
Niederlausitzer Wasserwerksges. m. b. H., Dresdenerstr. 8a.
Wagenführer, Karl, Wasserwerksdirektor, Wiesenstr. 6.

**Siegburg.**
Städtische Gas- und Wasserwerke.

**Siegen.**
Städtische Gas- und Wasserwerke.

**Siegmar.**
Verbandsgaswerk Siegmar und Umgegend, Körnerstr. 15.

**Singen** (Hohentwiel).
\*Aktiengesellschaft der Eisen- und Stahlwerke vorm. Georg Fischer.

**Smichov** bei Prag.

Vancl, Jan., städt. Baurat, Direktor d. Wasserwerks, Korunntrida 984.

**Söbrigen** (Elbe), Post Pillnitz.

Franke, Hermann, Ingenieur.

**Soest.**

Städtische Gas- und Wasserwerke.

**Solingen.**

Städtische Gas- und Wasserwerke.

**Sommerfeld, Frankf. a. O.**

Thaler, Otto, Direktor des Gas- und Wasserwerkes.

**Sondershausen.**

Maye, Hermann, Direktor der städt. Werke, Jechator 3.

**Sonneberg** (S.-Meiningen).

Sonneberger Licht- und Kraftwerke, G. m. b. H.

**Sorau** (N.-L.).

Städtische Gasanstalt.

**Spandau.**

Magistrat, Gasanstalt.

Micksch, Theodor, Direktor der städt. Kanalisations- und Wasserwerke Neuendorferstr. 85.

Reichswerk Spandau, Hausbetriebsabteilung.

Städtisches Wasserwerk.

**Speyer.**

Städtisches Gaswerk.

Städt. Wasserwerk.

**Spremberg.**

Brummenbaum, Jacqu., Stadtbauingenieur und Gaswerksdirektor.

**Sprendlingen** (Kr. Offenbach).

Gas- und Wasserwerk.

**Sprottau.**

Städtisches Gaswerk.

**Stade.**

Städtisches Gas- und Wasserwerk.

**Stargard i. Pomm.**

Ehlert, R., Betriebsdirektor der städt. Gas-, Wasser- und Elektrizitätswerke, Karlstr. 6.

**Staßfurt.**

Magistrat.

**Steele.**

Städtische Gas- und Wasserwerke.

**Stendal.**

Städtische Gas- und Wasserwerke.

**Sterkrade** (Rhld.).

Gaswerke Sterkrade A.-G., Friedrichstr. 31.

**Stettin.**

Bittrich, Max, Direktor der Stettiner Chamottefabrik A.-G. vorm. Didier, Schwarzer Damm 13 a.

Drory, Percy R., Direktor der Stettiner Chamottefabrik A.-G. vorm. Didier, Schallehnstr. 23.

*›Hedwigshütte‹, Anthrazit-, Kohlen- und Kokswerke, James Stevenson, A.-G., Königstor 2.

Magistrat, Gas- und Wasserleitungsdeputation.

Spohn, Bruno, Dipl.-Ing., Direktor der Gas- und Wasserwerke, Karkutschstr. 1.

Steinhauf, Edmund, Regierungsbaumeister a. D., Oberingenieur der Gas- und Wasserwerke, Friedrich Karlstr. 8.

Völker, Wilhelm, Direktor der Stettiner Chamottefabrik A. G. vorm. Didier.

Zumbusch, Otto, Dipl.-Ing., Preußischestr. 44.

**Stettin-Pommerensdorf.**

Stettiner Chamottefabrik, Aktiengesellschaft, vorm. Didier.

**Stockholm.**

Städtisches Gaswerk.

**Stolp** (Pommern).

Handke, Robert, Direktor der städt. Gas- und Wasserwerke.

Städtische Gasanstalt.

**Straßburg** (Elsaß).

*Danubia, Aktiengesellschaft für Gaswerks-, Beleuchtungs- und Meßapparate, Straßburg-Neudorf (Elsaß), Baslerstr. 96.

Heintz, Marcel, Betriebsingenieur des Gaswerks, A.-G., Straßburg.

Ruhland, Fritz, Ingenieur und Direktor des Gaswerks.

**Stuttgart.**

*Andrae, Karl, Wassermesserfabrik.

*Dillenius, Albert, Direktor der A. Stoltz A.-G., Eisengießerei und Maschinenfabrik, Werastr. 10.

C. Eitle, Maschinenfabrik, Rosenbergstr. 29/33.

*Fischer, Paul, Ingenieur, Hohenheimerstr. 29.

*Gas- und Wasserleitungsgeschäft, G. m. b. H.

Groß, Oskar, Oberbaurat, Staatstechniker für das öffentl. Wasserversorgungswesen in Württemberg, Hohenheimerstr. 4 I.

Hannemann, Otto, Reg.-Baumeister, Betriebsleiter der Württ. Landeswasserversorgung, Reinsburgstr. 53 a.

Staatliches Neckarwasserwerk. (Sendungen usw. sind zu richten an: Baudirektor Gsell in Stuttgart, Kasernenstr. 56.)

**Stuttgart.**

Städtisches Gaswerk.

Städtisches Wasserwerk.

\*Württemberg. Gasmesserfabrik J. Braun & Cie., Vogelsangstr. 18 a.

**Sulzbach** (Saar).

Gemeinde-Wasserwerk.

**Svendborg** (Dänemark).

Knudsen, Albrecht, cand. polyt., Betriebsleiter des Gaswerks, Havnegade Nr. 2.

**Tarnowitz.**

Städtische Gas- und Wasserwerke.

**Tautenburg** (Thür.).

Dr. v. Bauer, Theodor, Berg- und Hüttenwerkskonsulent.

**Temesvar.**

Steiner, Karl, Direktor des städt. Gaswerks.

**Teplitz-Schönau** (Böhmen).

Riedl, Josef, Direktor des städt. Gaswerks, Pragerstr. 121.

**Thonberg,** Post Wiesa, Bez. Dresden.

\*Chamotte- und Tonwerke, Akt.-Ges., Thonberg Kamenz i. Sachsen

**Thorn.**

Sierp, Wilhelm, Direktor des Gaswerkes.

Sorge, Max, städt. Direktor, Kerstenstr. 24.

**Tilsit.**

Städtische Gasanstalt.

**Tokio** (Japan).

Naito, Asobu, Oberingenieur in Omori Gasanstalt bei Teikoku Gaskio Kwai, Yurakucho 1 chome 1 banchi.

**Triberg** (Schwarzwald).

Städtisches Gaswerk.

**Trier.**

Fieser, Ludwig, Betriebsingenieur des Gaswerkes, Fabrikstr. 1.

Stadtgemeinde.

Wahl, K., Direktor der Gas- und Wasserwerke, Bahnhofsplatz 11.

**Triest.**

Allgemeine österr.-ungar. Gasgesellschaft.

Sospisio, Enrico, Direktor der Gasanstalt, Via Broletto 302.

**Troisdorf.**

Klev, W., Bürgermeister, Vorstand d. Gemeinde-Gas- u. Wasserwerks.

**Tübingen.**

\*Himmel, G., Direktor der Fabrik für Beleuchtungsanlagen, vorm. G. Himmel, G. m. b. H.

**Tuttlingen.**
Petri, Fritz, Direktor der städt. Gas-, Wasser- und Elektrizitätswerke, Waghausstr. (Direktion).

**Uelzen.**
Magistrat.

**Uerdingen.**
Städtische Gasanstalt.

**Uetersen.**
Kleest, Heinrich, Betriebsleiter des Gas- und Elektrizitätswerkes,
Parkstr. 1.

**Ulm.**
Städtisches Gas- und Wasserwerk.

**Urfahr** (Oberösterreich).
Stadtgemeinde (Wasserwerk).

**Utrecht** (Holland).
Halbertsma, H. P. N., Dipl.-Ing., Direktor a. D., Emmalaan 3.

**Varel** (Oldenburg).
Städtisches Gaswerk.

**Vegesack.**
Städtisches Gas- und Wasserwerk.
Wagner, Wilhelm, Direktor der städt. Gas- und Wasserwerke.

**Vejle** (Dänemark.)
Kofoed, Thorvald, cand. polyt., Gaswerksdirektor.

**Velbert.**
Städtische Gas- und Wasserwerke.

**Verden a. Aller.**
Knoutgen, H., Direktor des städt. Gas-, Wasser- und Elektrizitäts-
werks, Verden (Aller).
Städtische Gas- und Wasserwerke.

**Vevey** (Schweiz).
Tobler, Werner, Dipl.-Ing., Direktor der ›Société du gaz‹, Avenue
du Plan.

**Viersen.**
George, Friedrich, Direktor der städt. Betriebswerke, Rektoratstr. 18.

**Vlotho a. W.**
Städtische Gasanstalt.
Schneider, Werner, Gasinspektor.  Postfach 6.

**Wahren** b. Leipzig.
Othmer, Edwin, Direktor des Überlandgaswerkes Wahren, Mühlen-
straße 32.

**Waidmannslust.**

Dr. Bertelsmann, Chemiker der Berliner städt. Gaswerke in Tegel, Waidmannstr. 33.

**Wald** (Rheinl.).

Städtische Gas- und Wasserwerke.

**Waldenburg** (Schlesien).

*Niederschlesisches Kohlensyndikat, G. m. b. H.

Städtisches Gas- und Wasserwerk.

**Wandsbek.**

Magistrat, Gasanstalt.

**Wannsee.**

Hengstenberg, Rud., Ingenieur, Friedrich Karlstr. 8.

**Warschau.**

Lindstedt, Karl, Ingenieur und Direktor der Gasanstalten, Kredytowa straße 3.

**Wattenscheid** (Westfalen).

Städtische Gasanstalt.

**Weimar.**

Städtisches Gas- und Wasserwerk.

**Weinheim i. B.**

Direktion der städt. Gas- und Wasserwerke.

**Werdau** (Sachsen).

Teichmann, Hugo, Direktor des städtischen Gaswerks.

**Wernigerode.**

Städtische Gas- und Wasserwerke.

**Wesel.**

Städtisches Wasserwerk.

**Wetzlar.**

*Buderussche Eisenwerke.

Städtische Gasanstalt.

**Wien.**

Dr. Karl Auer, Freiherr von Welsbach, IV, Hauptstr. 69. (Ehrenmitglied des Vereins.)

Die Gemeinde Wien, Direktion des Stadtbauamts I.

*Graetzinlicht-Gesellschaft m. b. H., III/2, Invalidenstr. 3.

Harbich, Jos., städt. Baurat i. R., III, Barichgasse 23.

Keller, Viktor Otto, Kommerzienrat, Generaldirektor i. P., IV, Wiedener Hauptstr. 45.

Menzel, Franz, Direktor der Wiener städt. Gaswerke, VIII, Josefstädterstr. 10.

**Wien.**

.*Manoschek, Frz., Gaswerkbau- und Maschinenfabrikations-Aktien
gesellschaft, XIII, Linzerstr. 160.

Osterreichische Gasbeleuchtungs-Akt.-Ges., I, Maria Theresienstr. 8.

*Österreichische Gasglühlicht- und Elektrizitätsgesellschaft, IV.
Schleifmühlgasse 4.

Roß, Friedrich, Ingenieur, Blechturmgasse 12.

Prof. Dr. Hugo Strache, Wassergas- und Patentverwertungsgesell-
schaft, G. m. b. H., IV, Gußhausstr. 25 a.

Wiener Gasindustriegesellschaft, I, Maria Theresienstr. 8.

**Wiesbaden.**

Borchardt, Carl, Direktor a. D., Biebricherstr. 23 II.

Städtisches Gaswerk, Mainzerstr. 142.

Städtisches Wasserwerk, Friedrichstr. 13.

**Wilhelmsburg a. E.**

Trebst, Hugo, Direktor des Gaswerks, Harburger Chaussee 125.

**Wilhelmshaven.**

Hornbostel, Fedor, Regierungsbaumeister, Marine-Baurat, Vorstand
des Marine-Garnison-Maschinenbauamtes, Königstr. 22.

**Winterthur** (Schweiz).

Ringk, E., Direktor a. D., Jakobstr. 8.

Städtisches Gas- und Wasserwerk.

**Wismar.**

Städtische Gasanstalt.

**Witten.**

Spanjer, Karl, Stadtrat, Direktor der städt. Gas- u. Wasserwerke.

Städt. Licht- und Wasserwerke.

Voß, Walther, Ingenieur u. Direktor-Stellvertreter bei dem städt.
Gas- und Wasserwerk Witten, Parkweg 25.

**Wittenberg** (Bez. Halle).

Städt. Gas- und Wasserwerke.

**Wittenberge a. E.**

Städt. Gasanstalt.

**Wittenburg i. M.**

Brandt, W., Betriebsleiter des Gas- und Elektrizitätswerkes.

**Wolfenbüttel.**

Städt. Gas- und Wasserwerk.

**Wormerveer** (Holland).

Labryn, Pieter Nikolaas, Direktor der Gemeindegasanstalt.

**Worms a. Rh.**

Bürgermeisterei, Gas- u. Wasserwerk.

Dr. Ing. Karbe, Werner, Direktor der städtischen Gas- und Wasserwerke, Klosterstr. 10.

**Würzburg.**

Greineder, Fr., Dr.-Ing., Oberingenieur, Direktor der städt. Gas-, Wasser- und Elektrizitätswerke Würzburg, Ständerbühlstr. 22.

Städtisches Gas- und Wasserwerk.

**Wurzen.**

Schiffczyk, P., Direktor der städt. Gas- und Wasserwerke.

**Yokohama** (Japan).

Inoüe, Shiuji, Chefingenieur der Yokohama Waterworks office.

**Zeist** (Holland).

Hijdelaar, Direktor der Gas- und Elektrizitätswerke, Steinlaan 2.

**Zeitz.**

Städtische Gasanstalt.

**Zerbst** in Anhalt.

Friedrich, A., Direktor des städt. Gaswerks, Dessauerstr. 8.

Schmidt, Albert, Stadtbaumeister, Betriebsleiter des städt. Wasserwerks und der Kanalisation, Friedrichsholzallee Nr. 91.

**Zittau.**

Städtische Gasanstalt.

**Zoppot.**

Städtisches Gaswerk.

**Züllichau.**

Städtisches Gas- und Wasserwerk.

**Zürich** (Schweiz).

Birkholz, Alb. Aug., Ingenieur, Dietikon b. Zürich, Schöneggstr. 513.

Escher, Fritz, Dipl.-Ing., Direktor des Gaswerks, Zürich.

Moser, H., Direktor der Allgem. Gasindustrie-Gesellschaft, Sihlhofstraße 3.

Roth, C., Direktor des Verbandes schweizerischer Gaswerke, Bahnhofstr. 80.

Schlegel, Viktor, Direktor, Utoquai 39.

Städtische Wasserversorgung.

**Zwickau** (Sachsen).

Gasanstalt.

**Zweibrücken.**

Kölwel, Ed., Ingenieur.

---

# Alphabetisches Verzeichnis
## der persönlichen Mitglieder.

(Die genauen Anschriften können dem nach Städten geordneten Verzeichnis entnommen werden.)

**Achtermann,** C., Annaberg.
*****Ackermann,** Otto, Haspe.
**Aicher,** Gustav, Pasing.
**Ambrosius,** Karl, Adolf, Malmö.
**Amelang,** Richard, Ratibor.
**Anderson,** William, Hannover.
**Anger,** Paul, Erfurt.
**Anklam,** G., Friedrichshagen.
**Anzböck,** Joseph, Hannover.
**Arnd,** Alexander, Petersburg.
*****Arnhold,** Ed., Berlin.
**Arnold,** Georg, Charlottenburg.
**Auer,** Dr., Karl, Freiherr v.
Welsbach, Wien.

**Backhuis,** I. E. H., Gravenhage.
**Bamberger,** Karl, Leipzig.
**Bauer,** von, Dr., Th., Tautenburg.
*****Bauer,** Wilhelm L., Heilbronn.
**Becker,** Dr., I., Frankfurt a. M.
*****Beckerath,** von, F. W., Cöln a. Rh.
**Behn,** Anton, Dresden.
*****Below,** von, Walter, Berlin.
**Bentzen,** C., Esbjerg.
**Bergfried,** Emil, Mülheim-Ruhr.
**Bernauer,** Isidor, Budapest.

**Bertelsmann,** Dr. Weidmannslust.
**Besig,** Dipl.-Ing., Friedrich, Frohnau.
**Bessin,** Max, Berlin.
**Bethe,** Alexander, Magdeburg.
*****Beyer,** Otto, Essen-Dellwig.
**Billewicz,** von, Franz, Kalisch.
**Birkholz,** Alb. Aug., Zürich.
**Bischoff,** Gustav, Essen-Ruhr.
**Bittrich,** Max, Stettin.
**Blach,** Friedrich, Berlin-Schöneberg.
**Blaß,** Eugen, Newark.
**Blecken,** Karl, Frankfurt a. M.-Eschersheim.
**Bock,** Anselm, Hannover.
**Böhm,** Dipl.-Ing., Michelangelo, Mailand.
**Bölcke,** Kurt, Magdeburg.
**Böniger,** Karl, F., Berlin.
**Böttger,** Paul, Lörrach.
**Boldt,** Kurt, Kötzschenbroda.
*****Bollmann,** Georg, Hamburg.
**Bolsius,** P., Herzogenbusch.
**Bolz,** Christian, Budapest.
**Borchardt,** Karl, Wiesbaden.
**Borchardt,** Karl, Berlin.

**20***

Boyer, Shirk, Charlottenburg.
Brandt, Johannes, Bremen.
Brandt, W., Wittenburg.
Braun, L., Schwedt a. O.
Brinkmann, Gustav, Dresden.
Brock, H., Ma. Enzersdorf.
Brodmärkel, Adolf, Hof a. d. Saale.
*Brünig, Rudolf, Charlottenburg.
Bruhn, Dipl.-Ing., Karl, Charlottenburg.
Brummenbaum, Jacques, Spremberg.
Brunck, Franz, Dortmund.
Buck, Eugen, Biel.
Bueb, Dr., Julius, Berlin.
Bueb, Wilhelm, Berlin.
Bunte, Dr., Dr.-Ing., H., Karlsruhe.
Bunte, Dr., Dipl.-Ing., Karl, Karlsruhe.
Burckhard, Dipl.-Ing., Christian, Dresden.
*Burckhard, Walter, Brünn.
Burgemeister, H., Heerlen.
Burkhard, Ernst; Luzern.
Burschell, Dr., Ernst,, Landau.

Chavannes, L., Neapel.
Colleano, M., Bukarest.
Colman, Harold Gavett, London.
Christensen, Peter, Randers.
Cremer, Wilhelm, Königswinter.
Croissant, H., Pasing.

Debreczeni, Eugen, Debreczen.
Degrand, Georges, Paris
Delbrück, Klaus, Berlin-Weißensee.
Des Gouttes, Ad., Genf.
Dieckmann, A., Godesberg.
Dießel, Theodor, Nordenham.

*Dilger, Oskar, Karlsruhe.
*Dillenius, Albert, Stuttgart.
Disselhof, F., Hagen.
Dobert, Heinrich, Geestemünde.
Döhnert, Eugen, Crimmitschau.
*Dolle, Franz, Dortmund.
Drape, Hans, Lüneburg.
Drehschmidt, Heinrich, Berlin-Tegel.
Drory, Percy R., Stettin.
Drory, William, W., Frankfurt a. M.

Edingen, Paul, Grünberg.
Edwards, Alfred, William, Kopenhagen.
Eglinger, Konstantin, Karlsruhe.
Ehlert, Hermann, Düsseldorf-Grafenberg.
Ehlert, R., Stargard.
Eigel, Hans, Köln-Ehrenfeld.
Eisele, W., Freiburg i. Br.
Eitner, Dr., P., Karlsruhe.
Elster, Johannes, Berlin.
Elvers, Hans, Kiel.
Erichsen, Julius, Neumünster.
Escher, Dipl.-Ing., Fritz, Zürich.
Euchène, M., St. Cloud.

Feilitzsch, von, A., Berlin-Lichterfelde.
Fieser, Ludwig, Trier.
Fischer, Dr., Armin, München.
*Fischer, Paul, Stuttgart.
Florin, Karl, Magdeburg.
Földes, Hans, Preßburg.
Förster, Hubert, Mülheim-Ruhr.
Försterling, Dr., H., Jamesburg.
Förtsch, Wilh., München-Gräfelfing.
Forbáth, Dr.-Ing., Emerich, Budapest.

Fortmann, Wilhelm, Oldenburg.
Frahm, Emil, Baden-Baden.
Frank, Adam, Wollstein.
Frank, Joseph, Frankfurt a. M.
Franke, Alfred, Kiel.
Franke, Felix, Hagen.
Franke, Hermann, Söbringen.
Franke, K., Gera (Reuß).
Freyß, Jules, Paris.
Friedrich, A., Zerbst.
Friedrich, Ernst, Berlin.
Friese, Gustav, Lehe.
Frömling, Karl, Kottbus.
Fuchs, Oskar, Gardelegen.
Führich, Ludwig, Kattowitz.
*Fürth, Emil, Berlin-Schöne-
berg.
Funk, Robert, Charlottenburg.


Gadamer, Oskar, Berlin.
Gardiner, Rob., S., London.
Gartzweiler, Leonhard, Berlin-
Friedenau.
Gavuzzi, Otto Johann, Malmö.
Geißler, von, Ernst, Preßburg.
George, Friedrich, Düsseldorf.
George, Friedrich, Viersen.
Gerdes, Heinr., Berlin-Schöne-
berg.
Gerold, Martin, Berlin-Nieder-
schöneweide.
Gersdorf, Paul, Liebenwerda.
Geyer, Julius, Augsburg.
Giehren, Kurt, Apolda.
Giese, Dipl.-Ing., Wilhelm, Ber-
lin-Schöneberg.
Giulini, B., Bukarest.
Gleitsmann, Albert, Dresden.
Goebel, Dipl.-Ing., P., Dahl-
hausen.
Götze, Eugen, Bremen,

Goldschmidt, Ferdinand, Char-
lottenburg.
Goldschmidt, Dr., Hans, Berlin.
Graf, Dipl.-Ing., Karl, Fürth i. B.
Greineder, Dr.-Ing., Fr., Würz-
burg.
Grenzendörfer, Wilh., Schmal-
kalden.
Grob, Walter, Aarau.
*Gronewaldt, Karl, Berlin.
Groß, Oskar, Stuttgart.
Großmann, Paul, Bremen.
Grothe, Theodor, Bochum.
Gülich, Jos., Jena.
Günther, Bruno, Neustadt O.-S.
Günther, C., Kassel.
Guidi, Ugo, Lugano.
Gruner, Georg, Friedrichshagen.

*Haag, Karl, Köln.
*Haas, Ludwig, Mainz.
Hache, Ernst, Friedrich, Glei-
witz.
*Hahn, Karl, Mannheim.
Halbertsma, H. P. N., Utrecht.
Handke, Robert, Stolp.
Hannemann, Otto, Stuttgart.
Harbich, Joseph, Wien.
Harnisch, Leonhard, Mügeln.
Hartmann, Dr., Wilh., Breslau.
Hase, Lübeck.
Hasse, Hugo, Braunschweig.
Hasselbladt, Karl, Odessa.
Haymann, Arthur, Antwerpen.
Hechler, Gießen.
Heck, Bruno, Dessau.
*Heckert, Dr., Gustav, München.
Hegeler, Dr. jur., Eugen, Gelsen-
kirchen.
Heidenreich, Kuno, Berlin.
Heimsoth, Heinrich, Cochem.
Heine, Rud., Potsdam.

**Heinke,** Gustav, Brünn.
**Heinrich,** Joh., Pforzheim.
**Heints,** Marcel, Straßburg.
**Held,** Joseph, Hildesheim.
**Hengstenberg,** Rud., Wannsee.
**Henke,** Dipl.-Ing., Franz, Remscheid.
**Henochsberg,** Albert, Freiberg, Sa.
**Hentschke,** Fritz, Kreuzburg, O.-S.
**Herzner,** Dipl.-Ing., Kurt, Plauen i. V.
**Herzog,** Karl, Langensalza.
**Hijdelaar,** Zeist.
**Hilmer,** Heinrich, Cöthen.
**\*Himmel,** G., Tübingen.
**Hipper,** Dr., A., Frankfurt a. O.
**Hof,** von, Friedrich, Bremen.
**Hoffmann,** Adalbert, Salmünster
**Hoffmann,** Fritz, Bromberg.
**Hofmann,** Johann, Oppeln.
**Hollweck,** Wilh., München.
**\*Hommel** Herm., Mainz.
**Honert,** van den, D. I., Amsterdam.
**Hombostel,** Fedor, Wilhelmshaven.
**\*Huber,** O., Berlin.
**Hülser,** Franz, Düren.

**Imhof,** Alfred, Bad Nauheim.
**Inoue,** Shiuji, Jokohama.
**Jansen,** Wilhelm, Ratingen.
**Jelinski,** Paul, Charlottenburg.
**Jonas,** Dipl.-Ing., Richard, Charlottenburg.
**Jongh de,** Marcel, Rom.
**\*Jucho,** Heinrich, Dortmund.
**Jürgensen,** Dipl.-Ing., Christian, Altona.
**Junkers,** Dr.-Ing., Hugo, Dessau.

**Kämpe,** Hans, Berlin.
**\*Kahl,** Jos. F., Potsdam.
**Kalt,** Dipl.-Ing., Karl, Riga.
**Karbe,** Dr.-Ing., Werner, Worms
**Kayser,** Theodor, Berlin.
**Keclik,** Tom., Klattau.
**Keller,** Viktor Otto, Wien.
**Kießling,** Friedrich, Löbau.
**Kilchmann,** L., St. Gallen.
**Kirchhoff,** Karl, Ohlau.
**Klee,** Paul, Eisenach.
**Kleest,** Heinrich, Ütersen.
**Klein,** Albert, Herne.
**Klein,** Wilh., Schönebeck.
**Kleindieck,** W., Emden.
**\*Kleinschmidt,** Karl, Berlin.
**Klev,** W., Troisdorf.
**Klönne,** Dipl.-Ing., Max, Dortmund.
**Klönne,** Dipl.-Ing., Moritz, Dortmund.
**Kneutgen,** H., Verden.
**Knottnerus,** O. S., Rotterdam.
**Knudsen,** Albrecht, Svendborg.
**Kobbert,** Ernst, Königsberg.
**Köhl,** Jos., Fulda.
**Kölwel,** Ed., Zweibrücken.
**Körting,** Ernst, Berlin.
**Körting,** L., Hannover.
**Köster,** Heinrich, Berlin.
**Kofoed,** Thowald, Vejle.
**Kohler,** Ernst, Metz.
**Kordt,** F., Düsseldorf.
**Korn,** Paul, Charlottenburg.
**Korsgard,** Peder, Nyborg.
**Korten,** Dr., Oberhausen.
**Koß,** Gustav, Homberg a. Rh.
**Kost,** Theodor, Geislingen-Stg.
**\*Kozminski,** Samuel, Berlin.
**Krause,** Max, Lissa.
**Krey,** Dr., Halle a. S.

*Kriegsheim, Dipl.-Ing., Heinrich, Berlin.
Kring, Heinrich, Oberhausen.
Kroupa, Franz, Agram.
Krüsmann, Dipl.-Ing., Bochum.
Krüß, Dr., Hugo, Hamburg.
Kuckuk, Heidelberg.
Küchler, Franz, Erfurt.
Kümmel, Anton, Charlottenburg.
Kühn, F., Dresden.
Kühne, Karl, Berlin.
Kuhlo, K., Nürnberg.

Labryn, Pieter, Wormerveer.
Laedlein, Hippolyte, Paris.
Landsberg, Georg, Berlin.
Lang, Dipl.-Ing., Alexander, Düsseldorf.
Lang, Dr., Potsdam.
Lauenstein, Joseph, Kempen am Rhein.
Lebau, José, Buenos Aires.
Lechner, August, Köln-Bayenthal.
Ledig, E., Chemnitz.
Lempelius, Karl, Berlin.
Lenze, Dipl.-Ing., Franz, Mülheim-Ruhr.
Lenze, Philipp, Berlin.
Lenze, Philipp, Düren.
Lerch, G., Arnstadt.
Lessing, Dr., Rud., London.
Leybold, Dr., Wilh., Hamburg.
Licht, Walter, Berlin.
Lichthelm, Georg, Altona.
*Liebreich, Dr., Erik, Berlin.
Liefde de, H., Culemborg.
Lindner, Max, Bremen.
Lindstedt, Karl, Warschau.
*Lodter, Wilh., München.
Loeber, Konrad, Bremen.

Loh, Bernhard, Köln-Deutz.
Lübke, August, Neustadt (Sa. Koburg).
Lütke, Paul, Breslau.

Madsen, Hans, Flensburg.
Maischberger, Michael, Rosenheim.
Malade, Albert, Reichenberg.
Martin, G., Erfurt.
Matschoß, Dipl.-Ing., Konrad, Berlin.
Maye, Herm., Sondershausen.
Meier, Ernst, Berlin-Grunewald.
*Meiß, Willy, Neukölln.
Menzel, Franz, Wien.
Menzel, Hermann, Berlin.
Merkens, Paul, Lyck.
Mestel, Reinhold, Breslau.
Meyer, Aug. F., Chemnitz.
*Meyer, Karl W. E., Hamburg.
Meyer, Otto, Dortmund.
Metzdorf, Dipl.-Ing., Kurt, Dresden.
Micksch, Theodor, Spandau.
Miescher, Dr., Paul, Basel.
Miething, Paul, Deutsch-Eylau.
Miller, von, Dr.-Ing., O., München.
Möller, Braunschweig.
Möllers, Gustav, Essen/Ruhr.
Mohr, Harry, Altenburg(Sa.-A.).
Mohr, Lothar, Gotha.
Moleschott, Karl, Rom.
Mollberg, G., Greiz.
*Morawe, Dipl.-Ing., Karl, Berlin.
Morgenroth, Edmund, Buxtehude.
Moser, H., Zürich.
*Moser, Joseph, Essen/Ruhr.
Müller, A., Charlottenburg.

Müller, A. W., Danzig.
Müller, August, Dessau.
Müller, Franz, Gumbinnen.
Müller, Hermann, Bochum.
*Müller, Otto, A., Hamburg.
Müller, Wilhelm, Ruda.

Naito, Asobu, Tokio.
Neuberg, Ernst, Berlin.
Neumann, J., Dorpat.
Neumark, Dr., M. Herrenwyk.
Niermeyer, W., Arnhem/Holland.
Nottebrock, Urban, Duisburg.

*Oberdhan, Martin, Mainz.
Oechelhaeuser, H., Rheydt.
Oechelhaeuser, von, Dr.-Ing.,
   W., Dessau.
Oesten, Gustav, Berlin.
Offergeld, Ludwig, Brand bei
   Aachen.
Ohler, Max, Berlin.
Okamoto, Sakura, Nagoya.
Oldenborger, Wladimir, Moskau.
Olff, W., Berlin-Karlshorst.
Oster, Ph., Biebrich.
Othmer, Edwin, Wahren bei
   Leipzig.
Ott, Emil, Bramsche.
Otto, F., Karl, Ilmenau.

Paul, Dr.-Ing., Adol., Leipzig.
Paulle, de la, Hubert, Brüssel.
Permien, Martin, Rostock.
Petri, Fritz, Tuttlingen.
Pfeil, Peter, Düsseldorf.
Philippsborn, A., Charlotten-
   burg.
Pichler, Joseph, Mannheim.
Pietsch, Hugo, Memel.
Pippig, R., Hamburg.

Poelgeest, van, J. Canton Leider-
   dorp.
Pohmer, Heinrich, Berlin-Marien-
   dorf.
Praedel, Friedr., Moers a. Rh.
Prenger, Heinrich, Köln.
Prinz, E., Berlin.

Quist, Joh., Horsens.

Rabe, Karl, Sangerhausen.
Raschig, Dr.-Ing., F., Ludwigs-
   hafen a. Rh.
Rau, Dr. phil., Oskar, Aachen.
Raupp, Dipl.-Ing., Karl Hein-
   rich, Görlitz.
Rauschenbach, Otto, Dudweiler.
Rauser, F., Friedrichshagen.
*Redtel, Rudolf, Dresden.
Reese, Friedrich, Dortmund.
Reichard, Franz, Karlsruhe.
Reinbrecht, Ernst Hermann,
   Göttingen.
Reinhard, Karl, Leipzig.
Reinhardt, Cäsar, Hildesheim.
Reister, Robert, Dessau.
*Ressel, Paul, Berlin.
Reuß, Aug., Petersburg.
Reuter, Dr. phil., Ferdinand,
   Gelsenkirchen.
Richardt, Dr.-Ing., Franz, Kassel.
Riecke, Paul, Dessau.
Riedl, Joseph, Teplitz-Schönau.
Ries, Hans, München.
Ringk, E., Winterthur.
Rosellen, Franz, Neuß.
Rosenkranz, Max, Riga.
Roß, Friedr., Wien.
Roth, Ahrweiler.
Roth, C., Zürich.
*Rothe, Adolf, Berlin.
Rothenbach, A., Bern.

Rother, Max, Liegnitz.
Rudolph, Ferdinand, Darmstadt.
Ruhland, Fritz, Straßburg.
Runge, Dipl.-Ing., Wolf, Danzig.
Ruoff, Ernst, Regensburg.

Salbach, Franz, Dresden.
Salomons, W., Brüssel.
Sanmartini, G. B. L., Chiavari.
Santen, von, Arnold, Köln.
Sautter, Dr.-Ing., Ludw., Duis-
burg.
Schäfer, Franz, Dessau.
Scheelhase, Dr.-Ing., F., Frank-
furt a. M.
Schelthauer, Dr., Waldemar,
Halle a. S.
Scheven, Heinrich, Düsseldorf.
Schiele, Ludwig, Frankfurt a. M.
Schifficzyk, P., Wurzen.
Schiller, Karl, Kannstadt.
Schilling, Dr., Eugen, München.
Schimrigk, Dr., Friedrich, Ham-
burg.
Schlegel, Viktor, Zürich.
Schlegelmilch, Leonhard, Essen-
Borbeck.
Schlett, Heinrich, Elmshorn.
Schmick, Heinrich, Gelsenkir-
chen.
Schmick, Rud., München.
Schmidt, Albert, Zerbst.
Schmidt, Karl, Halle a. S.
Schmitz, E. Eugen, Frankfurt
a. M.
Schnabel-Kühn, Höchst a. M.
Schneider, Karl, Mayen.
Schneider, Werner, Vlotho.
Schön, Viktor, Budapest.
Schönfelder, Hermann, Pößneck.
Schönstein, Max, Agram.
Schröder, Rudolf, Hamburg.

Schütte, Dr. phil., Heinrich,
Bremen.
Schütte, Martin, Altenburg (Sa.-
Altbg.).
Schultz, Joh. Friedr. Karl,
Pirna.
Schulz, Ernst, Itzehoe.
Schwers, Wilh., Osnabrück.
Seeliger, Ewald, Hagen-Eckesey.
Siber, Eduard, Bünde i. W.
Sierp, Wilhelm, Thorn.
Sievers, Leo, Bergedorf.
Silbermann, A., Berlin.
Sissingh, Melchior, Rotterdam.
Smreker, Dr.-Ing., Oskar, Mann-
heim.
Söhren, C. H., Bonn.
*Sohn, Emil, Bochum.
Sorge, Max, Thorn.
Sospisio, Enrico, Triest.
Spanjer, Karl, Witten.
Speer, Kurt, Kottbus.
Spethmann, Richard, Einbeck.
Spohn, Dipl.-Ing., Bruno, Stettin
Stawitz, Dipl.-Ing., Erich, In-
sterburg.
Stein, Alfred, Altenburg (Sa.-A.).
Steinberg, Georg, Kolozsvar.
Steiner, Karl, Temesvar.
Steinhauf, Edmund, Stettin.
Stephan, Joseph, Erlangen.
Steuernagel, C., Borsdorf b.
Leipzig.
Stock, Ewald, Berlin-Karlshorst.
Strache, Dr., Hugo, Wien.
*Strempel, Franz, Leipzig-Gohlis.

Teichmann, Dr. phil., H., Rau-
xel.
Teichmann, Hugo, Werdau.
Teodorowicz, Adam, Lemberg.
Terhaerst, Rud., Nürnberg.

Terneden, Dr., L. C. J., Amsterdam.

Thaler, Otto, Sommerfeld.

Thellgard, C. E., Kopenhagen.

Theuerkauf, Heinrich, Bremen.

Thiem, Dr.-Ing., G., Leipzig.

*Tiemessen, Hans, Berlin.

Tillmetz, Dipl.-Ing., Franz, Frankfurt a. M.

Tobler, Dipl.-Ing., Werner, Vevey.

Topper, Franz, Schwarzenberg, Sa.

Tormin, R., Münster i. W.

Trebst, Hugo, Wilhelmsburg.

Tremus, G., Berlin-Lichtenberg.

Trimborn, Wilh., Grevenbroich.

Tuckfeld, Theodor, Lübben.

Türk, Konrad, Brassó.

Vacherot, Willibald, Herne.

Valgl, Wenzel, Pilsen.

Vanol, Jan, Smichov.

Voigt, Erich, Burgstädt, Sa.

Völker, Wilhelm, Stettin.

*Voß, Hermann, Magdeburg.

Voß, Walter, Witten.

Wagenführer, Karl, Senftenberg.

Wagenmann, Gustav, Lahr, Baden.

Wagner, Wilhelm, Vegesack.

Wahl, Karl, Trier.

Walter, J., L'Hôpital.

Weber, Gustav, Schwabach.

Weber, Hugo, Demmin.

Weick, Georg, Crailsheim.

Weigel, Walter, Berlin.

Wenger, Eduard, Schwab.-Gmünd.

Werner, Friedrich, Heidenheim.

Westhofen, Dipl.-Ing., Karl, Dortmund.

Westhofen, Franz, Osnabrück.

Westphal, Karl, Leipzig.

*Weyhenmeyer, K., Mülheim-Ruhr.

Wielandt, Dr. phil., W., Oldenburg.

Wiese, Hans, Harburg.

*Wilhelm, Peter, Berlin-Grunewald.

Wilke, Richard, Magdeburg.

Willecke, Karl, Kiel-Gaarden.

Wilson, Rob., W., London.

Windschuh, Heinrich, Köln.

*Winkelmann, Cäsar, Dresden.

Wißmann, Ludwig, Buß a. d. Saar.

Wobbe, J. G., Livorno.

Wörmsdorf, Wilhelm, Breslau.

Wolf, Dr., Hans, Charlottenburg.

Wons, Georg, Berlin.

Wunder, Georg, Leipzig.

Wunderlich, Hermann, Karlsbad.

Zierold, Wilhelm, Chemnitz.

Zilian, Hermann, Leipzig.

Zimmermann, J., Recklinghausen.

Zimpell, Dipl.-Ing., Karl, Augsburg.

Zink, Albert, Halberstadt.

Zörner, Richard, Kalk bei Köln.

Zollikofer, Herm., St. Gallen.

*Zschocke, Gottfried, Kaiserslautern.

Zumbusch, Dipl.-Ing., Otto, Stettin.

# Register.

# EHREN- ✠ TAFEL.

Auf dem Felde der Ehre erlitten den Tod fürs Vaterland folgende Angehörigen des deutschen Gas- und Wasserfachs.*)

| Nr. | Name | Stellung, Firma und Ort | Stellung im Heere | Todestag | Ort | Todesart |
|---|---|---|---|---|---|---|
| 1 | Erich Hofmann | Bauleit. Ing. d. städt. Gaswerks Augsburg | Leutnant | 7. 5. 17. | Flandern | — |
| 2 | Richard Slomka | Techniker, Assistent beim städt. Gas- und Wasserwerk Myslowitz | Sergeant | 8. 9. 14. | Tarnowka | Brustschuß |
| 3 | Peter Geyer | Techniker der Charlottenburger Wasserwerke G. m. b. H. in Charlottenburg | — | 20. 11. 14. | Merckem b. Dixmuiden | durch Fliegerbombe |
| 4 | Wilhelm Wagner | Gasmeister b. d. städt. Gas- u. Wasserwerk Pirna | — | 23. 9. 14. | Maronvilliers | — |
| 5 | Max Paschasius | Betriebsingenieur bei den städt. Gas-, Wasser- u. Elektr.-Werken Ratibor | Oberleut. u. Komp.-F. | Sommer 1915 | Arras | an schwerer Verwundg. |
| 6 | Paul Hintzen | Techniker b. d. städt. Gaswerk Charlottenburg | — | 16. 11. 14. | Chavonne | d. Granate |
| 7 | Joseph Rodenkirchen | Zeichner b. d. städt. Gas-, Elektr.- u. Wasserwerk in Bonn | — | Seit der Erstürmung von Biaches bei Péronne 16. 7. 16. vermißt. | | |

| Nr. | Name | Stellung | Dienstgrad | Datum | Frankreich | Bemerkung |
|---|---|---|---|---|---|---|
| 14 | Heinr. Schürmann | Stadtbaurat in Stettin, Mitglied des Vorstandes der Berufsgenossenschaft der G. u. W. | Leutnant | — | — | — |
| 15 | Otto Stockhausen | Wasserbauinspektor in Hamburg | Oberleut. | 8. 9. 14. | — | — |
| 16 | Louis Vigier | Direktor d. Gas-, Wasser- u. Elektrizitätswerks Düren. | Hauptm. | 11. 11. 14. | West-Roosebeke b. Ypern | — |
| 17 | Otto Windel | Ingenieur beim Gaswerk Wilhelmsburg | — | — | Kriegslaz. Metz, an d. Folg. einer Verw. | — |
| 18 | Dr. Leoni | Beigeordneter der Stadt Straßburg | — | — | — | — |
| 19 | W. Zachert | Dipl.-Ing., Betriebsleiter des städt. Gaswerks Bielefeld | Leutn. d. L. | 16. 2. 15. | — | — |
| 20 | Gerhard Otto | Direktor d. städt. Licht- u. Wasserwerke Greifswald | — | 16. 2. 15. | — | — |
| 21 | Marcell Bernauer | Dipl.-Ing., Assistent an der kgl. ung. techn. Hochschule in Budapest | k. u. k. Leut. | — | — | — |
| 22 | August Knoke | Betriebsassistent d. städt. Licht- und Wasserwerke Hadersleben | — | — | — | — |
| 23 | Otto Radloff | Techn. Direktor d. Gas- u. Elektrizitätswerke zu Calbe a. S. | Offizierst.-vertreter | 14. 8. 15. | Osten | — |
| 24 | Jakob Engländer | Direktor d. A.-G. für Gas u. Elektrizität in Cöln | Hptm. u. K. | 1. 7. 16. | Nach langem Leiden, das er sich im Felde zugezogen hatte | |
| 25 | Louis Schöne | Fabrikant, Harzgerode | Hptm. d. L. | 2. 10. 16. | in d. Vendée in frz. Gefangensch. nach kurz. Krankheit gestorben | |
| 26 | Erich Scherhag | Direktor d. städt. Gas- u. Wasserwerke Eupen | — | 24. 9. 16. | — | |
| 27 | Karl Klarhoefer | Gaswerksdirektor in Limbach (Sachsen) | Leutnant | 16. 9. 16. | — | |
| 28 | Wilhelm Neck | Gaskontrolleur im städt. Gasw. Freiburg i. Br. | — | 19. 10. 15. | Lorettohöhe beim Sturmangriff gefallen | |
| 29 | Karl Tasch | Direktor d. Gas-, Wasser- u. Elektrizitätswerke Berlin-Lichtenberg | Hptm. d. L. | 15. 9. 18. | an den Folgen eines im Kriege erhaltenen Leidens | |
| 30 | Friedr. Wilh. Schröter | Direktor d. Firma Leopolder & Sohn, Wassermesserfabrik, Leipzig-Schleußig | — | Mai 1918 | als vermißt gemeldet. | |

*) Die gesperrt Gedruckten waren Mitglieder des Hauptvereins.

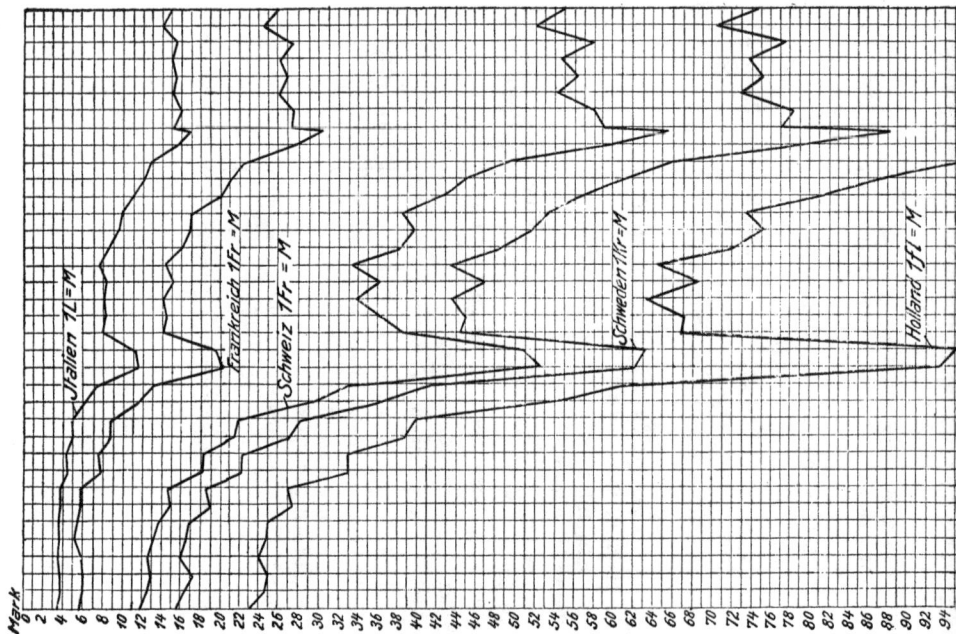

Mark

Italien 1L = M
Frankreich 1Fr = M
Schweiz 1Fr = M
Schweden 1Kr = M
Holland 1Fl = M

Vereinigte Staaten 1$ = M

England 1£ = M

Juli  Aug.  Sept.  Okt.  Nov.  Dez.  Jan.  Febr.  März  April  Mai  Juni

1921  1922